JIANGSU SHENG TAIHU LIUYU
YANJIANG YINPAISHUILIANG YANJIU

江苏省太湖流域
沿江引排水量研究

主编◎陆小明 刘 淼

·南京·

图书在版编目(CIP)数据

江苏省太湖流域沿江引排水量研究 / 陆小明，刘淼主编. -- 南京：河海大学出版社，2025.3. -- ISBN 978-7-5630-9711-1

Ⅰ．P344.253；TV67

中国国家版本馆 CIP 数据核字第 2025TK5885 号

书　　名	江苏省太湖流域沿江引排水量研究
书　　号	ISBN 978-7-5630-9711-1
策划编辑	龚　俊
责任编辑	周　贤
特约编辑	梁顺弟
特约校对	丁寿萍
封面设计	徐娟娟
出版发行	河海大学出版社
地　　址	南京市西康路1号(邮编:210098)
电　　话	(025)83737852(总编室)　(025)83722833(营销部)
经　　销	江苏省新华发行集团有限公司
排　　版	南京布克文化发展有限公司
印　　刷	广东虎彩云印刷有限公司
开　　本	710 毫米×1000 毫米　1/16
印　　张	13.25
插　　页	4
字　　数	248 千字
版　　次	2025 年 3 月第 1 版
印　　次	2025 年 3 月第 1 次印刷
定　　价	80.00 元

《江苏省太湖流域沿江引排水量研究》
编写委员会

审　　定：方　端

主　　编：陆小明　刘　淼

副 主 编：费国松　姚允龙　陆建伟　任小龙　胡尊乐

编写人员：刘　淼　陆小明　黄　炜　潘　杰　包　瑾
　　　　　任晓东　朱　玲　胡尊乐　柳　莹　万晓凌
　　　　　辛朋磊　白立影　严　锋　徐德祥

统　　稿：刘　淼

前言
Preface

太湖流域地处长江三角洲南缘,北抵长江,东临东海,南滨钱塘江,西以天目山、茅山为界。太湖流域面积为 36 895 km^2,分属江苏、浙江、上海和安徽,流域内城镇化率达 72.6%。太湖流域经济总量大、发展速度快、需水量大,但本地水资源不足,水污染、水生态环境恶化等问题日益突出,已成为制约流域经济社会可持续发展的重要因素。

太湖流域位于长三角一体化发展和长江经济带发展两大国家战略交汇点,以占全国不到 0.4% 的面积养育了全国 4% 的人口,创造了全国近 10% 的 GDP。太湖流域多年平均本地水资源总量为 176 亿 m^3,人均本地水资源量仅为全国平均水平的 1/5,实际总用水量维持在 340 亿～350 亿 m^3,约为本地水资源总量的 2 倍,水资源供需平衡主要依靠调引长江水和上下游重复利用。二十世纪七八十年代开始,不合理的经济增长方式致使大量污废水排放,造成流域水质型缺水问题突出。2000 年,太湖流域 80% 河网水体受到不同程度污染,太湖水体水质以Ⅳ类为主,70% 以上湖区水域面积呈富营养化状态。从 2002 年开始,在水利部指导下,水利部太湖流域管理局(以下简称"太湖局")联合流域内江苏、浙江、上海水利(水务)部门开展了引江济太调水试验,并在取得成功后转为长效运行。引江济太实施以来,为保障流域水资源、水生态、水环境安全发挥了重要作用。

沿江引排水作为太湖流域水管理的重要组成部分,其主要作用在于通过调控长江水流入太湖,以及将太湖流域内的水排出,达到防洪排涝、保障供水、改善水质等多重目的。多年来,在太湖流域沿长江一线兴建了许多引排工程,通过闸泵联合调度,显著提升了流域的水资源管理能力。因此,研究长江口门引排水量,对区域水资源的合理配置、优化调度、水量分配和可持续开发利用提供科学依据,具有十分重要的现实意义。

本研究旨在通过对江苏省太湖流域沿江引排水量的深入分析，揭示其变化趋势和规律，为流域水资源管理和调度提供科学依据，为太湖流域经济发展提供有力支撑。进而提高多目标统筹协调调度水平，进一步全面提升流域水安全保障能力，有助于维护太湖流域生态系统的稳定性和多样性，为长江经济带发展、长三角一体化发展等国家战略实施提供坚实的水利基础支撑。

目录
Contents

1 绪论 ········· 001
  1.1 基本概况 ········· 001
    1.1.1 区域位置 ········· 001
    1.1.2 自然地理 ········· 001
    1.1.3 社会经济与人口 ········· 003
    1.1.4 水资源开发利用 ········· 004
  1.2 水文情势 ········· 004
    1.2.1 水文气象 ········· 004
    1.2.2 河流水系 ········· 005
    1.2.3 水资源分区 ········· 006
  1.3 水旱灾害 ········· 006
    1.3.1 洪涝灾害 ········· 007
    1.3.2 干旱灾害 ········· 008
    1.3.3 水污染事故 ········· 009
    1.3.4 灾害成因 ········· 009
  1.4 防汛抗旱发展历程及成效 ········· 011
    1.4.1 新中国成立前历程及成效 ········· 011
    1.4.2 新中国成立后历程及成效 ········· 012

2 流域工程体系 ········· 014
  2.1 流域防洪除涝工程体系 ········· 014
    2.1.1 长江水系 ········· 014
    2.1.2 太湖水系 ········· 020

- 2.2 区域防洪除涝工程体系 ································ 028
  - 2.2.1 太湖湖西区 ·· 029
  - 2.2.2 武澄锡虞区 ·· 031
  - 2.2.3 阳澄淀泖区 ·· 034
  - 2.2.4 浦南区 ·· 036
- 2.3 城市防洪除涝工程体系 ································ 038
  - 2.3.1 镇江市 ·· 039
  - 2.3.2 常州市 ·· 042
  - 2.3.3 无锡市 ·· 044
  - 2.3.4 苏州市 ·· 050
- 2.4 供水工程体系 ·· 054
  - 2.4.1 区域供水体系 ······································ 054
  - 2.4.2 引江济太工程 ······································ 056

3 调度方案 ·· 063
- 3.1 调度原则 ·· 063
- 3.2 代表站及特征水位 ······································ 063
- 3.3 洪涝调度 ·· 065
  - 3.3.1 预降预排 ··· 065
  - 3.3.2 望虞河工程 ·· 065
  - 3.3.3 新孟河工程 ·· 067
  - 3.3.4 太浦河工程 ·· 067
  - 3.3.5 新沟河工程 ·· 068
  - 3.3.6 走马塘工程 ·· 068
  - 3.3.7 区域沿江口门 ······································ 069
  - 3.3.8 环太湖口门 ·· 070
  - 3.3.9 控制性工程 ·· 070
  - 3.3.10 城市大包围及圩区 ······························· 071
  - 3.3.11 水库和塘坝 ······································· 073
  - 3.3.12 其他工程 ·· 073
- 3.4 水量调度 ·· 073
  - 3.4.1 望虞河工程 ·· 073
  - 3.4.2 新孟河工程 ·· 074

3.4.3	太浦河工程	075
3.4.4	新沟河工程	075
3.4.5	区域沿江口门	075
3.4.6	环太湖口门	076
3.4.7	水库和塘坝	076

3.5 非常措施 ... 076
3.5.1 超标准洪水应急措施 ... 076
3.5.2 抗旱应急措施 ... 077
3.5.3 突发水污染事件应急措施 ... 077

4 站网建设及监测方法 ... 078
4.1 水文站网 ... 078
4.1.1 站网现状 ... 078
4.1.2 重要水文站 ... 079
4.2 测验方法概述 ... 084
4.2.1 感潮河道特点 ... 084
4.2.2 沿江水文站引排水量测验 ... 085
4.2.3 沿江水文巡测线 ... 086
4.3 引排水量计算方法 ... 088
4.3.1 一潮推流法 ... 088
4.3.2 相关分析法 ... 089
4.3.3 单位净宽法 ... 089
4.3.4 连实测流量过程线法 ... 090

5 引排水量情势 ... 092
5.1 太湖流域引排水量分析 ... 092
5.1.1 引水量 ... 092
5.1.2 排水量 ... 098
5.1.3 综合分析 ... 101
5.2 行政区引排水量分析 ... 102
5.2.1 引水量 ... 102
5.2.2 排水量 ... 109
5.2.3 综合分析 ... 115

5.3 水资源分区引排水量分析 ·· 116
　　　　5.3.1 引水量分析 ·· 116
　　　　5.3.2 排水量分析 ·· 122
　　　　5.3.3 综合分析 ·· 127
　　5.4 望虞闸对引排水的影响分析 ······································ 129
　　　　5.4.1 引江水量分析 ·· 129
　　　　5.4.2 排江水量分析 ·· 130
　　　　5.4.3 综合分析 ·· 131

6 引排水量影响因素 ·· 132
　　6.1 引排水量变化归因分析 ·· 132
　　6.2 自然因素影响分析 ·· 133
　　　　6.2.1 降水量影响分析 ·· 133
　　　　6.2.2 长江来水影响分析 ·· 138
　　　　6.2.3 上游潮位影响分析 ·· 141
　　　　6.2.4 太湖水位影响分析 ·· 144
　　　　6.2.5 水环境影响分析 ·· 145
　　　　6.2.6 综合分析 ·· 157
　　6.3 水利工程影响分析 ·· 157

7 典型年引排水量 ·· 161
　　7.1 确定典型年 ·· 161
　　　　7.1.1 典型年确定 ·· 161
　　　　7.1.2 丰水年分析 ·· 162
　　　　7.1.3 平水年分析 ·· 163
　　　　7.1.4 一般枯水年分析 ·· 164
　　　　7.1.5 特枯水年分析 ·· 165
　　7.2 特殊洪涝年 ·· 165
　　　　7.2.1 1991年大洪水 ·· 166
　　　　7.2.2 1999年大洪水 ·· 167
　　　　7.2.3 2016年大洪水 ·· 169
　　7.3 特殊台风年 ·· 171
　　　　7.3.1 2009年"莫拉克" ·· 171

        7.3.2 2019年"利奇马" ······ 172
        7.3.3 2021年"烟花" ······ 173
    7.4 特殊干旱年 ······ 174
        7.4.1 2019年干旱 ······ 174
        7.4.2 2022年干旱 ······ 175
    7.5 典型水污染年 ······ 176
        7.5.1 2007年无锡蓝藻暴发事件 ······ 176
        7.5.2 "畅流活水"工程 ······ 178

8 调水专线分析 ······ 179
    8.1 引江济太工程概况 ······ 179
        8.1.1 工程背景 ······ 179
        8.1.2 调水路线与范围 ······ 179
        8.1.3 调水过程与调度 ······ 180
    8.2 主要调水专线分析——望虞河 ······ 181
        8.2.1 工程简介 ······ 182
        8.2.2 调水路线 ······ 182
        8.2.3 调水运行实践 ······ 183
        8.2.4 引江济太水量分析 ······ 184
        8.2.5 调水运行成效 ······ 189
    8.3 主要调水专线分析——新孟河 ······ 191
        8.3.1 工程简介 ······ 191
        8.3.2 调水路线 ······ 192
        8.3.3 抗旱调水试运行 ······ 192
        8.3.4 第一次引江济太 ······ 193
    8.4 调水成效 ······ 194
    8.5 面临的挑战与应对措施 ······ 196

1 绪论

1.1 基本概况

1.1.1 区域位置

太湖流域位于我国东部沿海、长江三角洲南翼,北、东、南分别与长江、东海、钱塘江相邻,西部以茅山山脉、天目山为界。地理范围跨北纬30°5′~32°8′,东经119°8′~121°55′,流域面积为36 895 km²,行政区划分属浙江、江苏、安徽和上海,是我国经济最发达、城镇化水平最高的区域之一。为了满足防洪减灾和水环境保护的需求,太湖流域被划分为湖西区、太湖区、武澄锡虞区、阳澄淀泖区、浦南区、浙西区、杭嘉湖区、浦西区和浦东区,共9个水利分区。

江苏省太湖流域是太湖流域内最典型的山丘区和平原水网区,位于我国城镇化发展最快的苏锡常镇地区,包含湖西区、武澄锡虞区、阳澄淀泖区、太湖区和浦南区。其中,湖西区面积7 410 km²,占江苏省太湖流域面积的38.4%;武澄锡虞区面积4 028 km²,占流域面积的20.9%;阳澄淀泖区面积4 153 km²,占流域面积的21.5%;太湖区面积3 153 km²,占流域面积的16.3%;浦南区面积566 km²,占流域面积的2.9%。本书研究区地理位置和流域基本概况如图1.1-1所示。

1.1.2 自然地理

太湖流域总面积为36 895 km²。区域内地势平坦,河湖密布,以平原圩区为主。其中,平原圩区约占总面积的2/3;水面面积约占总面积的1/6,其余为丘陵和山地。流域大部分地区平均高程3~5 m(吴淞基面,下同),略低于外界长江高潮位2~3 m,并以水网沟通,具有优越的引用长江水的地理优势。流域北抵长江,东临东海,南濒钱塘江,西以天目山、茅山等山丘为界,地形总体呈周

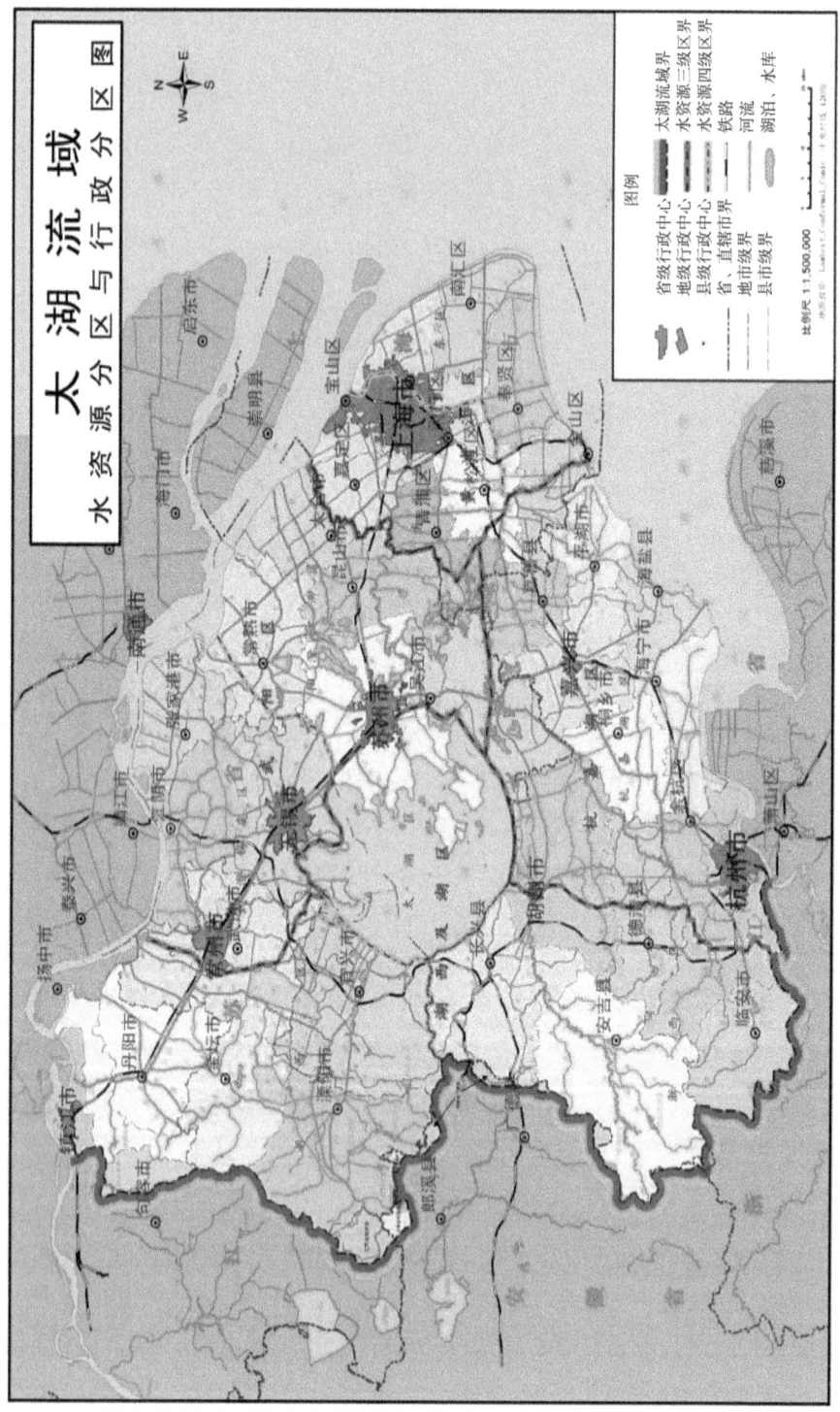

图 1.1-1 太湖流域水资源分区与行政分区图（彩图详见书后）

边高、中间低：西部为山区，属天目山山区和茅山山区的一部分，中间为平原和以太湖为中心的洼地和湖泊，北、东、南周边受长江和杭州湾的泥沙堆积影响，地势高，形成碟边。

太湖湖西区地处太湖流域上游，北临长江，西以茅山为界，南与浙、皖两省相邻，东以武澄锡西控制线为界，是流域治理中难度最大的水利分区之一。湖西区地貌多样，包括山地、丘陵以及平原等多种类型。山区高程一般为 200～500 m，丘陵高程则多为 12～32 m。与东部平原区相比，湖西区地势明显较高，形成了周边高、中间低的碟状地形特征。

武澄锡虞区处于该流域北部，北临长江，南靠太湖，东至望虞河，西与湖西区接壤，属于典型平原河网区。南部地势偏高，以低平田和碟形低洼地为主，北部由江中沙洲和边滩组成，地势低平。

阳澄淀泖区位于太湖下游、流域东北部，北临长江，南以太浦河为界，西临太湖、望虞河。地势低于武澄锡虞区，西北高、东南低，沿江高、腹部低，呈碟形盆地，包括平原、水面和丘陵三种主要地貌类型，平均高程 3.5～5 m。

太湖区位于流域中心，以太湖和其沿湖山丘为一独立分区，周边与其他水利分区相邻，行政区划分属江苏省和浙江省。太湖湖底平均高程约 1 m，湖中岛屿 51 处，洞庭西山为最大岛屿，其最高峰海拔 338.5 m。湖西侧和北侧有较多零星小山丘，东侧和南侧为平原。

浦南区位于太湖流域的东南部，紧邻黄浦江中上游段。黄浦江作为太湖流域通江入海河道中唯一尚未建闸控制的河道，在浦南区段接纳了来自太湖流域的多个水系，包括吴淞江、太浦河等。这些水系通过浦南区最终汇入黄浦江，流向东海。浦南区地势相对平坦。

1.1.3 社会经济与人口

太湖流域自然条件优越，水陆交通便利，农业生产基本条件好，工业发达，经济基础雄厚，人口稠密，劳动力素质高，科技力量强，市场信息灵通，基础设施和投资环境较好，是我国沿海主要对外开放地区。除有特大城市上海外，还有苏州、无锡、常州、镇江、嘉兴、湖州等大中城市及迅速发展的城镇乡村。

太湖流域人口约 3 600 万人，约占全国人口的 2.9%，其中农业人口 1 915 万，非农业人口 1 698 万，人口密度为 978 人/km²，为全国平均密度的 7 倍，是我国人口最集中的地区之一。随着城镇化的进程，太湖流域人口正由农村向城镇迁移，且速度不断加快，城市化率为 52.9%。

太湖流域水、光、热资源充足，具有发展农、林、牧、渔业的有利条件，主要农作物为水稻、小麦以及其他经济作物。流域内有耕地 2 266 万亩(1 亩 ≈ 666.7 平方米),占全国耕地的 1.8%,其中水田 1 856 万亩,旱地 410 万亩,复种指数 200%,高出全国平均水平。每公顷耕地产出的农业产值超过全国平均值,粮食产量则比全国平均产量高出 37% 以上。太湖流域是我国最大的综合工业基地之一,工业生产技术和装备有很好的基础。各类经济技术开发区和高新技术开发区,通过高新技术成果的转化、产业化,利用外资、引进和消化国外的先进技术,使太湖流域具有了较强的工业产品开发和设计能力、综合配套能力和市场应变能力。

1.1.4 水资源开发利用

2023 年,太湖流域的水资源总量达到 1 795.8 亿 m^3,占全国水资源总量的 7%。流域供水总量 343.44 亿 m^3,其中,地表水源供水量 334.6 亿 m^3,地下水源供水量 0.04 亿 m^3,其他水源供水量 8.8 亿 m^3。2023 年太湖流域本地水源供水 124.5 亿 m^3,其中,太湖供水 15.1 亿 m^3、太浦河供水 1.3 亿 m^3、望虞河供水 0.1 亿 m^3。长江水源供水 210.5 亿 m^3,其中江苏省供水 135.4 亿 m^3,包括一般工业 1.9 亿 m^3、火电企业 115 亿 m^3、公共供水企业 18.5 亿 m^3。

2023 年太湖流域用水总量 343.4 亿 m^3。其中生活用水占 11.0%,生产用水占 86.2%,生态环境补水占 2.8%。流域第一产业用水 59.8 亿 m^3,其中耕地灌溉用水 46 亿 m^3、林牧渔畜用水 13.8 亿 m^3;第二产业用水 214.2 亿 m^3,其中工业用水 211.9 亿 m^3(含火电用水 178 亿 m^3)、建筑业用水 2.3 亿 m^3;第三产业用水 21.9 亿 m^3。

2023 年太湖流域耗水总量 82.7 亿 m^3,平均耗水率 24.1%。其中,生活耗水量 7.7 亿 m^3,生产耗水量 66 亿 m^3,生态耗水量 9 亿 m^3。太湖流域水资源开发利用情况良好,水资源利用效率高,对支撑区域经济和社会发展发挥了重要作用。

1.2 水文情势

1.2.1 水文气象

太湖流域位于北亚热带和北温带的过渡地带,属北亚热带湿润的季风气候区,气候特点是四季分明,气候温和,雨水充沛,日照充足,无霜期长;冬季干燥寒冷,夏季炎热湿润,春夏之交多"梅雨",夏末秋初有台风,干湿冷暖适宜。年日照时数 1 870~2 225 小时。汛期(5—9 月)多年平均降水量为 710 mm,约占全年的60%，主汛期为6—7月，非汛期为10月—翌年的4月。全年平均气温15℃，无霜期约220天。

流域多年平均降水量1 177 mm，全年降水天数为122~159天，空间分布自西南向东北逐渐递减。受季风强弱变化影响，降水的年际变化明显，年内雨量分配不均。全年以夏季(6—8月)降水量最多，为340~450 mm，约占当年降水量的35%~40%；春季(3—5月)降水量为260~424 mm，约占当年降水量的26%~30%；秋季(9—11月)降水量为190~315 mm，约占当年降水量的18%~23%；冬季(12—2月)降水量最少，为110~210 mm，约占当年降水量的11%~14%。

流域多年平均水面蒸发量为750~900 mm，空间分布为北部大于南部，内陆大于沿海，平原大于山区。流域内受季风影响明显，冬季盛行东北风和西北风，春夏两季为东南风，平均风速3 m/s，过境台风平均每年1.9次，台风出现以7—9月为主，以8月份为最多，占台风总数的35.4%，7月占30.1%，8级风以上的年平均天数为7天。台风过境时，平均风速为10.5 m/s，瞬时风速达25 m/s。

1.2.2 河流水系

江苏省太湖流域长江段位于南京段以下的长江下游段，江堤长约207 km，其中江堤138 km，海塘69 km；沿线有京杭运河、德胜河、白屈港、张家港、浏河等68条通江口门，连接长江和流域腹地河网，承担着流域与长江的排洪和引水。流域水系以太湖为中心，主要分上游水系和下游水系。上游水系主要为西部山丘区独立水系，包括苕溪水系、南河水系及洮滆水系；下游主要为平原河网水系，包括东部黄浦江水系、北部沿长江水系和东南部沿长江口、杭州湾水系。苏南运河(京杭大运河)贯穿流域腹地及下游诸水系，起着水量调节和承转作用。

多年来，随着流域经济社会的发展，生产、生活用水结构的变化，为满足水资源配置和改善水环境的需求，各级水行政主管部门在太湖流域沿长江一线兴建了许多引排工程。通过合理地调度沿江口门，可以在流域大水时向长江排泄洪涝水，减轻流域防洪压力；流域枯水时，引长江水入流域河网及太湖，抬高河网水位和增加入湖蓄水量，以缓解流域供用水矛盾。

此流域河网如织，湖泊星罗棋布，是我国著名的平原河网区，水面率达到15%以上；水流流速缓慢，汛期仅0.3~0.5 m/s，水环境承载能力低。平原河网水系具有特殊的地理地貌特点：一是低，流域内大部分平原都在海拔5 m以下,低于汛期长江口高潮位,极易受到海潮顶托;二是平,流域河网水面比降小,平均坡降约十万分之一,汛期平均流速较低;三是密,太湖流域河道密度大,在全国各大江河流域中较为罕见。

1.2.3 水资源分区

根据太湖流域河道水系分布和地形特征、不同地区水资源的数量与质量、各部门水资源供需平衡需求,以及与全国水资源分区的衔接,将太湖流域分为4个水资源三级区和8个水资源四级区(表1.2-1)。4个三级区分别为湖西及湖区、武阳区、杭嘉湖区和黄浦江区;8个四级区分别为浙西区、湖西区、太湖区、武澄锡虞区、阳澄淀泖区、浦南区以及浦东区、浦西区,其中浙西区、湖西区、太湖区隶属湖西及湖区,武澄锡虞区、阳澄淀泖区隶属武阳区,浦南区隶属杭嘉湖区,浦东区、浦西区隶属黄浦江区。

表 1.2-1 太湖流域水资源分区表

流域	三级区	四级区	行政分区
太湖流域	湖西及湖区	浙西区	浙江省
		湖西区	江苏省
		太湖区	江苏省
	武阳区	武澄锡虞区	江苏省
		阳澄淀泖区	江苏省、上海市
	杭嘉湖区	浦南区	浙江省、江苏省
	黄浦江区	浦东区	上海市
		浦西区	上海市

1.3 水旱灾害

江苏省太湖流域地处南北气候过渡带,特殊的地理位置,使其具有水旱灾害频发的特点。按照灾害的成因划分,江苏省太湖流域水旱灾害主要分为洪涝、干旱、台风等几个类型,其中洪涝是江苏省太湖流域最为严重的灾害。

江苏省太湖流域水旱灾害呈现的总特点为:水旱灾害发生比较频繁,受灾范围广;同一类型灾害,如洪涝灾害或干旱灾害有时连续几年都会发生;经常出现水旱交错、旱涝急转、因洪致涝、洪涝风潮遭遇等情况,甚至洪涝或干旱灾害会在同一时间段内发生。

1.3.1 洪涝灾害

太湖流域自古以来就是水旱灾害频发的地区之一。这些水灾往往伴随着长时间的降雨和洪水泛滥,给当地的经济社会发展带来了严重的影响。从年际变化上看:一是灾害发生频率高,平均每十年就有七年发生洪涝灾害;二是灾害连年出现频次高。在10—19世纪,太湖地区连续5年以上出现洪涝灾害的有15次,最长的连续年数达10年。从年内分布看,太湖流域的水灾多发生在夏秋季节,与梅雨和台风等天气系统密切相关。洪涝灾害常常相伴发生,汛期极易出现洪涝并发的情况。洪涝灾害或由上游洪水引发,或由本地暴雨导致,或两者兼而有之,有时还会出现上游洪水、本地暴雨、台风、长江高潮位同时发生的严峻局面,危害巨大。水灾给太湖流域带来了灾害,也促使人们不断探索有效的灾害防御和治理措施。近来洪涝灾害比较严重的年份有1991年、1999年、2016年、2020年。

1991年夏季,太湖流域遭遇了罕见的特大洪水。这场洪水的主要成因是长时间的持续降雨和暴雨天气,暴雨中心主要位于北部的湖西区和武澄锡虞区,两区最大30~60日雨量重现期均在100年以上。太湖水位从6月4日起涨,至7月16日达到最高水位4.79 m,涨幅1.45 m,造峰历时42天。至8月25日,即达到最高水位后的第40天,太湖水位退至警戒水位以下。洪水导致了农田、村庄、城镇大片受灾,数千平方千米的区域受到影响。农田受灾面积高达数十万公顷,给农业生产带来了巨大损失。桥梁、公路被冲垮,多处交通中断。同时,数千家工厂进水停产,大量民房被淹,数十万名居民被迫撤离家园。

1999年太湖流域洪水是20世纪有记录以来最大的洪水之一。这场洪水主要由梅雨引起,其中30日、90日降水量分别达621.1 mm、1 044.1 mm,重现期超过200年。1999年暴雨使太湖水位达到4.97 m,为有记录以来第1位。太湖水位从6月7日的3 m起涨,至7月8日达到最高,涨幅1.97 m,造峰历时31天。至8月11日,即达到最高水位后的第34天,太湖水位第一次退至警戒水位3.8 m以下,后受8月集中降雨影响,水位又持续上涨。全流域受灾人口近750万人,造成直接经济损失超过140亿元。

2016年全流域各时段降水量均未超历史实测最大值,但均位于历史前列,其中最大15~90日时段降水量位列前4位,重现期均在17年以上。2016年暴雨使得太湖水位达到4.88 m,为有记录以来的第2位。太湖水位从5月19日的3.42 m起涨,至7月8日达到最高,涨幅1.46 m,造峰历时50天。至8月6日,即达到最高水位后的第29天,太湖水位退至警戒水位3.8 m以下。

2016年，全流域灾害直接经济损失为75.28亿元，占流域GDP的0.12%，远低于1991年的7.8%和1999年的1.6%。洪涝灾害主要发生在流域上游湖西区的宜兴、溧阳、金坛以及与宜兴临近的长兴一带，具有局部地区性。

2020年全流域最大30~90日时段降水量位列历史前5位，其中流域最大30~60日时段降水量位列历史第2位，仅次于1999年，尤其是最大45日、60日降水重现期均在50年左右。2020年暴雨使太湖水位达到4.79 m，与1991年并列为有实测资料以来第3高水位。太湖水位从6月3日的3.05 m起涨，至7月20日达到最高，涨幅1.74 m，造峰历时47天。至8月14日，即达到最高水位后的第25天，太湖水位退至警戒水位3.8 m以下。2020年太湖流域洪水造成的直接经济损失约为1 789.6亿元。

1.3.2 干旱灾害

江苏省太湖流域的干旱灾害经常出现先涝后旱或先旱后涝，甚至出现春旱接夏旱再接秋旱、冬旱。一般表现为梅涝伏旱或秋涝冬春旱。发生干旱时，主要河湖上中游地区来水偏少，甚至长时间断流，湖库水源得不到有效补给，蓄水严重不足；本地降雨明显偏少，引起需水量增加，导致抗旱水源紧缺，用水矛盾突出。近来干旱灾害比较严重的年份有2011年、2019年、2022年。2011年1—5月，太湖流域降雨仍然维持2010年汛后持续偏少态势，降水量仅163 mm，较常年同期减少近六成，太湖流域遭遇了60年以来最严重的旱情。受降雨持续偏少影响，太湖水位不断下降，5月18日出现了最低水位2.74 m，低于多年平均水位0.34 m。绝大部分水库水位接近死水位，太湖西部丘陵地带是这次受灾最严重的地区。为增加流域水资源，努力保障供水安全，太湖局开创性地实施了跨年度引江济太调水，并持续加大引水入湖力度，至2011年6月9日，因梅雨而停止引水。其间，望虞河共调引长江水22.7亿 m³ 入流域，引水入湖12.4亿 m³，相当于抬高太湖水位0.5 m，通过太浦闸向下游地区增加供水3.2亿 m³。跨年度"引江济太"水资源调度的实施，不仅有效缓解了太湖水位的下降速度，同时也加快了湖水由贡湖、湖心区向周边邻近湖区的流动速度，促进了太湖各湖区水体交换，提高了太湖自净能力。

2019年，受降雨严重偏少，气温偏高及江河来水偏枯等因素影响，江苏省遭遇了罕见的春、夏、秋、冬四季连旱。特别是江苏省太湖流域降水量明显减少，较常年同期偏少五成以上，部分地区出现了中到重度气象干旱，对当地农业生产和居民生活造成了较大影响。江苏省水利厅通过跨流域调水等措施，基本保证了江苏省城乡居民生活用水需求，但在旱情严重的地区，生活用水仍然面临一定压力。

2022年6月下旬以后,长江上中游来水持续减少,江苏省出现"主汛期反枯"现象,遭遇1961年以来最严重的气象干旱。7月起沿江潮位持续偏低,8月中旬起长江出现罕见的"主汛期反枯"现象,8月下旬长江江苏段高潮位较常年偏低1.22~3.14 m,出现有实测资料以来同期最枯水情,严重制约沿线口门自流引江。太湖最低日平均水位3.05 m,为近20年来历史同期最低水位;太湖湖西区长荡湖、滆湖水位较常年偏低0.4~0.6 m。持续的旱情对粮食安全、城乡居民用水安全、生产和航运安全、生态环境安全的影响引起社会的广泛关注。

1.3.3　水污染事故

太湖是中国最大的淡水湖之一,也是长江的重要支流。然而,由于长期的工业和农业活动,太湖水质受到了严重污染。特别是2007年,太湖发生蓝藻暴发事件,导致大面积水体受到污染,这场危机直接威胁到了无锡等城市数百万居民的饮用水安全。该事件不仅暴露了太湖水质管理的薄弱环节,引起了社会各界的广泛关注,也促使政府加大了对太湖水污染治理的力度。

2007年4月下旬至5月下旬,太湖梅梁湖湾、贡湖湾内蓝藻大规模暴发,直接影响无锡市城市饮用水源安全,严重影响了供水质量,给当地居民生活带来严重影响。5月16日,梅梁湖水体发黑;5月22日,梅梁湖小湾里水厂停止供水;5月28日,无锡贡湖水源地出现从水面到湖底通体稠黑的罕见"黑水团",水质严重恶化,水源恶臭,水体发黑;5月29日,市区部分地区自来水出现异味。与此同时,市民开始大批抢购纯净水,无锡家乐福、大润发等大型超市纯净水销量猛增。无锡市除锡东水厂外,约占全市供水量70%的水厂水质受到污染,约200万人口的生活饮用水受到影响,无锡出现供水危机。为积极应对太湖蓝藻暴发导致的无锡市供水危机,在保障流域防洪安全前提下,太湖局加强流域水利工程的综合调度,加大引长江入太湖水量,加密水量水质监测,最大限度改善并稳定了贡湖饮用水水源地水质。经过各方面共同努力,6月2日,市区自来水出厂水质全面达到饮用水标准;6月4日,无锡市政府发布水质达标公告;6月5日,无锡市政府通过媒体正式宣布实现正常供水。

1.3.4　灾害成因

江苏省太湖流域水旱灾害成因复杂,主要分为自然因素与人为因素。自然因素包括气候因素、地形地貌因素、河流水系因素和土壤因素等;人为因素主要是人类活动对气候的影响，违背自然规律开发而与河湖争地等。近年来，随着人类对自然开发活动的增多，全球气候变暖的趋势越发明显，灾难性天气事件不断增多，人为因素导致的水旱灾害比例也随之上升。

一、自然因素

（一）气候因素

江苏省太湖流域地处北亚热带和暖温带气候过渡带，主要受冬季的蒙古高压和阿留申低压、夏季的印度洋低压和西太平洋副热带高压这四个大气活动中心的影响，具有明显的东亚季风特征。

1. 形成水旱灾害的主要天气系统。江苏省太湖流域由于兼受西风带、副热带和热带天气系统影响，气候变化复杂。其中对江苏影响最大的天气系统为西太平洋副热带高压，它是一种相对稳定少动的暖性高压系统，其位置和强度随季节而变动。另外对江苏太湖流域影响较大的天气系统为台风（热带气旋）。

2. 形成水旱灾害的环流形式。大气环流是决定大范围旱涝的直接因子，某些特定的环流系统及其配置是造成大范围严重旱涝的重要条件。在夏季，由于副热带高压的强弱、大小和西进北上的时间、活动范围等有较大的年际变化，造成了降水的时空分布不均，且年际丰枯差异很大。较为典型的集中降雨期为江淮梅雨期（6—7月）、台风期（7—9月）和秋雨季节（10—11月）等阶段。

（二）地形地貌因素

江苏地形地貌的特征也是形成水旱灾害的主要因素。江苏省太湖流域地势平坦，平原辽阔，江苏省80%以上的国土面积都在洪水位以下，局部丘陵山区及高亢地区水源条件较差，极易导致旱涝并存、旱涝急转，造成严重威胁。

二、人类活动

水旱灾害的发生除自然因素外，在不同的社会阶段有着不同的人为因素。中华人民共和国成立前，有过"以水代兵"，人为破坏水利工程、造成灾害的例子。中华人民共和国成立以来，党和政府领导人民大力开展水利工程建设，全力抗御水旱灾害，取得了巨大的治水成就。但经济社会不断发展，城镇化进程加快，城市、公路、开发区等不透水地面不断增加，致使土壤对径流的调节能力下降，人为侵占河道、湖泊水面，违法建设阻水挡水建筑物，导致不少河道断流、消失，湖泊水面缩减，沟荡被填塞，河湖蓄水、削峰、滞洪功能大幅消减，均在一定程度上加重了水旱灾害的危害。

1.4 防汛抗旱发展历程及成效

1.4.1 新中国成立前历程及成效

江苏兴修水利,防御水旱灾害历史悠久。传说距今约 4 000 年前,大禹治水,疏九江,决四渎,"导淮自桐柏,东会于泗沂,东入于海"(《尚书·禹贡》)。

一、春秋战国时期

诸侯图强争霸,"通商宽农",加之铁质工具的出现,加快了水利发展,筑堤防,建圩田,开运河,风行一时。史载太湖地区的吴国,"通渠三江五湖"(《史记·河渠书》),先后开凿了胥溪、胥浦、蠡渎等。周敬王二十五年(公元前495 年),吴王夫差开挖苏南运河,"行百七十里"。

二、秦汉时期

为巩固东南防务和疆域,加之江苏新兴的盐铁业的需要,水运工程和塘堰灌溉工程迅速发展。秦始皇"凿丹徒曲阿"(《晋太康地记》),即今苏南运河丹徒至丹阳段的一部分,使苏南运河由京口(今镇江市)入长江。三国时吴赤乌二年(239 年),在句容城西开凿绛岩湖,即赤山湖,引水为湖,灌田"号称万顷"。

三、隋唐至北宋时期

自 6 世纪末到 1126 年的 500 多年间,江淮下游古代水利及防汛抗旱进入兴盛时期,灌溉、排水、挡潮、航运以及水工技术和水利管理都有了长足进步。隋代为了加强对南方的控制,隋炀帝于大业元年(605 年)征调 110 万人开挖通济渠,先后经过 6 年时间,在前代工程的基础上,形成了全长 2 500 余千米,沟通海河、黄河、淮河、长江、钱塘江五大水系的江南大运河。

从唐代起,水利法制和水利管理养护也渐趋成规。唐代颁布了《水部式》,对河渠、灌溉、桥梁、水运及工程维护、丁夫差遣、物料征集等均做了规定。宋代天圣二年(1024 年)颁布了《疏决利害八事》,对排水工程的适用管理做了专门规定。

南宋、元、明至清代后期,江淮下游水系发生了重大变化,太湖地区排水出路改变,加之宋室南渡以后,豪门毁林,垦田失禁,导致河港淤淀,排水不畅,洪涝加剧,从此江淮下游治水重点转入治理洪涝灾害。

四、明清时期

太湖下游占有"三江"排水,至 8 世纪前后,东江、娄江相继湮灭,仅靠吴淞江为排水主干,东南、东北各有 36 条港浦相辅排水。明永乐元年(1403 年),夏原吉开始实施"掣淞入浏""浚范家浜,引浦入海"的方针,浏河一度成为太湖泄洪的一条干道,不到半个世纪,浏河又淤塞,而黄浦江自然冲刷成深阔大港,形成"以浦代淞"的排水格局。

在江淮下游进行流域治理的同时,逐步进行了区域治理,太湖河网也渐趋完善。从南宋到清代,历代多次增建海堤,并在长江两岸修筑江堤,在江南沿海加筑海塘,至清末,沿江沿海的早期堤防初步连线。

五、晚清民国时期

内忧外患,经济日下,水利建设断断续续,无大作为。这个时期不同于古代水利的主要特点是,沿江沿海逐步引进西方近代水利技术,开始进行了一些规划设计、水文观测、地形测量等工作,修建了一些中小型钢筋混凝土结构的水下建筑,并开始使用机电动力进行农田排灌。

1.4.2 新中国成立后历程及成效

中华人民共和国成立后,党和政府领导人民进行规模空前的水利建设,经过修复水毁工程、整理水系、加高培厚堤身、整治险工隐患、改建涵闸、加强管理等一系列工作后,水利设施面貌焕然一新,防御水旱灾害的能力得到大幅度提高。

一、防御洪潮能力得到提升

经过 20 世纪 90 年代长江堤防达标工程建设后,长江干流堤防的防洪能力已经达到防御 50 年一遇洪水加 10 级风浪的标准,大部分长江支流堤防达到或超过防御 20 年一遇洪水的标准。近年来,部分市已经或正在进行长江堤防防洪能力提升工程建设,设计标准为 100 年一遇。

20 世纪 90 年代后,江苏先后在太湖地区拓挖了太浦河、望虞河、走马塘、新沟河等工程,建立了太湖洪水入海入江通道。太湖流域的洪水汇集太湖后,一是通过望虞河等通江河道北排长江,二是东出黄浦江以及南排杭州湾。目前太湖和主要行洪通道堤防的防洪能力达到防御 1954 年型、大约为 50 年一遇洪水的标准。

二、水资源调配能力显著增强

1991 年大水以后,江苏结合新一轮太湖治理,兴建了望虞河常熟、望亭枢纽,以及太浦河太浦闸等枢纽,形成从常熟枢纽抽引长江水,经望虞河,由望亭枢纽补水入太湖,通过太浦河枢纽向下游上海等地供水。走马塘、新沟河、新孟河等工程进一步提升了太湖地区引江济太及区域防洪、水环境改善的能力。

三、防汛抗旱工作逐步规范

江苏省防汛抗旱指挥部办公室(现更名为"江苏省水旱灾害防御调度指挥中心")于1954年成立,负责江苏省防汛抗旱日常工作。

江苏省防汛抗旱指挥部(以下简称"省防指")贯彻"安全第一、常备不懈、以防为主、全力抢险"的防汛抗旱工作方针。20世纪80年代后期,建立了以行政首长负责制为核心的责任制度,按照国家防汛抗旱总指挥部的规定和要求,省防指组织制订了《江苏省防汛抗旱应急预案》《江苏省防御台风应急预案》《江苏省流域性、区域性水利工程调度方案》等预案、方案。在历次抗击洪涝旱灾害中,各级防指按照既定的预案,进行组织指挥,做到心中有数、临灾不乱、有条不紊地做好防汛抢险工作,取得了显著效果。

四、防汛抗旱调度系统逐步完善

截至2024年,江苏省太湖流域各类水文测站共1 230个(基本站116个,地下水位站151个,专用站963个)、太湖流域沿江巡测线207 km、水文径流实验站8个。基本站包括:水文站46个、水位站32个、降水量站38个;专用站包括中小河流站41个、水情报汛站322个、水质站557个、水土保持监测站5个、环境资源补偿专用站30个、墒情站8个。基本满足常规监测与应对突发事故的需要,形成驻测、巡测、水文调查、应急监测相结合的水文站网体系。

为贯彻落实习近平总书记关于防汛救灾工作最新指示批示精神,江苏水利坚持以"节水优先、空间均衡、系统治理、两手发力"新时代治水方针为指引,全面强化水旱灾害防御工作。推进"5+5+3"防汛抗旱预警调度智慧决策系统建设,即建设沂沭泗、淮河、里下河、太湖、秦淮河5个流域,特大暴雨城市防洪、水库塘坝、长江崩岸、特定地区水资源调度、太湖综合治理数字模型5项重点任务的预警调度智慧模型,以及在建重大水利工程、厅属管理处、N项信息应用系统3类信息化建设。着力提升水利工程感知能力、智慧调度和数字化管理能力,基本建成防汛抗旱预警调度指挥决策系统,实现"数字孪生场景化应用、预报调度一体化模拟、四预过程智能化决策"。

2 流域工程体系

2.1 流域防洪除涝工程体系

2.1.1 长江水系

长江发源于青藏高原的唐古拉山主峰各拉丹冬雪山西南侧,横贯我国西南、华中、华东三大区,流经青海、四川、西藏、云南、重庆、湖北、湖南、江西、安徽、江苏、上海11省(自治区、直辖市)注入东海,支流展延至贵州、甘肃、陕西、河南、浙江、广西、广东、福建8个省(自治区)。流域面积约180万 km²,约占我国国土面积的18.8%。

长江干流全长6 300余km,自江源至湖北宜昌为上游,长约4 500 km,集水面积约100万 km²;宜昌至江西鄱阳湖出口(湖口)为中游,长约955 km,集水面积约68万 km²;湖口至入海口为下游,长约938 km,集水面积约12万 km²,其中安徽省池州市大通以下约600 km河段受潮汐影响。

江苏省境内长江干流432.5 km,涉及南京、镇江、扬州、泰州、常州、无锡、苏州、南通8市,省内流域面积3.85万 km²,包括太湖流域为1.93万 km²。境内入长江的主要支流,南岸有秦淮河、太湖水系;北岸有滁河、淮河入江水道、通南地区通江河道等。在江苏防汛抗旱工作中,长江来水量以大通站流量为代表,潮位代表站主要有南京、镇江、江阴、天生港4个站,洪水特性受上游洪水和下游潮汐双重影响。

长江下游受东海潮汐影响,水位变幅大。东海潮汐为正规半日潮,一日有两次高潮和低潮。月内阴历初三和十八前后为大潮,初八和二十三前后为小潮。主要特点为:

(1) 长江干流大通以下属感潮河段,河道流量受上游来水和下游潮汐的共同影响,大通站为长江干流下游最后一个流量控制站,它的量值能够代表长江干流来水情况。

（2）南京河段的潮水位变化为非正规半日潮混合型，每日两涨两落，涨潮历时约 3 小时 47 分，落潮历时为 8 小时 38 分，半潮周期为 12 小时 25 分。在一个半潮周期内涨落潮历时为互补关系，即涨潮历时长，落潮历时就短。涨潮历时长短与上游径流来量大小有关，径流来量大，涨潮历时就短，如汛期或大水年，反之则长，如枯期或小水年。每个夏历月的朔（初一）、望（十五）后的 2～3 天内出现大潮汛，上弦（初七）、下弦（二十一）后的 2～3 天内出现小潮汛，其他时间则为平常潮。每当发生大潮汛时，其高潮位较高，低潮位较低，在一个夏历月里，最高最低潮位往往发生在同一次大潮周期中。潮位年内主要受长江径流控制，汛枯季分明，最高潮位发生在汛期，最低潮位发生在枯期。

（3）镇江常州河段：河川径流受潮汐影响，汛期影响小，枯期影响大。潮位为非正规半日潮混合型，感潮较强，年内潮位变幅较大，涨潮历时平均约 3.1 小时，落潮平均约 9.3 小时，常年以顺流为主，涨潮时部分时间有逆流出现。

（4）长江口地区全潮历时为 12 小时 25 分钟。东海潮波进入长江口后，由于水深变浅以及上游径流的作用，潮波变形，形成非正规半日潮，落潮历时略长于涨潮历时。长江口吴淞站历年最高潮位 6.25 m（1997 年 8 月受 9711 号台风影响，长江口出现台风、暴雨和天文大潮"三碰头"的严峻局面，江阴以下河段各站水位均出现历史最高潮位），多年平均高潮位 3.58 m，平均潮差 2.27 m，最大潮差 4.48 m。潮波沿江上溯，潮差逐渐减小。

一、洪水特点

流域的洪水主要由暴雨形成。长江上游金沙江洪水由暴雨和融冰化雪共同形成，宜宾以下依次接纳岷江、沱江、嘉陵江、乌江等主要支流洪水，形成宜昌峰高量大、陡涨渐降型洪水。长江中下游承接长江上游、洞庭湖、汉江、鄱阳湖等洪水，洪水峰高量大、持续时间长，其中大通以下受洪水和潮汐双重影响，长江口主要受天文潮和风暴潮影响。

年均流量无显著突变，但丰、枯季和月均流量均存在显著突变。大通站主汛期为 6—8 月，洪水来源以汉口站来水为主，汉口水文站控制流域面积约占大通站控制流域面积的 87.3%，汛期多年平均水量约占大通站的 81.8%。鄱阳湖水系面积仅占大通站控制流域面积的 9.5%，但其汛期水量占大通站的 14.8%，是大通站洪水的重要组成部分。分析大通站 1946—2009 年径流的变化趋势、突变、周期和年内分配特征，发现大通站年均流量无显著突变，但丰、枯季和月均流量均存在显著突变，如汛后枯水季节，自然径流较小，但为防止咸潮上溯、保障下游需水,通过人为调度,使得流量偏大;径流年内分配在20世纪60、70、90年代相对集中,21世纪初变化不大,年内径流主要集中于7、8月。

风暴潮叠加影响大。大通以下约600 km河段受潮汐影响,长江口三角洲地区则可能因风暴潮而发生严重灾害。长江潮区界在安徽省铜陵至芜湖之间,距河口约640 km;潮流界在江苏省江阴市附近,距河口约240 km。长江口径流大、潮汐强,在两股强劲动力作用下,沙洲、边滩变动频繁,南支河势不稳定,主流摆动,南北港分流口不固定,分流通道变迁,河势演变极为复杂。

长江流域主要控制站水文特征值统计见表2.1-1。

表2.1-1 长江流域主要控制站水文特征值统计表

站名	多年平均流量(m^3/s)	历史最高水位		历史最大流量		设计防洪标准	
		水位(m)	出现时间	流量(m^3/s)	出现时间	水位(m)	流量(m^3/s)
大通	28 200	16.64	1954-8-1	92 600	1954-8-1	17.10	82 400
南京		10.39	2020-7-21			10.60	85 400
镇江		8.85	2020-7-21				
江阴		7.22	1997-8-19				

二、设计洪水

历史上长江下游洪灾大致为5~10年发生一次,中华人民共和国成立以来,长江江苏段大洪水发生年份主要有1954年、1983年、1991年、1998年、1999年、2010年、2020年,洪水呈现峰高、量大、历时长等特点。

(一)防御洪水原则。长江流域防洪总体上遵循"蓄泄兼筹、以泄为主"的治理方针,按照"人水和谐""江湖两利"和"左右岸兼顾、上下游协调"的原则,安排好防洪工程措施和非工程措施,既要解决大江大河防洪安全问题,也要解决好中小河流防洪和山洪灾害的防治问题。

长江江苏段主要采取合理加高加固堤防、整治河道等措施,其与防洪非工程措施相结合,构成综合防洪体系。

(二)防洪设计水位。长江干流堤防按《长江流域综合利用规划》1954年型的要求进行加高加固,其中规定设计水位:大通17.1 m、南京10.6 m(有台风影响为11.1 m)、镇江8.85 m(有台风影响为9.5 m)、江阴7.25 m(有台风影响为8.04 m),并将中下游的堤防划分为重点、重要、一般三类,分别规定了超高与堤顶面宽。

江苏省境内长江近海,受风暴潮影响严重,防洪设计水位的确定,需要对洪、潮、台风一并考虑。1997年以来江苏省实施的江堤达标建设工程,是按《长江流域综合利用规划》无台风影响的防洪设计水位实施的,未考虑台风增水因素,明显标准偏低,仅20世纪90年代就接连发生1996年8号台风和1997年11号台风分别与当年长江大洪水以及天文大潮遭遇的不利情况,江苏省沿江地区遭受很大灾害。为此江苏省补充分析提出了包括洪、潮和台风增水综合因素在内的长江防洪100年、200年、300年一遇洪潮水位。综合考虑近几十年来长江两岸开发利用对长江洪潮水位抬高的影响、中游治理和江堤建设对洪水峰量增大的影响、吴淞潮位的抬高以及台风增水的影响等,江苏省长江干流堤防近期工程按照全面落实防御1954年型洪水的《长江流域综合利用规划》标准,进一步巩固、完善;重点城市和开发区段以补充分析的100年一遇洪潮水位作为设计水位。

江苏沿江各站设计水位见表2.1-2。

表2.1-2 江苏沿江各站设计洪潮水位表

站名	《长江流域综合利用规划》设计水位(m)		洪、潮和台风增水综合分析水位(m)		
	无台风	有台风	100年一遇	200年一遇	300年一遇
南京	10.60	11.10	11.07	11.35	11.52
镇江	8.85	9.50	9.24	9.48	9.61
江阴	7.25	8.04	7.56	7.81	7.96
吴淞	6.01	6.54	6.41	6.64	6.78

三、防洪体系

(一)工程体系

目前,长江中下游基本形成了以堤防为基础、三峡水库为骨干,其他干支流水库、蓄滞洪区、水土保持等相配合的防洪工程体系。江苏省地处长江下游,采取"固堤防、守节点、稳河势、止崩坍"的防洪策略,形成了较为完善的堤防挡洪和河势控制工程体系,基本可以防御1954年型洪水(约50年一遇),长江河势得到初步控制,总体较为稳定,为沿江开发奠定了基础。

现状防洪工程情况如下:

1. 堤防工程。长江流域堤防包括长江干堤、主要支流堤防,是长江防洪的基础。江苏省已建成长江堤防1 548 km,其中干流堤防1 246 km(主江堤866 km,闸外港堤380 km)。江堤设计水位及相应堤顶高程见表2.1-3。

表 2.1-3　江堤设计水位及相应堤顶高程表　　　　　　　　　　单位:m

站名	达标建设			重点城市堤防		
	设计水位	设计超高	堤顶高程	工程设计水位	设计超高	工程堤顶高程
南京	10.60	2.0	12.60	11.07	2.0	13.07
镇江	8.85	2.0	10.85	9.24	2.0	11.24
江阴	7.25	2.0	9.25	7.56	2.0	9.56
浒浦闸下	6.50	2.5	9.00			
浏河闸下	6.68	2.5	9.18			
吴淞	6.01	2.5	8.50	6.41	2.5	8.91

2. 洲滩。目前长江江苏段干流河道内共有 13 个有人居住的江心洲,总面积 3.583 万 hm²,洲上人口 36.99 万人,洲堤长 302 km。

3. 穿堤建筑物。穿堤通江建筑物 1 372 座,其中大中型建筑物 51 座。长江堤防沿江的穿堤建筑物是江堤组成部分,大中型建筑物按 100 年一遇水位设计,200～300 年一遇水位校核,小型穿堤建筑物按《长江流域综合利用规划》水位设计,100 年一遇校核。长江堤防沿线水工建筑物防洪标准见表 2.1-4,设计水位组合见表 2.1-5。

表 2.1-4　长江堤防沿线水工建筑物防洪标准

建筑类型	设计	校核
大中型建筑物	100 年一遇潮位	200～300 年一遇潮位
小型建筑物	《长江流域综合利用规划》水位	100 年一遇潮位

表 2.1-5　长江堤防沿线水工建筑物设计水位组合

工况	设计		校核	
	长江	内河	长江	内河
正向	100 年一遇高潮位	汛期正常水位	200～300 年一遇高潮位	汛期正常水位
反向	50 年一遇低潮位	非汛期正常水位	100 年一遇低潮位	非汛期正常水位

4. 河道整治工程。长江干流河道整治主要是河势控制、节点守护、崩岸治理工程。江苏段长江干流分为南京、镇扬、扬中、澄通、河口五个河段,这五个河段均为《长江流域综合利用规划》确定的长江中下游干流重点治理河段。

（二）防洪重点

长江三峡水库的建成，在一定程度上减轻了江苏省长江防汛工作的压力，但也带来一些不利影响，主要体现在以下几个方面：一是来水输沙量减少，水流对河床冲刷作用加剧。近年来，长江干流来水含沙量明显减少，有关资料显示，1951—2020年长系列长江大通多年平均年输沙量为3.51亿吨，近10年多年平均年输沙量为1.13亿吨，2022年年输沙量0.665亿吨，和1951—2020年、近10年年输沙量均值相比分别减少81%、41%。长江干流输沙量的减少使江水挟沙能力处于不饱和状态，河床不断被冲刷。二是上游水库调峰作用明显。上游水库的调度运用使流经江苏省境内的洪峰流量削减，枯水期流量减少，中水期增大，进一步加剧了河道冲刷。三是枯水季节长江水位变低。河床冲刷导致河槽下切，同流量下水位降低，影响沿江抽引水水量。这些现象对江苏境内长江河势稳定、江心洲居民生产生活安全、沿江抽引水等均带来显著影响。

目前，江苏省苏南地区长江干流防洪工作的重点主要在中心城市及长江堤防、穿堤建筑物。

江苏省境内长江干流防洪重点主要是堤防工程，沿线划定为20个防洪保护区，镇江沿江以下进入长江三角洲，保护区南至沪宁高速公路，北至江淮流域界，面积很大，工矿企业发达，江堤等级定位2级堤防。

江苏省境内长江堤防，既受长江洪水威胁，又受高潮、特别是风暴潮的袭击；加之受洪潮水沙作用，河床土质松散，冲淤变化十分剧烈，河线摆动、崩岸频繁、河势不稳、主支汊道易位多次发生，既危及堤防安全，也直接影响沿线经济布局和码头港口、引排水口等基础设施的正常运行。江堤防洪、防冲保坍、控制和稳定河势，一直是江苏省长江整治和防汛的重要任务。

因此，综合考虑洪潮组合和台风增水，堤防标准还存在差距。历史上逐步形成的堤防，虽进行了堤身灌浆和填塘固基，但有的堤段还不能达到一级、二级堤防的质量要求；部分敞口通江河道支堤和闸外港堤标准不足，险工隐患尚未全部处理；而且受当时工程条件制约，穿堤建筑物众多，且多次在新一轮江堤加高培厚中加固接长。受工程条件制约，原建筑物普遍存在设计标准偏低的问题。穿堤建筑物损毁是导致发生重大险情的重要原因之一。因此，为确保沿江地方安全，需要对现有穿堤建筑物全面排查，逐一进行安全监测，对存有安全隐患的建筑物及时进行除险加固，以进一步巩固和完善长江干流防洪保护圈。

2.1.2 太湖水系

太湖流域地处长江三角洲的南翼,三面临江滨海,一面环山,北抵长江,东临东海,南濒钱塘江,西以天目山、茅山等山区为界,与青弋江、秦淮河水系为邻。太湖流域行政区划分属江苏省、浙江省、上海市和安徽省,面积 3.69 万 km²,其中江苏省 1.96 万 km²,占 53%。江苏省太湖水系位于流域的中、北部,包括苏州、无锡、常州市域的全部和南京、镇江的一部分。浙西苕溪和长兴平原的洪水直接流入太湖,再汇集江苏省湖西区入湖洪水,经调蓄后一路经太浦河、黄浦江入长江,另一路由望虞河入长江。

太湖位于江苏东南部,古称震泽,是平原水网一座大型浅水湖泊,水浅底平。太湖流域是江苏经济最发达的地区,也是最需关注防洪除涝的地区之一。由于流域洪水调蓄需要,太湖已成为一座平原水库型湖泊,最高洪水位已超过周边地面。

一、洪水特点

太湖流域特殊的气候及地形地貌特征形成了流域固有的洪涝灾害特征。

(1) 洪涝灾害频繁。流域地处东南沿海,风暴潮灾害也很频繁。

(2) 洪涝灾害具有一定周期性。太湖地区的洪涝灾害主要由梅雨和台风雨造成。入梅时间和梅雨期长短与副热带高压的位置和强弱密切相关。一般入梅时间在 6 月上中旬,出梅时间在 7 月上旬,梅雨期降水量占全年降水量的 20%~30%。影响本流域的台风频繁,局部地区成灾严重,大多出现在 7—9 月,平均每年 2~3 次。

(3) 平原河网地区洪涝不分。太湖流域平原区和山丘区面积分别占 80%和 20%,洪涝灾害主要发生在广阔的平原河网地区。平原河网地区每遇大范围持久降雨或大暴雨时,难以严格区分洪灾和涝灾。20 世纪 90 年代的大水表明,即使在目前水利设施已具有一定规模的情况下,无圩及破圩地区,洪涝水仍然混流;未破圩区受外河持续高水位影响,圩区排水受到限制,因洪致涝,同样可能成灾。

(4) 洪涝灾害空间分布不均。由于微地貌差异,排水条件不同,各地成灾次数和受灾程度也不一致。湖西洮滆和南河地区、杭嘉湖平原的西部和北部、浦西青松地区、阳澄和淀泖的南部、武澄锡中部、浙西的长兴平原和东苕溪导流西部,排水困难,易形成洪涝灾害。沿长江和杭州湾一带地势较高,但易受长江洪水和东海风暴潮侵袭。

(5) 洪涝灾害导致的经济损失巨大,城市水灾突出。太湖流域是我国经济最发达的地区之一,人口稠密,科技水平高,其经济总量在全国占有举足轻重的地位。但由于地势平坦低洼,洪涝灾害范围广、历时长,一旦受灾,经济损失严重。仅1991年和1999年的两次洪涝灾害,造成当年严重的经济损失。

二、设计洪水

1987年国家计划委员会批复的《太湖流域综合治理总体规划方案》中确定,太湖流域防洪以1954年5—7月降雨过程作为设计标准,流域平均最大90天降雨量约相当于50年一遇。1954年5—7月流域总产水量约223亿 m^3。治理方案安排太湖调蓄45.6 m^3,河网湖泊调蓄23.7 m^3,北排长江56.6 m^3,南排杭州湾22.4 m^3,东出黄浦江63.7 m^3,浦东区自排11.0 m^3。太湖设计洪水位4.65 m。

在《太湖流域综合治理总体规划方案》实施过程中,出现了对流域防洪更为不利的1991年和1999年成灾雨型,原流域设计洪水已不能全面反映流域防洪要求。2013年,《太湖流域综合规划(2012—2030年)》提出了流域不同降雨典型50年一遇及100年一遇设计洪水,成果见表2.1-6。

表2.1-6 太湖流域50年一遇及100年一遇设计洪量表　　单位:亿 m^3

雨型	50年一遇			100年一遇		
	30日	60日	90日	30日	60日	90日
54年型	80.99	159.49	225.22	95.22	182.59	260.16
91上游	147.66	196.55	224.29	163.27	216.95	247.18
91北部	149.01	196.62	224.45	169.98	221.58	247.95
99南部	147.63	196.31	234.07	163.10	216.70	256.84

三、流域通江河道概况

长江江苏段一直以来都是江苏省太湖流域的主要取水水源和排水出路。太湖流域沿长江江苏段江堤长约207 km,沿线有京杭运河、德胜河、白屈港、张家港、浏河等多条连接长江和流域腹地河网的感潮河道。由于其优越的濒江条件,这些感潮河道上兴建了许多引排工程。通过合理调度引排工程,在流域大水时向长江排泄涝水,减轻流域防洪压力;在流域枯水或水环境恶化时,引长江水入流域内河网及太湖,抬高河网水位、增加太湖蓄水量,以缓解流域供用水矛盾或改善水环境。

太湖流域沿长江江苏段共有170条通江支流,其中省级河道4条,市级河道18条,县级河道65条,县级河道83条。其中镇江段101条,常州段9条,无锡段16条,苏州段44条。见表2.1-7。

表 2.1-7 太湖流域沿江 4 市通江河道数量统计表

地区	级别				
	省级	市级	县级	乡级	合计
镇江	1	5	31	64	101
常州	1	2	3	3	9
无锡	1	2	9	4	16
苏州	1	9	22	12	44
合计	4	18	65	83	170

170 条通江河道中,长度小于 10 km 的河道 131 条,其中镇江 94 条,常州 5 条,无锡 12 条,苏州 20 条;长度为 10 km 至 20 km 的河道共 15 条,其中镇江 4 条,常州 1 条,无锡 1 条,苏州 9 条;长度大于 20 km 的河道 24 条,其中镇江 3 条,常州 3 条,无锡 3 条,苏州 15 条。见表 2.1-8。

表 2.1-8 太湖流域沿江 4 市通江河道规模与地区分布统计表

地区	长度			合计
	小于 10 km	10～20 km	大于 20 km	
镇江	94	4	3	101
常州	5	1	3	9
无锡	12	1	3	16
苏州	20	9	15	44
合计	131	15	24	170

170 条通江河道均已纳入河长制管理体系,并设立了河长。列入 723 条省级骨干河道名录的有 44 条,其中镇江 11 条,常州 4 条,无锡 8 条,苏州 21 条。具有航运功能的河道约 30 条,其中苏南运河、锡澄运河、德胜河、张家港、杨林塘作为江苏省干线航道网(三级及以上)的组成部分,在水路运输中发挥着重要作用。见表 2.1-9。

表 2.1-9 太湖流域沿江 4 市通江河道骨干河道统计表

长度	流域性河道	区域性骨干河道	跨县重要河道	县域重要河道	合计
镇江	1	1	2	7	11
常州	1	2	0	1	4

续表

长度	流域性河道	区域性骨干河道	跨县重要河道	县域重要河道	合计
无锡	1	2	2	3	8
苏州	1	10	0	10	21
合计	4	15	4	21	44

四、防洪体系

(一) 工程体系

1991年太湖流域遭遇严重洪涝灾害,同年开始组织实施太湖流域综合治理工程,加上1997年增列的黄浦江上游防洪工程,共实施十一项治太骨干工程。主要有望虞河、太浦河、杭嘉湖南排通道、杭嘉湖北排通道、环湖大堤、湖西引排、红旗塘、东西苕溪防洪、扩大拦路港、泖河及斜塘、武澄锡引排和黄浦江上游干流防洪工程。其中,望虞河、太浦河、杭嘉湖南排、环湖大堤工程为流域性工程;东西苕溪防洪、湖西引排、武澄锡引排工程为区域性工程;拦路港、红旗塘、杭嘉湖北排通道、黄浦江上游干流防洪工程为省际边界工程。

流域综合治理十一项骨干工程全部完成后,结合流域内已有的水利工程,太湖流域已初步形成洪水北排长江、东出黄浦江、南排杭州湾,充分利用太湖调蓄,"蓄泄兼筹、以泄为主"的流域防洪骨干工程体系,流域内的防洪除涝、水环境和航运条件得到了较大改善,供水能力得到了一定的提高,流域初步具备防洪减灾、水资源优化配置、合理调度的基本条件。如再遇1954年大水,太湖最高水位将不超过4.65m,下游平原地区洪水位均有较大幅度降低,可保证流域整体防洪安全。各地区防洪标准一般提高至10~20年一遇。

1. 苏南运河:苏南运河作为太湖流域流域性重要河道,沿线区域分属太湖湖西区、武澄锡虞区、阳澄淀泖区、太湖区,防洪工程体系由苏南运河堤防、城市防洪包围圈、控制性工程和圩区等组成。苏南运河起自长江谏壁口,止于江浙两省交界处的鸭子坝,全长约212.5km,分为镇江、常州、无锡和苏州四段,大部分河段两岸均建有护岸。

①镇江段:苏南运河的入江河段,起自长江谏壁口,止于与常州交界的荷园里,长42.6km,现状河堤高程在7~9m,河段规划防洪标准为50年一遇。

②常州段:西接镇江吕城镇的荷园里,东连无锡洛社五牧(直湖港),长48.8km,现状堤顶高程5.5~8m,河段规划防洪标准为50~200年一遇。

③无锡段:由洛社五牧进入,经城区南流,至新安沙墩港出境,长39.3km,现状堤顶高程6~6.5m,河段规划防洪标准为50~200年一遇。

④苏州段:西起苏锡两市交界的新安沙墩港,南至江浙两省交界处的鸭子坝,长 81.8 km,现状堤顶高程 4.8～5 m,河段规划防洪标准 50～200 年一遇。

2. 环湖大堤。环湖大堤是拦蓄太湖洪水和调蓄太湖水量的重要工程,江苏省境内太湖大堤总长 286.4 km,其中江苏省太湖直湖港至浙江省长兜港段为"西段",其他部分为"东段"。按照"西敞东控"的原则,东段大堤口门全部建闸控制,西段基本敞开。太湖防洪设计水位 4.66 m,环湖大堤江苏段基本达到流域防洪 100 年一遇标准,西段堤顶高程 7 m,上设 0.8 m 高挡浪墙;东段堤顶高程 7 m。环太湖共有出入湖河道口门 230 个,其中江苏段 172 个,有口门建筑物 147 座,主要包括武澄锡虞区的直湖港闸、武进港闸、雅浦港闸、犊山节制闸、梅梁湖泵站等,阳澄淀泖区的胥口枢纽、瓜泾口枢纽、三船路闸、伐港闸、大浦口闸等。

3. 望虞河工程。望虞河是沟通太湖和长江的流域性骨干引排河道,兼有泄洪、排涝、引水等任务,全长 62.3 km,其中河道段 60.3 km。泄洪断面按 1954 年型洪水设计(5—7 月承泄太湖洪水 23.1 m³);引水按 1971 年型枯水设计(4—10 月通过望虞河引江入湖 28.0 m³)。望虞河工程主要包括常熟水利枢纽、望亭水利枢纽以及河道、两侧配套涵闸等。节制闸设计流量 375 m³/s,校核流量 750 m³/s。望虞河两岸支河口门有 125 处,沿线共有控制性工程建筑物 92 座。

4. 太浦河工程。太浦河西起东太湖边的时家港,至平望北与京杭运河相交,再经汾湖等湖荡,东至南大港入泖河接黄浦江,全长 57.6 km,其中江苏省境内 40.73 km,浙江省 1.63 km,上海市 15.24 km。太浦河现状泄水断面按 1954 年洪水(5—7 月承泄太湖洪水 22.5 m³,同时承泄杭嘉湖涝水 11.6 m³)设计,目前河道河底高 −5～−1.5 m、底宽 40～139 m。太浦闸为太浦河上的重要控制建筑物,于 2012 年 9 月实施拆除重建,节制闸共 10 孔,每孔净宽 12 m,总净宽 120 m,闸基、闸墩等按闸底板 −1.5 m 进行设计,设计流量 985 m³/s,太浦河泵站位于太浦闸南岸,泵站设计流量 300 m³/s,主要为改善上海市黄浦江上游取水口水质和调水服务。太浦河沿线共有支河 96 条,控制建筑物 88 座,其中北岸支河口门已全部控制,芦墟以西尚有 7 个口门未实时控制。

5. 沿长江引排工程。太湖地区已形成长江堤防和沿长江口门组成的防洪控制线。长江堤防基本达到防御 1954 年型洪水标准(相当于 50 年一遇)。沿长江主要口门建筑物有 22 座,包括望虞河常熟水利枢纽、新孟河丹阳界牌水利枢纽、大运河谏壁枢纽、九曲河枢纽、德胜河魏村枢纽、澡港河澡港枢纽、新沟河江阴水利枢纽、新夏港枢纽、定波水利枢纽、白屈港枢纽、大河港枢纽、张家港闸、十一圩港闸、走马塘江边枢纽、海洋泾枢纽、浒浦闸、徐六泾枢纽、白茆闸、七浦塘江边枢纽、七浦闸、杨林闸、浏河闸等,节制闸设计排水流量 6 939 m³/s,设计引水流量 6 642 m³/s,泵站设计排水流量 1 535 m³/s,设计引水流量 1 390 m³/s。

6. 大中型水库。太湖地区有沙河、大溪、横山、青山、对河口、老石坎和赋石等 3 座大型水库,7 座中型水库、109 座小型水库和 55 座重点塘坝。大中型水库总库容 4.61 亿 m³,调洪库容 2.31 亿 m³,兴利库容 2.36 亿 m³;小型水库总库容 1.10 亿 m³,兴利库容 0.63 亿 m³;重点塘坝总库容 1 149 万 m³,兴利库容 606 万 m³。

7. 圩区。圩区是平原洼地重要的防洪除涝工程之一。太湖流域共有圩区 4 944 个,圩区面积 15 567 km²,占流域面积的 42.2%,其中村镇圩区排涝能力超过 12 000 m³/s。江苏省太湖地区有圩区 2 145 个。

8. 城市防洪工程。太湖流域是我国城市化程度最高的地区之一。主要包括直辖市 1 座,地级市 7 座,其中江苏省有苏州、无锡、常州、镇江 4 座地级市。其中苏州、无锡、常州中心城区均已建成防洪标准为 200 年一遇的城市防洪大包围。

五、防洪重点

(一)沿长江引排工程。经调查统计,镇江市、常州市、无锡市及苏州市沿江各口门总数为 68 个。太湖流域沿长江江苏段沿江口门情况详见表 2.1-10。

(二)环湖大堤。太湖是流域内最大的平原湖泊。其容积占流域湖泊容积的 77%,设计调控库容 46 m³,对流域蓄洪和水量调节起主要作用,下游排水出路主要为望虞河和太浦河工程。太湖周边分布着大型城市苏州、无锡、常州等,乡镇企业和开发区星罗棋布,太湖高水位及其外泄洪水都会给地区产生较大的影响。因此,环湖大堤的防洪是太湖流域防洪的重中之重。

太湖洪水调度是流域防御洪水的关键。一方面要利用太湖库容适时拦蓄洪水,减轻洪水对下游地区,特别是对一些重要城市的压力;另一方面,在下游水情允许时,又要及时下泄洪水,以免太湖水位过高,危及环湖大堤安全,甚至造成更大的灾害。

(三)重要城市。目前,江苏省苏、锡、常三市城市防洪大包围已基本建成,中心城区防洪标准基本达到 200 年 遇,但许多规划新区、开发区以及部分中小城市、建制镇的防洪标准明显偏低,仅 20 年至 50 年一遇。这些地区大多是新建居民区和各类企业所在地,一旦遭受洪涝灾害,损失较为严重。一些城市排水管网标准偏低,外排出路不畅,遇短历时暴雨时,内涝威胁较大。

表 2.1-10　太湖流域沿长江江苏段沿江口门一览表

序号	水资源分区	所辖地	河道名称	口门名称	管理单位
1	湖西区	镇江	金山湖	引航道枢纽	镇江市城市水利工程管理处
2			金山湖	焦南闸	
3			古运河	丹徒闸	
4			古运河	丹徒南闸	
5*			京杭运河	谏壁枢纽	镇江市长江河道管理处
6			捆山河	龟山头闸	丹阳市九曲河枢纽管理处
7			沙腰河	大路闸	水利站
8			姚桥港	姚桥闸	水利站
9			迎丰河	迎丰河闸	水利站
10*			九曲河	九曲河枢纽	丹阳市九曲河枢纽管理处
11			永红河	永红河闸	水利站
12*			新孟河	丹阳枢纽	
13*		常州	浦河	孟城水闸（浦河闸）	常州市城市防洪工程管理处
14*			剩银河	剩银河闸	
15*			德胜河	魏村水利枢纽	
16*	武澄锡虞区		澡港河	澡港水利枢纽	
17		无锡	桃花港	新河闸	江阴市江港堤闸管理处
18			窑港	窑港闸	
19			利港	利港闸	
20			芦埠港	芦埠港闸	
21			申港河	申港闸	
22*			新沟河	新沟河江边枢纽	江苏省太湖地区水利工程管理处
23		苏州	新夏港河	新夏港水利枢纽	江阴市白屈港水利枢纽工程管理处
24			老夏港河	夏港闸	江阴市江港堤闸管理处
25*			锡澄运河	定波水利枢纽	
26*			白屈港	白屈港水利枢纽	江阴市白屈港水利枢纽工程管理处
27			大河港	大河港闸	
28			石牌港	石牌港闸	江阴市江港堤闸管理处
29*			张家港	张家港闸	

续表

序号	水资源分区	所辖地	河道名称	口门名称	管理单位
30	武澄锡虞区	苏州	横套河	五节桥闸	张家港市长江防洪工程管理处
31			十字港	十字港闸	
32			护漕港	护漕港闸	
33			太字圩港	太字圩港闸	
34			段山港	段山港箱涵	
35			朝东圩港	朝东圩港闸	
36			渡泾港	渡泾港闸	
37			一干河	一干河闸	
38*			二干河	十一圩港闸	
39			十三圩港	十三圩港闸	
40			通常港	通常港闸	
41			三干河	三干河闸	
42			四干河	四干河闸	
43			五干河	五干河闸	
44			六干河	六干河闸	
45			农场河	农场河闸	
46			常沙河	常沙河闸	
47			走马塘	江边枢纽	江苏省太湖地区水利工程管理处
48			福山塘	福山闸	常熟市长江河道管理处
49			崔浦塘	崔浦闸	
50*			望虞河	常熟水利枢纽	江苏省太湖地区水利工程管理处
51	阳澄淀泖区	苏州	耿泾塘	耿泾闸	常熟市长江河道管理处
52			海洋泾	海洋泾闸	
53			海洋泾	海洋泾水利枢纽	
54*			常浒河	浒浦闸	
55			徐六泾	徐六泾闸	
56			金泾	金泾闸	
57*			白茆塘	白茆闸	
58			新泾	新泾闸	太仓市长江防洪工程管理处
59			钱泾	钱泾闸	

续表

序号	水资源分区	所辖地	河道名称	口门名称	管理单位
60	阳澄淀泖区	苏州	荡茜	荡茜闸	太仓市长江防洪工程管理处
61			新七浦塘	荡茜水利枢纽	
62			鹿鸣泾	鹿鸣泾闸	
63			浪港	浪港闸	
64*			七浦塘	七浦闸	
65*			杨林塘	杨林闸	
66			新塘河	新塘闸	
67			汤泾	汤泾闸	
68*			浏河	浏河闸	

注:序号带"*"的沿江口门设有水文站控制;浦河闸、丹阳枢纽分别于2023、2020年基本建成。

（四）水库。江苏省太湖地区有3座大型水库,4座中型水库,101座小型水库。经过大规模的除险加固,流域内水库的安全状况整体有了显著改善。但部分水库未经过高水位考验,部分水库淤泥严重,影响防洪供水效益发挥。江苏省太湖地区大型水库基本情况见表2.1-11、表2.1-12。

表2.1-11　江苏省太湖地区大型水库基本情况表

库名	所在地	集水面积（km^2）	设计重现期(年)	校核重现期(年)	总库容（万 m^3）	防洪库容（万 m^3）	兴利库容（万 m^3）
沙河	常州溧阳	148.5	100	2 000	10 900	7 000	4 900
大溪	常州溧阳	90.0	100	2 000	17 100	12 400	5 000
横山	无锡宜兴	154.8	100	2 000	10 200	6 200	4 100

表2.1-12　江苏省太湖地区大型水库特征水位表

库名	所在地	设计水位（m）	校核水位（m）	兴利水位（m）	历史最高水位（m）	发生时间
沙河	常州溧阳	23.00	24.42	21.00	22.55	2021-7-28
大溪	常州溧阳	17.37	17.87	14.89	16.19	2021-7-28
横山	无锡宜兴	38.75	40.36	33.00	35.59	2016-7-3

2.2　区域防洪除涝工程体系

根据江苏省太湖流域河道水系分布、地形特征和洪涝特点,太湖水系分为太湖湖西区、武澄锡虞区、阳澄淀泖区、浦南区4个分区。太湖湖西区、武澄锡虞区、阳澄淀泖区直接排水入长江（其中太湖湖西区和武澄锡虞区南部同时排水入太湖，阳澄淀泖区的淀泖片排水入太浦河），在遭遇长江高水位时河道排水能力减小，甚至失去排水出路，需要辅以抽排。

2.2.1 太湖湖西区

一、区域概况

太湖湖西区位于太湖流域上游，北以长江堤岸为界，西至流域界，茅山山区与秦淮河流域接壤，南以宜溧山区的流域分界为界，东自德胜河与澡港河分水线南下至新闸（常州段老运河）、钟楼闸（常州段新运河），向南沿武宜运河东岸经太滆运河北岸至太湖，沿太湖湖岸向西南至苏、浙两省分界线，涉及常州、镇江、无锡、南京4市13个县（区），总面积7 671 km², 人口560万。

区域内地形地貌复杂，西、南部分别为茅山山区、宜溧山区，北倚长江，东依太湖，无论从西向东，还是从南向北，整体呈高—低—高—低分布，其中丘陵山区地势较高，海拔最高300～500 m，面积约占1/3以上，位于区域西部、南部，呈L形分布；圩区面积约占1/5，主要位于茅山、宜溧山区下中、南部的洮、滆腹部及南河地区，以及沿江、沿湖地带，地面高程4～5 m；水面积约占8.5%，主要以洮湖、滆湖两大湖泊为主，为区域主要调蓄节点；其余为高亢平原，沿江地面高程一般为6～7 m，洮滆地面高程一般为8～10 m。区内以地形变化差异，分为运河平原片（运河片）、洮滆平原片（洮滆片）、茅山山区和宜溧山区四片。

湖西区洪涝灾害多发。1481—1931年，共发生大洪水19次，平均每23年发生一次。中华人民共和国成立以来，发生较大洪水的年份主要有1954年、1957年、1962年、1969年、1983年、1987年、1991年、1999年、2015年、2016年等。其中，1991年、2015年、2016年洪涝灾害损失十分严重。

二、水系概况

湖西区流域性河湖主要有长江、太湖、武宜运河、太滆运河、苏南运河等。区域性河道根据地形特点分成山丘区河道、平原河网两部分。其中山丘区河道发源于茅山、宜溧山区，源短流急，汇入平原河网；平原区河湖相连，以洮、滆湖为中心，可分为北部运河水系、中部洮滆水系和南部南河水系：北部运河水系为区域骨干引排河道，由苏南运河及九曲河、新孟河、德胜河等入江河道组成，滨江自排区有运粮河、古运河、团结河等通江河道；中部洮滆水系由湟里河、中干河等洮滆湖连接河道和太滆运河、烧香港、湛渎港和城东港等入太湖河道组成；南部南河水系由南河、中河、北河进入西氿、东氿，由城东港入太湖。三个水系之间有南北向河道丹金溧漕河、赵村河、扁担河、孟津河和武宜运河等相沟通,形成南北东西相通的平原水网。此外,湖西地区还有洮湖、滆湖等主要湖泊,茅山山区及宜溧山区分布有沙河、大溪、横山等大型水库和众多的中小型水库塘坝。

三、防洪除涝抗旱工程

(一)防洪工程

经过多年治理,该区已基本形成了上游依靠大中型水库拦蓄,中部依靠洮滆湖调蓄,下游通过拓浚入湖入江河道和沿江建站排水的防洪除涝工程体系,目前区域防洪标准总体上仍不足 20 年一遇。

太湖湖西区流域防洪工程主要由长江堤防、太湖堤防、苏南运河、谏壁水利枢纽、钟楼闸、水库等组成。其中长江、太湖堤防现状防洪标准为 50 年一遇,苏南运河堤防现状防洪标准为 50~200 年一遇。

区域防洪工程主要由区域骨干河道、丹金枢纽及沿江水闸泵站、洮湖、滆湖、水库等组成。区域河道堤防现状防洪能力为 5~50 年一遇不等。达到 50 年一遇防洪标准的有武宜运河、太滆运河。达到 20 年一遇防洪标准的有丹金溧漕河以及镇江九曲河、中心河、香草河、浦河、鹤溪河,常州南河、中河等河道堤防,其他为 5~10 年一遇。

该地区为提高城市防洪自保能力,建立了城市包围工程,其中与湖西区排水出路有关的区域有下游常州,以及内部溧阳、金坛城市防洪工程。该地区建有大小圩区 762 个,总面积约 15.83 万 hm^2,其中万亩以上大圩共 56 个,圩堤防洪标准普遍在 5~20 年一遇。

(二)除涝工程

湖西区大部分除涝达到 10~20 年一遇排涝标准,部分地区仅 5 年一遇。湖西区排涝线路有 15 条,涉及丹阳市、句容市、丹徒区的 20 个左右乡镇,现状排涝标准为 5~50 年一遇。排涝涵闸有九曲河闸、迎丰河闸等 44 座,实际排水能力合计 1 823.1 m^3/s。排涝泵站有迎丰河排涝站、太平港排涝站等计 24 座,实际排水能力合计 92.18 m^3/s。主要排涝区域包括西南香草河片、南部鹤溪河片等 13 个区域(圩区),实际总外排能力 1 141.68 m^3/s,排涝面积 466.3 km^2。

常州市湖西区排涝线路有 8 条,包括苏南运河、苏南运河南移段、太滆运河、丹金溧漕河、胥河、中河、南河等,现状排涝标准都为 20 年一遇。主要排涝区域包括金坛城区的城东洼地、金沙湖以及溧阳城区、建昌圩、马山门圩等 52 个区域(圩区或灌区),实际总外排能力为 640 m^3/s 左右。

无锡市湖西区主要有东西向的南河水系、洮滆太水系,南北向的调节河道主要有孟津河、武宜运河、横塘河等。这些河道要承泄上游 4 700 km² 面积的过境洪水,也是沿线区域的排涝出路,现状排涝标准为 20 年一遇。

(三) 抗旱工程

太湖湖西地区抗旱水源主要来自当地河湖、水库、调引江水。当水源不足或水位偏低时,通过谏壁枢纽、九曲河闸站、魏村枢纽等沿江口门自引抽引长江水源补充,并改善区域水环境。湖西区现状大部分农田达到 75% 以上的供水保证率。

镇江市湖西区调水线路有 12 条,涉及丹阳市、句容市、丹徒区 3 市(区)的 7 个镇。常州市湖西区输水调水线路有浦河、新孟河、德胜河、剩银河、澡港河、舜河、苏南运河、丹金溧漕河、武进港、雅浦港等,以及长江—苏南运河—丹金溧漕河 1 条跨市调水线路。

常州市湖西区共有灌溉泵站 505 座,装机 965 台套,其中抗旱提水站 26 个,设计流量 44.4 m³/s。灌区有茅东、湟里河、大溪、沙河、前宋、塘马、浦河、新孟河、安宁河 9 个,灌溉面积计 1.63 万 hm² 左右,引水能力约 40 m³/s,涉及金坛、溧阳、新北等区(市)。

无锡市湖西区建有灌溉泵站 1 670 多座,总动力 2.9 万 kW,灌溉流量达 348 m³/s,基本保障了抗旱灌溉的需要。

2.2.2 武澄锡虞区

一、区域概况

武澄锡虞区是太湖北部的低洼平原区,北临长江,依赖长江大堤抵御长江洪水,南濒太湖,依靠环太湖大堤阻挡太湖高水,西部以武澄锡西控制线为界,与太湖湖西区接壤;东部至望虞河东岸,自望虞河江边枢纽起沿望虞河东岸线至太湖边沙墩港口止,总面积 4 016 km²,人口 1 029.5 万。

该区地形相对平坦,其中平原地区地面高程一般为 5~7 m;低洼圩区主要分布在锡澄运河、直湖港及北塘河、三山港和采菱港等两侧,地面高程一般为 4~5 m,南端无锡市区及附近一带地面高程最低,仅 2.8~3.5 m。大部分地区地面高程均在长江和太湖高水位以下。区内以白屈港控制线为界,又分为武澄锡低片及澄锡虞高片。白屈港控制线(又称望虞河西控制线)以东,为澄锡虞高片,地势北高南低,由北向南倾斜,地面高程为 3.5~7.5 m;白屈港控制线以西为武澄锡低片。

武澄锡虞区地处长江河口感潮河段,属太湖北部平原河网地区。境内腹部地区地势低洼,除承受武澄锡虞区高片洪水外,南部常因太湖高水或水污染问题,涝水难以入湖,北受长江高潮顶托。区域内洪涝灾害集中发生在汛期(5—9月),其中严重洪涝灾害往往发生在天文大潮及台风、上游发生大洪水、本地暴雨三碰头时。该区域河网密布,引排能力较强,一般情况下不会出现水源短缺问题,但因经济社会发展迅速,水质型缺水问题较为突出。

二、水系概况

武澄锡虞区河网密布,水域面积达 433 km²,水面率约为 10.8%。区域河道水面比降小,平均坡降约十万分之一,水体流速缓慢。

外围流域性河湖主要有长江、太湖、望虞河,以及属太湖湖西区洮滆水系的武宜运河、太滆运河,区内流域性河道主要有苏南运河。

根据地形特点,区域水系以苏南运河为界,分成苏南运河北部和南部两部分。苏南运河北部地区以南北向通江河道为主,低片通江河道主要有澡港、桃花港、利港、新沟河、新夏港、锡澄运河、白屈港等;高片有张家港、十一圩港等,具有较好的引排水条件;东西向河道有西横河、北塘河、黄昌河、冯泾河、应天河、青祝河等,与通江河道相连,汇集区域来水排入长江;另外,部分河道排水入望虞河,包括张家港、锡北运河、九里河、伯渎河等。苏南运河以南地区以南北向入湖河道为主,主要有直湖港、武进港、梁溪河、曹王泾、大溪港等入湖河道,以及锡溧漕河、武南河、采菱港、永安河等。

该区列入省湖泊保护名录中的湖泊有 4 个,分别为五里湖、官塘、暨阳湖和宛山荡,总水域面积为 10.85 km²。

三、防洪除涝抗旱工程

(一) 防洪工程

武澄锡虞区流域防洪工程主要由长江堤防、大潮堤防、望虞河、苏南运河、沿江主要闸站等组成。

该区经多年治理,特别是 1991 年治理太湖以来,实施了武澄锡引排工程,武澄锡低片和澄锡虞高片基本形成独立的防洪除涝体系。武澄锡低片依靠北部沿江控制线、南部环太湖控制线、东部白屈港控制线、西部武澄锡西控制线挡住外洪,内部洪涝水则利用通江河道及配套建设的白屈港枢纽、新夏港枢纽、澡港枢纽等沿江口门北排入江为主,通过苏南运河东排为辅,相机排入太湖;澄锡虞高片洪涝水除通过张家港、十一圩港直接北排长江外,其余通过张家港、锡北运河、九里河、伯渎河等相机东排望虞河。武澄锡虞区的现状防洪标准基本达到 20 年一遇。

该地区,常州、无锡等市都兴建城市防洪工程,分别对中心城区运北片、运东片建立大包围,内部河道分级控制,防洪标准均基本达到 200 年一遇。

经过历年来的治理,该区域内已形成各类大小圩区 391 个,总面积 15.84 万 hm²,其中万亩(667 hm²)以上圩区防洪标准基本达到 50 年一遇。

(二)除涝工程

常州市:苏南运河以北区域排涝主要依靠魏村枢纽、澡港枢纽等工程外排入江,部分通过新沟河入江;苏南运河以南区域环湖有控制口门,一般情况下关闭或按套闸方式运行,水位较高、可能造成涝情时,可开启武进港闸、雅浦港闸等排入太湖;苏南运河沿线区域部分涝水通过苏南运河东流南下。常州运北片大包围总外排能力为 420.96 m³/s,现状排涝标准为 20 年一遇,排涝面积 156.2 km²;武进城区(湖塘片)总外排能力为 78.1 m³/s,排涝面积 84.3 km²,现状排涝标准为 20 年一遇。

无锡市:区域现状排涝出路主要是通过锡澄运河、白屈港、新沟河、走马塘北排入江,通过北兴塘排入东青河、锡北运河,再分别通过锡澄运河、张家港等北排入江;部分区域洪水通过九里河、伯渎港进望虞河再入江。现状排涝标准为 20 年一遇。无锡运东大包围、太湖新城片包围外排泵站总设计流量分别为 485.6 m³/s、97 m³/s。

苏州市:武澄锡虞区排涝出路主要是通过张家港、二干河等 12 条通江河道北排入江;张家港闸、十一圩港闸等 46 座闸涵设计流量计 2 882.2 m³/s,排涝区域计 963.5 km²。张家港市五节桥泵站等 5 座排涝泵站排水能力计 127 m³/s。

(三)抗旱工程

武澄锡虞区各市主要利用沿江口门和闸站引长江水,补充河网水源,改善区域水环境,维持河网水位。农田供水保证率基本达到 100%。

常州市武澄锡虞区主要利用魏村枢纽、澡港闸站等引长江水,通过德胜河、澡港河等河道进入苏南运河。沿江主要闸站设计最大自流引水能力为 665 m³/s,泵引能力为 100 m³/s。

无锡市锡澄地区依托长江水资源优势,遇到旱情时利用长江高潮位引水,或白屈港抽水站动力引水,保持内河正常水位,提供区内河网工农业用水。沿江目前建有节制闸 13 座、套闸 2 座、抽水站 3 座(新沟河泵站在建),主要控制建筑物按 100 年一遇标准设计,设计最大自流引水能力为 839.5 m³/s,泵引能力为 100 m³/s+90 m³/s(新沟河泵站)。

苏州市澄锡虞区主要利用沿江涵闸的西引东排实现区域供水和水环境改善。供水线路和排水线路一致,有 12 条线路;引水涵闸 43 座,引水能力计

2 320.6 m³/s,供水灌溉面积 3.3 万 hm²。

2.2.3 阳澄淀泖区

一、区域概况

阳澄淀泖区位于太湖流域东北部,属于太湖流域下游地区,西至望虞河、京杭运河与太湖,北以长江为界,东至江苏、上海分界线及淀山湖东岸、拦路港与迎河一线,南以太浦河北岸为界。江苏省境内阳澄淀泖区面积为 4 803 km²,常住人口 825 万。

该区属平原水网地区,区内有平原、水面和丘陵三种类型,以平原为主,地形呈西北高、东南低,沿江高、腹部低,像一个大的碟形盆地中又分布着许多小片碟形盆地,整体地势较为低平。以娄江、沪宁铁路以及大运河为界,阳澄淀泖区又分为阳澄区、淀泖区和滨湖区。阳澄区地处望虞河和大运河以东、娄江和沪宁铁路线以北,东濒长江。地形东高西低,东部滨江平原地面稍高,高程为 4~5.5 m;西部阳澄圩区地势低洼,地面高程一般为 3~4 m,局部地面高程低于 3 m,基本属水网圩区。淀泖区位居太湖下游,娄江、沪宁铁路以南,太浦河以北,以洼地为主,地势自西向东微微倾斜,吴淞江北侧及沿苏南运河东侧地面稍高,一般为 4~4.5 m;其余地区则地势低洼,高程一般为 3.5~4 m,少数圩区地面高程为 3 m 以下。滨湖区位于苏南运河以西至太湖边,湖积平原洼地与丘陵山区相对集中,山、圩并存。

该区域发生洪涝灾害,其原因主要是流域性梅雨型降雨和局部地区发生的台风型暴雨两种。梅雨型降雨一般发生在 6—7 月,覆盖范围广、降雨历时长、雨量大,当梅雨量超过多年平均的 2 倍以上时,阳澄淀泖区极易发生大洪水,如 1954 年、1991 年、1999 年、2016 年。台风型暴雨多出现在 8—9 月,当台风登陆过境并伴有强降雨发生时,往往形成台风暴雨型洪水。

二、水系概况

阳澄淀泖区水系发达,河湖众多。流域性河道有望虞河、太浦河,分别形成区域的西、南边界;京杭运河由西部入境并折向南部流出;区域内部分布有大小河道 2 万余条,汇合阳澄湖、淀山湖等诸多蓄水湖荡,形成一个西部引排太湖、东部泄流江(长江)浦(黄浦江)的自然水系,水面率约 11%。区域内水域面积:820.7 km²(圩外水面积 610.2 km²),其中湖泊 404.2 km²、河流 416.5 km²,圩区面积 1 964 km²。

阳澄区主要湖泊有阳澄湖、昆承湖、巴城湖、傀儡湖等,约 500 亩(约 33.3 hm²)以上湖荡 18 个,其中千亩(约 66.7 hm²)以上的 15 个,总称阳澄湖群,为该区域的调蓄水面。主要河流有白茆塘、七浦塘、杨林塘、浏河(上游段为娄江)、常浒河、徐六泾、金泾、海洋泾、钱泾、荡茜、浪港等十多条通江河道和盐铁塘、张家港、元和塘三条南北向的调节河道;苏南运河的来水和望虞河东岸的产水主要由界泾、冶长泾、渭泾塘、黄埭塘等一些东西向的河道东入阳澄湖群,经调蓄后由张家港以东的通江河注入长江。常浒河、白茆塘、七浦塘、杨林塘、浏河为该区域五大引排河道,80%左右的水量由这五大河道排入长江;其余各通江河港,主要为滨江平原片自引自排服务。该区域水系经过多次大规模整治,已基本形成网状结构,遇洪(长江洪水)能挡、遇涝能排、遇旱能引。

淀泖区主要湖泊有澄湖、淀山湖、元荡、汾湖、白蚬湖、白莲荡、三白荡等数十个,其中千亩以上的41个,总称"淀泖湖群"。主要河流除吴淞江、苏南运河外,有急水港、大窑港、牛长泾、八荡河等。该区主要水源来自东太湖,另有部分水源来自苏南运河。东太湖的出水主要自瓜泾港、三船路、军用线港、䢔港等通湖诸港。该水系虽有众多的河流和湖荡,但因下游东泄河道大都已被封堵,仅剩淀山湖主要出水口拦路港一条,太湖洪水出路不畅,常因洪涝并涨,水位极易壅高。

滨湖区主要河流有西北部的沙光运河,中部的胥江、木光河,西南部的苏东河和纵贯南北的大运河。主要水源为太湖出水,大部出自铜坑口、胥口、大缺口和鲇鱼口四路。

阳澄淀泖区列入省湖泊保护名录中的湖泊有59个,包括阳澄湖、淀山湖、澄湖等,水域总面积为375 km^2。

三、防洪除涝抗旱工程

(一) 防洪工程

经过多年持续治理,特别是1991年以来的治理太湖工程实施和1998年长江堤防达标工程建设后,阳澄淀泖区外围已形成了由长江、环太湖、望虞河东岸、太浦河北岸和淀山湖昆山堤段等主要控制线组成的防洪工程体系;区域内洼地治理逐步建成城市防洪包围和大小联圩。防洪标准基本按20~50年一遇标准治理。

区域河道常浒河、白茆塘、七浦塘、杨林塘、浏河、盐铁塘、张家港、元和塘、娄江、青阳港等的防洪标准为20~50年一遇。沿江排水水闸主要有浒浦闸、白茆闸、七浦闸、杨林闸、浏河闸等。

经过多年治理,区域内有联圩401个(不包括苏州市城市中心区大包围),保护面积2 122 km^2,占区域面积的45%;建成防洪圩堤3 306 km。圩区治理对保障低洼地防洪安全、提高区域整体防洪安全能力发挥了极为重要的作用。

（二）除涝工程

目前阳澄淀泖区排涝标准基本达到 20 年一遇。主要通过海洋泾、常浒河、白茆塘、七浦塘、杨林塘、浏河等 17 条通江水道排入长江，现状河道排水能力计 2 734 m³/s，其中浏河最大达 840 m³/s。

区域排涝入江涵闸总外排能力为 2 961 m³/s，排涝区域面积 4 662.4 km²，其中苏州太仓市浏河闸、杨林闸、七浦塘江边枢纽等 23 座涵闸，外排能力计 1 876.4 m³/s；常熟市浒浦闸、白茆闸等 22 座涵闸，外排能力计 1 084.5 m³/s。沿江排涝泵站有七浦塘江边枢纽泵站、新海洋泾枢纽泵站，泵引能力合计 150 m³/s。

苏州市城市中心区大包围总的外排能力为 296 m³/s，排涝模数 4 m³/(s·km²)。

（三）抗旱工程

阳澄淀泖区河湖众多，相互贯通，且可以调引长江水，水资源丰沛，除滨湖区少数丘陵山地外，极少发生干旱缺水现象。抗旱引江供水路线与区域排涝入江路线相同，包括常浒河、浏河等，共计 17 条，供水区域包括常熟、太仓、昆山、苏州吴江区和市区。环太湖、望虞河东岸口门在水情允许情况下可作为引水口门。

沿江涵闸引水能力合计 3 171 m³/s，其中常熟市境内 2 164 m³/s，太仓市境内 1 007 m³/s；沿江泵站引水能力合计 150 m³/s，其中常熟市新海洋泾枢纽泵站 30 m³/s，太仓市境内七浦塘江边枢纽泵站 120 m³/s。

2.2.4 浦南区

一、区域概况

浦南区是杭嘉湖区江苏省境内部分，北连太浦河，西接太湖，与浙江和上海相邻，区域总面积 566 km²，常住人口 66.83 万人。

该区湖荡密布、河港纵横，地势低洼、平坦，总体地势南高北低，分为东部的湖荡平原和滨湖相对地势较低的圩田平原，区内大部分属湖荡平原，地面高程 3.2~4 m，最高 5.5 m，最低 2.2 m；滨湖圩田平原地面高程 2.2~3.5 m，该区是湖东低洼地之一。

浦南区 6 月中旬到 7 月上旬易受梅雨影响，如梅雨影响导致的 1991 年、1999 年大水；8、9 月容易受到台风的影响，如 2005 年"麦莎"、2009 年"莫拉克"、2012 年"海葵"、2013 年"菲特"等台风。受地理位置、水文气象、地形地貌等因素的多重影响，浦南区历史上洪涝灾害频发，素有"洪水走廊""囤水仓库"之称。

二、水系概况

浦南区属杭嘉湖北排通道地区，水面率 15% 以上，区内湖荡密布、河网纵横交叉。河道有苏嘉运河、頔塘、澜溪塘三条骨干纵向河道及三里塘、大德塘、清溪、麻溪、青云塘等众多横向河道。主要有麻漾、长漾、金鱼漾、雪落漾、草荡、莺脰湖等千亩以上湖泊29个。

区域西北部有雪落漾、长漾、金鱼漾等,东北部有大龙荡、草荡、莺脰湖、杨家荡、普陀荡等,中部有北麻漾、庄西漾、蚬子兜、桥北荡、郎中荡等,南部有沈庄漾等。

该区域水系主要为頔塘、澜溪(即澜溪塘,下同)两大干流。頔塘西承接浙江湖州东苕溪分流之水和西太湖出水,澜溪南承接浙江乌镇市河和横泾塘来水,两路来水共汇于莺脰湖后分为三支,一支由运河南行至大坝港东泄;一支由翁沙路、雪湖、杨荡入太浦河;一支由运河北行至太浦河。该水系的东泄通道主要是太浦河。另有两条东泄支流,一是承接浙江双林来水,西起沈庄漾,由青云港、郑产桥港至南麻漾,再经麻溪、太平桥港入运河;二是西起北麻漾,经川桥港、南万荡、蚬子兜,由乌桥港入运河。因运河以东的东泄口门大部已由浙江省建闸控制,出水不畅。

浦南区外围河道及湖泊有太湖、太浦河、苏南运河等,均为流域性河湖,区域骨干河道主要有頔塘、澜溪塘、横路港、三里塘、西大港、新运河等。

浦南区湖泊密布,列入省湖泊保护名录中的湖泊有29个,包括北麻漾、长漾等,总水域面积为55.13 km^2。

三、防洪除涝抗旱工程

(一) 防洪工程

浦南区历来是太湖流域的洪水走廊,经过60多年的治理,基本形成了东太湖大堤等外围防洪屏障,初步建成由江、河、湖主要堤防和控制建筑物为主体的防洪工程体系,并实施圩区治理,联圩并圩,基本解决了历史上低洼圩区、不设防镇区和半高田地区易受洪涝灾害侵袭的问题。

流域防洪工程主要包括浦南区环湖大堤以及控制口门、太浦河南堤及部分支流控制、杭嘉湖北排通道。环太湖大堤全面除险加固,目前达到100年一遇防洪标准,浦南区环太湖口门全部建闸控制,计有8座水闸;太浦河南堤现状达到50年一遇防洪标准,芦墟以东支河建闸控制;杭嘉湖北排通道包括江南运河、頔塘、澜溪塘、三里塘等河道,堤防现状防洪标准达到50年一遇。

区域防洪工程堤防都达到50年一遇防洪标准,已建成各类水闸共358座。浦南区内有大小联圩77个,联圩总面积为4.76万 hm^2,其中万亩(约666.7 hm^2)以上联圩有50个,浦南区圩区堤防总体防洪标准不足20年一遇,局部地区不足10年一遇。

(二) 排涝工程

浦南区内有 77 个联圩，总面积 4.76 万 hm^2，平均排涝模数为 1.27 $m^3/(s·km^2)$。已建成各类水闸共 358 座，排涝站 256 座，排涝流量 871.7 m^3/s。圩区排涝标准：农业型圩区为日雨 200 mm 雨后一天排出，其设计总雨量为 200 mm；城镇型圩区按 20 年一遇最大 24 小时暴雨设计。

区域排涝线路主要有江南运河、頔塘、浦南北排通道工程三条，排涝入太浦河。

(三) 抗旱工程

浦南区河港交织、湖荡星罗棋布，水资源丰沛。另外，众多提水工程保证了区域农田灌溉等用水，据统计，浦南区提水泵站共 108 座（部分为灌排站），提水流量合计 100.1 m^3/s。浦南区基本不存在旱情。

2.3 城市防洪除涝工程体系

随着城市化进程的加快，城市规模迅速扩张，城市人口加快集聚，城市经济加速发展，城市在经济社会中的地位及作用日益突出。城市的防洪治涝问题已经成为新时期江苏水利工作的一项紧迫任务，在有些地方甚至已经成为影响经济社会可持续发展的重要因素。提高城市防洪、排涝安全保障，是经济社会发展的客观要求，也是实现"经济强、百姓富、环境美、社会文明程度高"新江苏的基础条件之一。

近年来，全球气候变化背景下，极端天气事件频发、重发，江苏省太湖流域城市遭遇集中降雨袭击，给人民生产、生活秩序带来了较大影响，造成了较严重的经济损失。为加强城市防洪除涝工作，江苏省加大城市防洪排涝系统建设投入力度，太湖流域城市防洪除涝骨干工程体系基本形成，城市防洪除涝能力显著增强。

根据国家确定的城市防洪标准，江苏省太湖流域的无锡、常州、苏州市城市防洪标准要求达到 200 年一遇，镇江市防洪标准达到 50～100 年一遇。江苏省太湖流域城市防洪排涝工程主要由各市防汛抗旱指挥部负责调度；当城市防洪排涝调度与流域、区域防洪排涝调度发生矛盾时，由江苏省防汛抗旱指挥部直接指导相关城市防洪排涝调度工作。

江苏省太湖流域沿长江段沿线城市自西向东分别为镇江市、常州市、无锡市、苏州市，有京杭运河、德胜河、白屈港、张家港、浏河等 68 条通江口门，连接长江和流域腹地河网，承担着流域与长江的排洪和引水作用。多年来，随着流域经济社会的发展，生产、生活用水结构的变化，为满足水资源配置和改善水环境的需求,各级水行政主管部门在太湖流域沿长江一线兴建了许多引排工程:通过合理地调度沿江口门,可以在流域大水时向长江排泄洪涝水,减轻流域防洪压力;流域枯水时,引长江水入流域河网及太湖,抬高河网水位和增加太湖蓄水量,以缓解流域供用水矛盾。

2.3.1 镇江市

一、自然概况

镇江市位于东经 118°58′~119°58′,北纬 31°37′~32°19′。镇江西邻南京,东南接常州,北滨长江,与扬州、泰州隔江相望,总面积 3 840 km²。镇江市东南部属太湖湖西水系,境内拥有长江岸线约 103 km(西起镇江市润州区古运河口,东迄与常州市交界的浦河口)。

镇江市城区地形呈南高北低,西高东低,海拔为 4~5 m,市区总面积 1 088 km²。市区北面临江,南部为低山丘陵。主城区内有金山、云台山、北固山、焦山、京岘山、象山、汝山等相对孤立的山区,形成了一水横陈、三面连岗的独特地貌。

二、社会经济概况

镇江市城区包括京口区、润州区、丹徒区、镇江新区,2023 年末常住人口为 322.6 万人。2023 年全年实现地区生产总值 5 264.07 亿元。全市人均地区生产总值达 16.33 万元。

三、工程概况

(一)河道工程

镇江市河网发达,城区范围内共有 87 条河道,27 座在册水库,32 处重要水体。城区水系以南部宁镇山脉为分水岭,河道流向以南北向为主。

镇江市主城区主要水系为"一湖七河","一湖"指金山湖,"七河"指贯穿士城东西的运粮河、古运河与贯穿城区南北的御桥港、四明河、周家河、团结河、苏南运河。主城区河道均以长江为受纳水体。其中古运河长 16.92 km,底宽 8 m;运粮河长 9.95 km,底宽 8 m;御桥港长 6 km,底宽 4 m。

城市西翼位于宁镇山脉以北,水系呈篦齿状分布,主要河道有高资港、马步桥港、黄泥桥港等,均直接通江,城市西翼河道均以长江为受纳水体。其中高资港长 4 km,底宽 10~20 m。

城市东翼位于苏南运河以东,地形和水系均以捆山河为界。捆山河东部为沿江低洼圩区,主要河道有沙腰河、北沙腰河、五房河、姚桥港等;捆山河以西有孩溪河、太平河,构成反"Y"结构,分别向北、向南排水入长江和扬中夹江。

宁镇山脉以南为上党、谷阳等新市镇,属发展中新城区,主要水系为中心河及其支河胜利河、小金河、菜金沟、幸福河、延湖河等,上游有西麓、凌塘、张寺、海燕及西湾等水库,该片区以苏南运河为受纳水体,并通过谏壁闸和九曲河闸最终排入长江。

(二) 闸站工程

城区建有多座控制建筑物工程,包括引航道闸站、运粮河闸站、焦南闸、京口闸、丹徒闸、丹徒南闸、谏壁水利枢纽等。

1. 谏壁枢纽:京杭运河(苏南运河)北起长江,向东南依次经镇江市区、常州市区、无锡市区、苏州市区,是沟通长江、太湖流域沿长江江苏段各口门和太湖的主要水道,河道全长约 280 km。其中,京杭运河镇江段从谏壁长江口门起由北向南流经京口区、丹徒区到丹阳市七里桥口再折向东南,至镇江与常州交界处的荷园里进入常州市,全长 42.6 km。谏壁抽水站引河北起长江,南接京杭运河,是京杭运河的辅助水道,河道全长 3.5 km。

谏壁枢纽位于镇江市润州区谏壁镇区、京杭运河接长江口处,位于东经 119°34′、北纬 32°11′,是京杭运河连接长江的控制性工程,由节制闸、船闸和泵站组成。其中,节制闸为 7 孔,总净宽为 60.2 m,设计引水流量为 400 m³/s,设计排水流量为 600 m³/s。谏壁抽水站位于谏壁闸以东、抽水站引河上,位于东经 119°35′、北纬 32°10′,为 6 台机组,设计双向抽水流量为 162 m³/s。

2. 九曲河枢纽:九曲河北起长江夹江,向西南经丹阳市后巷镇、新桥镇、访仙镇,在丹阳市区沪宁铁路桥处汇入京杭运河,河道全长 27.6 km。

九曲河枢纽位于丹阳市后巷镇以北、九曲河接长江口处,位于东经 119°48′、北纬 32°06′,2005 年建成投运,是湖西区引排工程骨干控制工程之一,由节制闸、船闸和泵站组成。其中,节制闸为 2 孔,总净宽为 12 m,设计排涝流量为 300 m³/s,引水流量为 250 m³/s。泵站为 2 台大(2)型机组,设计流量为 80 m³/s。

3. 京口闸:为闸站合一结构,节制闸 1 孔×8 m;抽水站设计流量为 6 m³/s,总装机容量为 2 台套 310 kW。

4. 丹徒闸:位于京口区丹徒镇,为古运河的另一出江口。共 1 孔,净宽 8 m。同时在古运河上建丹徒南闸,规模同丹徒闸,与丹徒闸呈工形布置。

5. 虹桥港闸站:为闸站合一结构节制闸,共 1 孔,净宽 4 m,设计排涝流量 50 m³/s,另设排洪站设计流量为 6 m³/s,总装机容量为 2 台套 310 kW。

6. 引航道闸站枢纽工程:在 250 m 河口宽度的引航道上建有 9 孔闸室,其中通航净高 3.5 m;双向运行泵站设计流量为 30 m³/s,总装机容量为 4 台套

560 kW。

7. 焦南闸：位于老焦南闸以北 280 m 处，共 3 孔，每孔净宽 8 m，设计排水流量为 200 m³/s。

8. 运粮河闸：位于御桥港出口以东 150 m 处运粮河上，闸下游与金山湖相连，上游运粮河在龙门港江小圩与长江相通。共 1 孔，净宽 12 m，设计过闸流量 210 m³/s；双向运行泵站设计流量为 6 m³/s，总装机容量为 2 台套 370 kW。

9. 江南桥闸站工程位于原试办引河江南桥以东 100 m 河槽内，共 1 孔，净宽 10 m；建双向流道泵站一座，设计流量 2.9 m³/s，总装机容量 180 kW。

10. 其他闸站：捆山河、沙腰河、姚桥港、迎丰河、永红河，均位于镇江市区东北滨江自排区，连接长江，与太湖流域湖西区没有水量交换，主要控制性水工建筑物包括龟山头闸、大路闸、姚桥闸、迎丰河闸、永红河闸等，主要为镇江市滨江自排区的灌溉、排涝服务。其中，龟山头闸设计流量为 60 m³/s，大路闸设计流量为 27 m³/s、姚桥闸设计流量为 80 m³/s，迎丰河闸设计排水流量为 53 m³/s，引水流量为 20 m³/s，永红河闸设计流量为 40 m³/s。

镇江市沿江主要口门地理位置详见图 2.3-1。

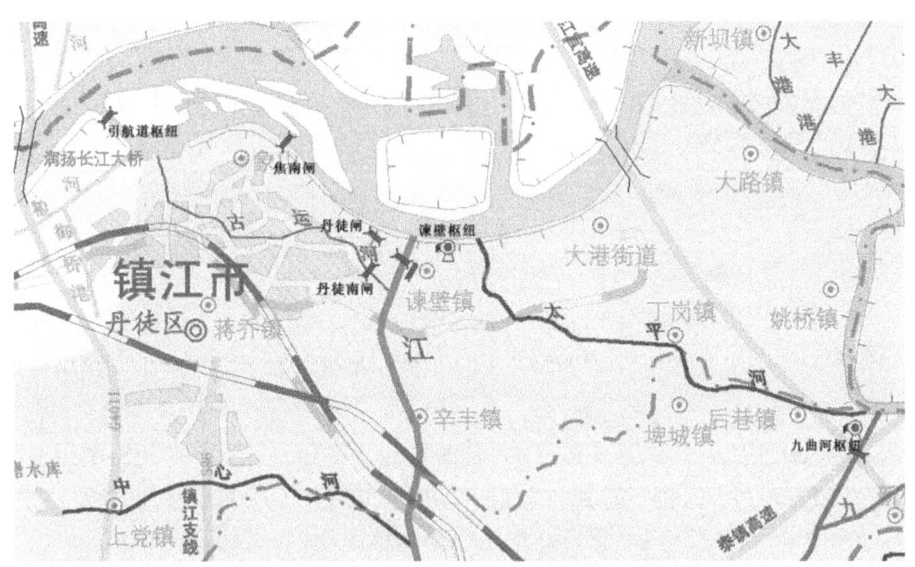

图 2.3-1　镇江市沿江主要口门地理位置示意图

（三）水文站点

镇江城市北依长江镇扬河段，以位于镇扬汽渡处的镇江（二）站为水位代表站点，警戒水位 7 m，防御"长流规"洪水设计水位 8.85 m，100 年一遇设计洪水位为 9.24 m。

四、城市防洪排涝现状

(一) 防洪工程现状

镇江市属中等城市，是流域重要防洪城市，城市防洪受长江洪水、南部山洪的威胁，城市排水受江潮顶托，城市防洪依托长江堤防作为防洪屏障。现状主城防洪能力基本达到 50~100 年一遇。金山湖片区、高资片区、中心河片区、苏南运河片区、捆山河以西片区、捆山河以东片区等区域河道防洪标准为 10~20 年一遇，水库基本达到设计洪水标准。

(二) 治涝工程现状

城市大部分地区以自排为主，仅部分低洼地段靠泵站抽排，其中金山湖片区靠泵站抽排的低洼地区主要包括金山大圩、象山圩和 22 处局部低洼片区。其中金山大圩、象山圩排涝标准不足 20 年一遇，22 处局部低洼片区排涝能力为 3~5 年一遇，部分低洼片区抽排能力不足 3 年一遇；高资片区靠降雨抽排低洼圩区面积共 5.58 km^2。现有排涝泵站 4 座，合计抽排能力为 13.57 m^3/s，4 个沿江农业圩现有排涝能力为 2.7 m^3/s，李长菜石化、金海宏业园区与农业圩排涝标准均不足 20 年一遇；捆山河以东为大路姚桥低洼圩区，总面积}，地面高程 4~6 m，降雨主要由泵站抽排入江。圩内河网密布，主要河道有沙腰河、北沙腰河、五房河等，圩区沿江建有 6 座排涝泵站，现有排涝能力总计 47.74 m^3/s，排涝能力不足 20 年一遇。

2.3.2 常州市

一、自然概况

常州市地处江苏省南部、长江三角洲腹地，位于北纬 31°09′~32°04′，东经 119°08′~120°12′，西倚茅山，与镇江、南京接壤，北濒长江，境内拥有长江岸线约 18 km（西起与镇江市交界的浦河口，东迄与无锡市交界的桃花港口），东临太湖与无锡相邻，南扼天目山麓与安徽交界，总面积约 4 385 km^2，横跨太湖流域湖西区和武澄锡虞区。市区位于市域的东北部，处于太湖流域湖西区和武澄锡虞区的交界处，北靠长江，南临太湖，京杭运河由西向东横贯市区，市区总面积 1 862 km^2。市区地形总体上西高东低，内部高低相间，低地分布零散，主要分布在北塘河、横塘河、革新河、采菱港、白荡河、南运河、大通河两侧及北支流断头浜附近。

二、社会经济概况

常州市区包括武进（含经开区）、新北、天宁、钟楼、金坛 5 个区，2023 年末常住人口为 536.62 万人。2023 年全年实现地区生产总值 10 116.36 亿元，由此跻身"万亿城市"。

三、工程概况

(一) 河道工程

常州市属典型的平原水网区,市区洪涝水按照高水高排,低水低排原则,北排长江、东排运河、南排太湖。按照河流的地理位置分布及水文特点,常州市区分为三个子水系:运北水系、运南水系、洮滆水系。常州城区水网以京杭运河为骨干,向南北辐射,分别沟通运北水系和运南水系。

运北水系(又称沿江水系)指京杭运河以北水系,区内以浦河、新孟河、德胜河、澡港河、舜河(三山港)5 条通江水道骨干构成常州北水网,并分别在通江水道入江口附近建有节制闸(水利枢纽),利用长江落潮时开闸排泄境内涝水或利用闸门挡潮。区域其他骨干河道有澡港河东支、北塘河、丁塘港、潞横河等。

运南水系指属武澄锡低片的京杭运河南部区域水系,主要承接武进城区及部分乡镇的行洪、引排,骨干河道有采菱港、武进港、武南河、采菱港(新运河以南段)、永安河、礼嘉大河、政平大河、湖塘河等。

洮滆水系指属京杭运河以南的湖西水系,西南部以夏溪河、湟里河、北十河为骨干,承接来自金坛长荡湖方向的汇水入滆湖;西北部以扁担河、武宜运河为骨干河道,承担京杭运河上游来水及区间降雨径流。滆湖与太湖之间有太滆运河及漕桥河沟通连接。

根据《江苏省骨干河道名录》,市区现有流域性河道 3 条、区域性骨干河道 7 条、跨县重要河道 12 条及县域重要河道 7 条。

(二) 闸站工程

常州市区现有防洪排涝格局为"北排、中控、东泄"。

1. 北排长江有魏村水利枢纽、澡港水利枢纽。魏村水利枢纽位于德胜河入江口,由节制闸、泵站和船闸组成。其中,节制闸 3 孔,两边孔宽 8 m,中孔宽为 12 m,闸底高程为 0 m,设计引排流量为 300 m³/s。翻水站由五台水泵组成,设计流量为 160 m³/s;澡港水利枢纽位于澡港河入江口,由节制闸、泵站和船闸组成。其中,节制闸单孔,孔宽为 16 m,闸底高程为 0.5 m,设计引排流量为 190 m³/s。翻水站由五台水泵组成,设计流量为 100 m³/s。

2. 中控是在市区骨干河道老运河及新运河上,分别建有常州新闸、钟楼闸等流域性控制工程,一定条件下可控制湖西高片上游来水。新闸是太湖流域综合治理湖西引排项目的骨干工程,同时也是常州市运北片重要的防洪控制节点工程之一,主体为单孔净宽节制闸和泵站,节制闸宽 60 m,泵站设计流量为 20 m³/s;钟楼闸是太湖流域湖西引排武澄锡西控制线上的主要防洪控制工程,其主体为一座单孔净宽 90 m 的防洪闸。

3. 东泄控制水利工程主要是雅浦港、武进港水利枢纽。武进港枢纽包括套闸和节制闸，套闸为Ⅶ级通航建筑物，节制闸单孔净宽 16 m，设计流量 102 m³/s。雅浦港枢纽由净宽 12 m 单孔节制闸和船闸组成。

4. 运北片城市防洪工程为常州市中心城区改线运河、老运河、丁塘港、老澡港河东支、老澡港、沪宁高速公路、凤凰河、童子河、新运河所围区域，包括横塘河北枢纽、北塘河枢纽、澡港河南枢纽、南运河枢纽、串新河枢纽、采菱港枢纽和大运河东枢纽等防洪工程，共有中小型水闸 17 座（共 21 孔，其中船闸 1 座，节制闸 16 座），泵站 16 座，机泵 53 台，装机总流量 375 m³/s，具有防洪、排涝、调水、改善城市水环境等功能，防洪标准为 200 年一遇。

5. 湖塘片城市防洪工程为苏南运河常州改道段、采菱港、武南河—永安河—圩舍河和武宜运河所围区域。主要有大通河套闸、大通河东枢纽、大通河西枢纽、湖塘河枢纽、长沟河枢纽，总排涝流量达 65 m³/s，其中水闸 5 座，防洪标准为 100 年一遇，排涝标准为 20 年一遇。

6. 潞横革新片为丁塘港、苏南运河、三山港和沪宁高速公路所围区域，南部为丁堰镇，北部有潞城镇和东青镇。主要包括机场河枢纽、潞横河西枢纽、清水港枢纽、剑横排涝站等工程，总排涝流量为 46 m³/s，有水闸 2 座。

目前仅有梅港西站、梅港东站两座泵站，设计流量为 1.5 m³/s。

（三）水文代表站

常州（三）站是运北片城市防洪大包围外水位站，位于常州市钟楼闸，警戒水位为 4.3 m。常州三堡街站是运北片城市防洪大包围内水位站，位于常州三堡街西首，警戒水位为 4.3 m。

常州市沿江主要口门地理位置详见图 2.3-2。

四、城市防洪排涝现状

城市防洪布局采用的是包括运北片、湖塘牛塘片、潞横革新片和采菱东南片等四个片区的大包围防洪工程方案。防洪标准为 100～200 年一遇，城市中心片（运北片）为 200 年一遇；城区河道排涝标准采用 20 年一遇最大 24 小时降雨不漫溢，城市小区排水标准为 0.5～3 年一遇。

2.3.3 无锡市

一、自然概况

无锡市位于东经 119°31′～120°36′、北纬 31°7′～32°，地处江苏省的东南部，苏锡常地区之中部。无锡市区位于市域的东南部，太湖流域下游武澄锡虞

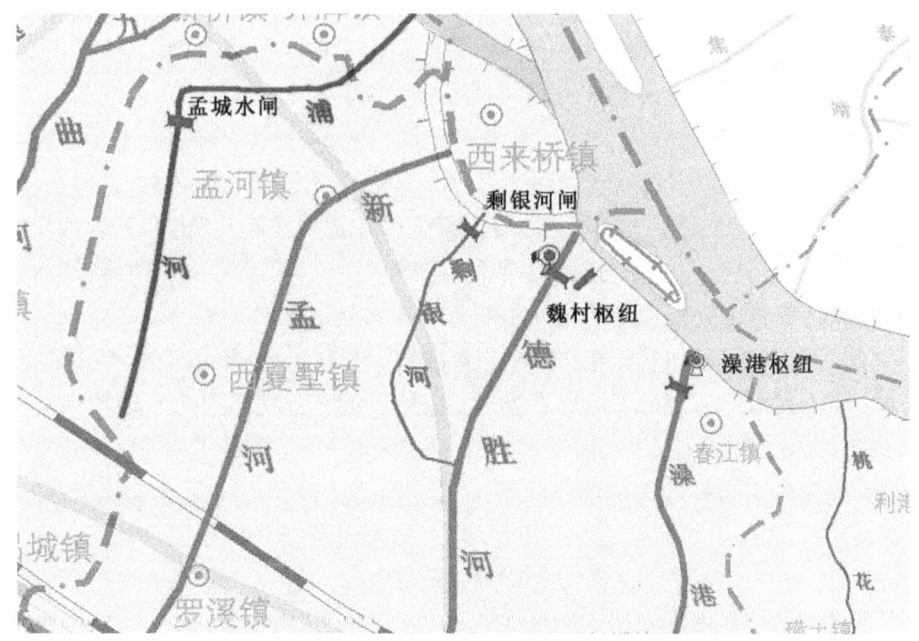

图 2.3-2　常州市沿江主要口门位置示意图

地区的最南端,东邻苏州,西连常州,南濒太湖,北接江阴,市区总面积约 1 644 km²。京杭运河、沪宁铁路及沪宁高速公路斜贯全境,境内设有苏南硕放国际机场,水陆空交通十分便捷。无锡市位于太湖流域北部,属武澄锡虞水系,境内拥有长江岸线约 35 km(西起与常州市交界的桃花港口,东迄与张家港市交界的长山脚下),主要有新沟河江边枢纽、新夏港节制闸、定波闸、白屈港枢纽等 15 处沿江口门,平枯水时以引江水量为主,大水时以排江水量为主。

二、社会经济概况

无锡市区包括梁溪、锡山、惠山、滨湖和新吴区,2023 年末常住人口为 749.08 万人。2023 年全年实现地区生产总值 15 456.19 亿元。全市居民人均可支配收入 69 016 元。

三、工程概况

(一) 河道工程

无锡素称"江南水乡",境内河网密布,地表水系发达,境内有大小河道 6 288 条,总长 7 024 km,其中骨干河道 58 条,总长 893 km。京杭运河、太湖和长江共同构建起无锡地区大水网。市区则以京杭运河为中轴构成河网水系,并通江达湖,与流域水系融会贯通。京杭运河以北主要由锡澄运河、白屈港、北兴塘—东清河、望虞河等纵向入江河道连通长江,同时由九里河、伯渎港、锡北运河等横向调节河道经望虞河进入长江;京杭运河以南主要由直湖港、梁溪河、马蠡港、曹王泾、蠡河、大溪港等入湖河道连通太湖。

(二) 闸站工程

1. 新沟河江边枢纽(新沟河)

新沟河北起长江,向南至常州市天宁区郑陆镇焦溪街后分为两支,西支沿常州市三山港,在常州市武进区遥观北枢纽处汇入京杭运河;东支沿新沟河老河,在无锡市惠山区西直湖港闸站枢纽汇入京杭运河。

新沟河江边枢纽位于江阴市临港街道、新沟河入长江口处,位于东经120°10′、北纬31°54′,2016年建成投运,是改善太湖西北部湖湾水环境的重要引排工程,由节制闸、泵站、船闸及鱼道组成。其中,节制闸共5孔,中孔宽为16 m,边孔各宽为8 m,总净宽为48 m,设计排涝流量为460 m³/s,引水流量为433 m³/s。泵站为6台大(2)型机组,设计排水流量为180 m³/s,引水流量为90 m³/s。船闸闸室长180 m、口宽为16 m,通航水深为3 m。鱼道宽为2 m。

2. 新夏港闸(锡澄运河改道段)

锡澄运河改道段(新夏港)北起长江,向南经江阴市澄江街道、夏港街道,在灯塔村处汇入黄昌河,河道全长为9.4 km。

新夏港闸位于江阴市临港街道以北、锡澄运河改道段入长江口处,位于东经120°12′、北纬31°54′,1996年8月建成,由节制闸和抽水站组成。节制闸为1孔,口宽为10 m,设计引水流量为100 m³/s,排水流量为120 m³/s。泵站为3台机组,单向排水,设计排水流量为45 m³/s。

3. 定波闸(锡澄运河)

锡澄运河北起长江,向南经江阴市澄江街道、南闸镇、月城镇、青阳镇、桐岐镇,无锡市惠山区,在沪宁铁路桥处汇入京杭运河,河道全长37.2 km。

定波闸位于江阴市澄江街道以北、锡澄运河入长江口处,位于东经120°15′、北纬31°54′,1967年7月建成。节制闸为4孔,单宽为6 m,总净宽为24 m,设计引水流量为180 m³/s,排水流量为240 m³/s。

4. 白屈港水利枢纽(白屈港)

白屈港北起长江,向南经江阴市云亭街道、徐霞客镇、无锡市惠山区,在沪宁铁路桥处汇入锡北运河,河道全长32.1 km。

白屈港水利枢纽工程位于江阴市云亭街道以北、白屈港入长江口处,位于东经120°19′、北纬31°57′,1999年建成投运,是太湖流域武澄锡虞区的重要引排工程,由节制闸、船闸及泵站组成。其中,节制闸为2孔,单孔宽为10 m,总净宽为 20 m,设计引水流量为 200 m³/s、排水流量为 240 m³/s。船闸为 2 孔,单孔净宽为 24 m,总净宽为 48 m。泵站为 5 台大(2)型机组,设计引排水流量为 100 m³/s。

5. 其他通江口门

桃花港、窑港、利港、芦埠港、申港、夏港、大河港、石牌港等均北接长江,向南汇入西横河、北塘河、东横河等河网,主要控制性水工建筑物包括新河闸、窑港闸、利港闸、芦埠港闸、申港闸、夏港闸、大河港闸以及石牌港闸等。其中,新河闸设计引水流量为 30.5 m³/s,排水流量为 54 m³/s,利港闸设计引水流量为 53 m³/s,排水流量为 91.1 m³/s,其他如窑港闸、石牌港闸等口门淤积严重,过闸水量较小。

6. 仙蠡桥枢纽工程位于京杭运河与梁溪河的交汇处,分布于京杭运河南北两侧,由南、北枢纽和连接南、北枢纽的穿运地涵组成。其中,南枢纽由 1 座 2 m×20 m 节制闸与穿运地涵南涵首组成,总过水能力为 30 m³/s。北枢纽由 5 台单机流量为 15 m³/s,合计 75 m³/s 的单向泵站,1 座 16 m 节制闸与穿运地涵北涵首组成。

7. 江尖枢纽工程位于江尖大桥与黄埠墩之间的古运河上,由 3 台单机流量为 20 m³/s,合计 60 m³/s 的单向泵站与 1 座 3 m×25 m 的节制闸组成。

8. 利民桥枢纽工程位于古运河与京杭运河交汇处,由 4 台单机流量为 15 m³/s,合计 60 m³/s 的单向泵站与 1 座 16 m 节制闸,1 座 12 m×90 m 船闸组成。

9. 伯渎港枢纽工程位于新吴区坊前与梅村交界处的伯渎港上,由 3 台单机流量为 15 m³/s,合计 45 m³/s 的单向泵站与 1 座 6 m 节制闸,1 座 8 m×90 m 船闸组成。

10. 九里河枢纽工程位于锡山区东亭与查桥交界处的九里河上,由 3 台单机流量为 15 m³/s,合计 45 m³/s 的单向泵站与 1 座 6 m 节制闸,1 座 8 m×90 m 船闸组成。

11. 北兴塘枢纽位于锡山区万安桥东侧与春丰路之间的北兴塘上,由 4 台单机流量为 15 m³/s,合计 60 m³/s 的单向泵站与 1 座 16 m 节制闸,1 座 16 m×135 m 的船闸组成。

12. 严埭港枢纽工程位于惠山区严埭港、锡北运河和白屈港交汇处,由 5 台单机流量为 14 m³/s,合计 70 m³/s 的泵站(其中 2 台机具有双向抽排功能)与 1 座 2 m×12 m 的节制闸,1 座 16 m×135 m 的船闸组成。

13. 寺头港闸工程位于寺头港与锡北运河交界处的寺头港上,为 1 座

$2 m \times 6 m$ 的节制闸。

14. 环太湖闸站工程。主要有犊山防洪工程、梅梁湖泵站、直湖港枢纽、大渲河泵站等工程,其中犊山防洪工程位于无锡市鼋头渚公园北侧、梁溪河大渲桥口南侧,由梁溪河节制闸、梁溪河船闸、五里湖节制闸、七号桥节制闸和防洪大堤组成,具有防洪、排涝、挡污和通航功能;梅梁湖泵站位于梅梁湖、梁溪河与五里湖的交界处,由5台泵站与4座节制闸组成,泵站设计流量为50 m^3/s;直湖港枢纽位于滨湖区马山街道阊间社区,由1座节制闸与1座船闸组成;大渲河泵站位于滨湖区梁湖大桥西侧,由3台泵站与1座节制闸,1座公路桥,1座出水涵闸洞组成,泵站设计流量为30 m^3/s。

无锡市沿江主要口门地理位置详见图2.3-3。

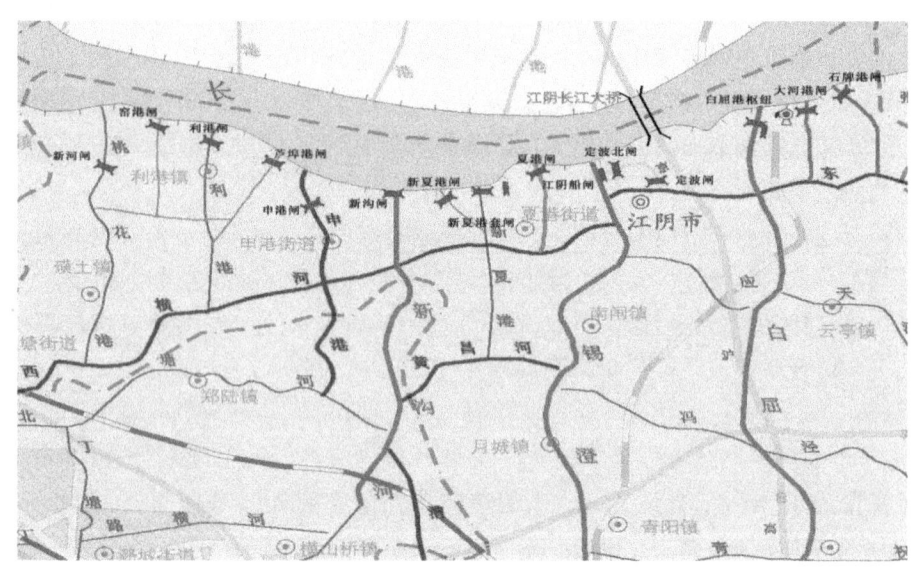

图2.3-3 无锡市沿江主要口门地理位置示意图

(三) 水文代表站点

大运河无锡站警戒水位4 m,保证水位4.8 m;大运河洛社站警戒水位4 m,保证水位4.85 m;锡澄运河青阳站警戒水位4 m,保证水位4.85 m;陈墅塘陈墅站警戒水位3.9 m,保证水位4.8 m;望虞河甘露站警戒水位3.8 m,保证水位4.2 m。

四、城市防洪排涝现状

无锡市城市防洪以京杭运河为界,实行运东、运西分治。

（一）运东地区

1. 运东大包围片西至锡澄运河，南沿京杭运河，东以白屈港控制线为界，北至锡北运河，主要保护运河以东的中心城区，保护受益面积 144 km²。经过多年的水利建设，大包围防洪控制圈已基本建成，防洪标准基本达到 200 年一遇，主要建筑物包括仙蠡桥、还尖、伯渎、九里河等八大水利枢纽和 32 km 堤防以及 18 座小口门建筑物；沿线 7 座闸站总排涝设计流量为 415 m³/s，防洪标准基本达到 200 年一遇，排涝能力基本达到 20 年一遇标准。

2. 惠北片位于惠山区西北部，东至锡澄运河，南以京杭运河为界，西至常州市行政分界线，北至江阴市行政分界线，面积约 109 km²。片区内地势低洼，是无锡市地势低洼较集中的区域，目前该片已全面设圩。

3. 锡北片位于无锡市区北部，西至锡澄运河，南以锡北运河为界，北及东分别至江阴市与常熟市行政分界线，面积约 157 km²。区域内总体西部地势较低，目前已建圩防洪；片区内东北部局部区域地势较低，也已形成零星小圩。其余区域地势较高，基本满足 50 年一遇防洪要求。

4. 锡东片位于无锡市区东部，西以运东大包围控制线为界，北至锡北运河，南以伯渎港为界，东至常熟市行政分界线，面积约 291 km²。片区内地势总体上西高东低，圩区主要分布于望虞河沿线。圩区总面积约为 45.2 km²，现有排涝站 47 座，排涝总规模为 69.6 m³/s，排涝模数为 1.54 m³/(s·km²)。其余区域大部分地势较高，已基本达到 50 年一遇的防洪标准。

5. 新区片位于无锡市区东南部，属无锡新区，西以运东大包围控制线为界，南至京杭运河，北至伯渎港，东以无锡市与苏州市的行政分界线为界，面积约 126 km²。新区片境内总体地势较高，仅东部边界临望虞河侧地势较低，主要依靠筑堤设防，已设 6 个千亩圩区，总面积为 13.6 km²，排涝总规模为 12.9 m³/s，排涝模数为 0.95 m³/(s·km²)。局部低洼地区开发时采用填高方式处理，其余地区采用自然敞开式防洪。

（二）运西地区

运西片城区防洪标准基本达到 50～200 年一遇，其中山北北圩、山北联圩、盛岸联圩防洪标准达到 200 年一遇，太湖新城片、马圩防洪标准为 50 年一遇。其他分散的圩区依托区域治理，现状防洪标准基本达到 20 年一遇。

1. 太湖新城片位于无锡市东南面，地形总体上呈扇形。区域东北侧以京杭运河和曹王泾（梁塘河）为界，南面和西面则为太湖（贡湖和梅梁湖），西北侧夹五里湖（蠡湖），总面积约 150 km²。区域内以长广溪为界，西侧山区面积约 46 km²，东侧平原区面积近 104 km²。太湖新城境内现有泵站 6 座，总排涝流量为 97 m³/s,全部为沿运河和曹王泾河布置。

2. 惠南片为惠山区运河以南区域,东及东北至京杭运河,南沿梁溪河两岸山丘区自然汇水边界,西接无锡市与常州市的行政分界线所围区域,面积约 214 km²。境内北部已修筑成圩区以抗洪涝,圩区总面积为 103.2 km²,圩区排涝总规模为 364.8 m³/s,排涝模数为 3.43 m³/(s·km²);南部区域地势相对较高,目前已具备了自然抗御 50 年一遇洪水位的能力。

3. 梁溪片位于无锡市西南部,北起梁溪河两岸山丘区自然汇水边界,东至京杭运河,南至曹王泾河,西至梅梁湖、五里湖,南以环五里湖沿线排水控制接曹王泾河为界,总面积约 56 km²。梁溪河片总体地势较高,目前梁溪河沿线共设闸(涵)站共 10 座,排水总规模达 42.8 m³/s。

4. 马山片位于滨湖区西南部,嵌于梅梁湖和竺山湖之间,北起北环堤河市界分界线,西至竺山湖东岸线,南及东以梅梁湖西岸线为界,面积约 47 km²。片内主要由圩区和山区组成,地势差异大,两头地势较低,地面高程基本为 3.6 m 以下,现已形成圩区 7 座,圩区排涝总规模为 58.9 m³/s,排涝模数为 2.36 m³/(s·km²)。中间为山区,地面高程为 5.5 m 以上。

2.3.4 苏州市

一、自然概况

苏州市位于太湖流域东北部,位于北纬 30°46′~32°02′,东经 120°11′~121°16′,北枕长江,东邻上海,南连浙江省嘉兴、湖州两市,西抱太湖,与无锡接壤,市域总面积 8 488 km²。苏州市属武澄锡虞水系和阳澄淀泖水系,境内拥有长江岸线约 135 km(西起与江阴市交界的长山脚下,东迄与上海市交界的浏河口),主要有张家港闸、十一圩港闸、望虞河常熟水利枢纽、浒浦闸、白茆闸、七浦闸、杨林闸以及浏河闸等 40 处沿江口门,以排江水量为主。

二、社会经济概况

苏州市区包括吴江区、吴中、相城区、姑苏区、工业园区和高新区,2023 年末常住人口为 1 295.8 万人。2023 年全年实现地区生产总值 24 653.4 亿元,人均地区生产总值 19.06 万元。

三、工程概况

(一)河道工程

苏州市区流域水系涉及阳澄淀泖区和杭嘉湖浦南区,骨干河道有元和塘、永昌泾、济民塘、娄江、浒光运河、木光运河、衙江、行船路、横草路、頔塘、澜溪塘等,承担区域重要的引排任务;境内还有大量湖泊,发挥洪涝水调蓄功能,较大型的有北部的漕湖、阳澄湖,中部的金鸡湖、独墅湖、澄湖、九里湖、元荡及南部的北麻漾、金鱼漾等。流域性河道有京杭运河、太浦河、吴淞江,长约149 km;骨干引排河道有58条,总长约515 km;一般河道3 200余条,总长约3 300 km;省保护名录湖泊67个,总面积285 km^2。

(二) 闸站工程

1. 张家港闸(张家港)

张家港北起长江,向南经张家港市金港镇、南沙镇、江阴市华士镇等至无锡市锡山区长寿镇,东南向至昆山市玉山街道汇入浏河,河道全长107.8 km。

张家港闸位于张家港市金港镇以北、张家港入长江口处,位于东经120°24′、北纬31°58′,1993年建成投运,是苏州市沿江主要口门之一,由节制闸和船闸组成。其中,节制闸为5孔,单孔宽为8 m,总净宽为40 m,设计引水流量为387 m^3/s,排水流量为684 m^3/s。船闸为1孔,闸室长230 m,口宽为23 m,通航水深为4 m。

2. 望虞河常熟水利枢纽(望虞河)

望虞河北起长江,向西南经常熟市土巾镇、虞山街道、无锡市锡山区后宅镇、硕放镇,在无锡市与苏州市交界的沙墩口汇入太湖,河道全长60.3 km。

望虞河常熟水利枢纽位于常熟市王市镇以北、望虞河入长江口处,位于东经120°48′、北纬31°46′,1999年建成投运,是太湖流域综合治理骨干工程之一,由节制闸、抽水站组成。其中,节制闸为6孔,每孔净宽为8 m,总净宽为48 m,设计排水流量为375 m^3/s。抽水站为6台机组,设计双向流量为180 m^3/s(抽水站底廊道设计排水流量为125 m^3/s)。

3. 浒浦闸(常浒河)

常浒河北起长江,向南偏西经常熟市浒浦街道、梅李镇、淼泉镇,至常熟市区汇入白茆塘,河道全长22.2 km。

浒浦闸位于常熟市浒浦街道以北,常浒河入长江口处,位于东经120°55′、北纬31°44′,2002年建成投运,是苏州市沿江主要口门之一,由节制闸、导流船闸及套闸组成。其中,节制闸为3孔,每孔净宽为8 m,总净宽为24 m,设计排涝量为250 m^3/s,引水流量为288 m^3/s。导流船闸为1孔,净宽为16 m,套闸为3孔,每孔净宽为8 m,总净宽为24 m,其设计排涝量为139 m^3/s,引水流量为196 m^3/s。

4. 白茆闸(白茆塘)

白茆塘北起长江,向南偏西经常熟市东张镇、董浜镇至常嘉高速公路桥,向西经白茆镇,在常熟市西三环公路桥处汇入望虞河,河道全长49.5 km。

白茆闸位于常熟市东张镇以北,白茆塘入长江口处,位于东经121°03′、北纬31°43′,闸为5孔,每孔宽为8 m,总净宽为40 m,设计排涝量为452 m³/s,引水流量505 m³/s。

5. 杨林闸(杨林塘)

杨林塘东起长江,向西偏南经太仓市浮桥镇、金浪镇,在太仓市直塘桥汇入张家港,河道全长23.6 km。

杨林闸位于太仓市郑和公园西北、杨林塘入长江口处,位于东经121°15′、北纬31°35′,2015年建成投运,是苏州市沿江主要口门之一。节制闸为3孔,中孔宽16 m,边孔宽10 m,总净宽为36 m,设计排涝流量为313 m³/s,引水流量为383 m³/s。

6. 浏河闸(浏河)

浏河东起长江,向西偏南经太仓市浏河镇、陆渡镇,昆山市周市镇,在玉山镇汇入张家港,河道全长38 km。

浏河闸位于太仓市浏河镇以北,浏河入长江口处,位于东经121°16′、北纬31°30′,1998年建成投运,是阳澄淀泖水系最大的沿江口门,由节制闸和套闸组成。其中,节制闸为19孔,其中2孔宽6.9 m,其余17孔宽3.6 m,总净宽为75 m,设计排涝量为840 m³/s,引水流量750 m³/s。浏河套闸主要用于通航,闸室长160 m,口宽为12 m,通航水深为3 m。

7. 城市中心区防洪工程主要由元和塘、外塘河、娄江、澹台湖、大龙港、南庄、仙人大港、胥江、东风新、青龙桥、裴家圩11座枢纽,以及沿线的26座小泵小闸组成,合计排涝流量296 m³/s,中心区达到防御200年一遇的防洪能力。工程兼有防洪、排涝、通航、改善水环境等功能。通过工程调度对城市中心区内河水位进行有效调控;同时在污染源治理的基础上,通过控制建筑物的灵活调度,引清释污(其他工程措施配合),改善城市中心区水环境。枢纽控制建筑物及规模如下:

①元和塘枢纽。由6台单机流量为5 m³/s,合计30 m³/s的双向泵站与1座8 m节制闸,1座8 m×60 m船闸组成。

②外塘河枢纽。由3台单机流量为5 m³/s,合计15 m³/s的双向泵站与2座14 m节制闸组成。

③娄江枢纽。由3台单机流量为5 m³/s,合计15 m³/s的单向泵站与1座14 m节制闸组成。

④澹台湖枢纽。由3台单机流量为20 m³/s,合计60 m³/s的单向泵站与3座10 m节制闸,1座16 m×120 m船闸组成。

⑤大龙港枢纽。由 4 台单机流量为 5 m³/s,合计 20 m³/s 的双向泵站与 1 座 12 m 节制闸组成。

⑥南庄枢纽。由 2 台单机流量为 5 m³/s,合计 10 m³/s 的单向泵站与 1 座 8 m 节制闸组成。

⑦仙人大港枢纽。由 3 台单机流量为 5 m³/s,合计 15 m³/s 的双向泵站与 1 座 8 m 节制闸组成。

⑧胥江枢纽。分南、北支。南支由 4 台单机流量为 5 m³/s,合计 20 m³/s 的双向泵站与 3 座 10 m 节制闸组成;北支由 1 座 15 m 节制闸与 1 座 12 m×50 m 船闸组成。

⑨东风新枢组。由 4 台单机流量为 5 m³/s,合计 20 m³/s 的双向泵站与 1 座 8 m 节制闸组成。

⑩青龙桥枢纽。由 4 台单机流量为 5 m³/s,合计 20 m³/s 的双向泵站与 1 座 8 m 节制闸组成。

⑪裴家圩枢纽。由 5 台单机流量为 8 m³/s,合计 40 m³/s 的双向泵站与 3 座 12 m 节制闸组成。

(三)水文代表站点

苏州市区主要水文代表站点及警戒水位为太湖 3.8 m,大运河枫桥 4 m,望亭 4.1 m,平望 4.1 m,太浦闸上游 3.8 m,下游 3.7 m,湘城 3.7 m,洞庭西山(三)3.8 m。

苏州市沿江主要口门地理位置详见图 2.3-4。

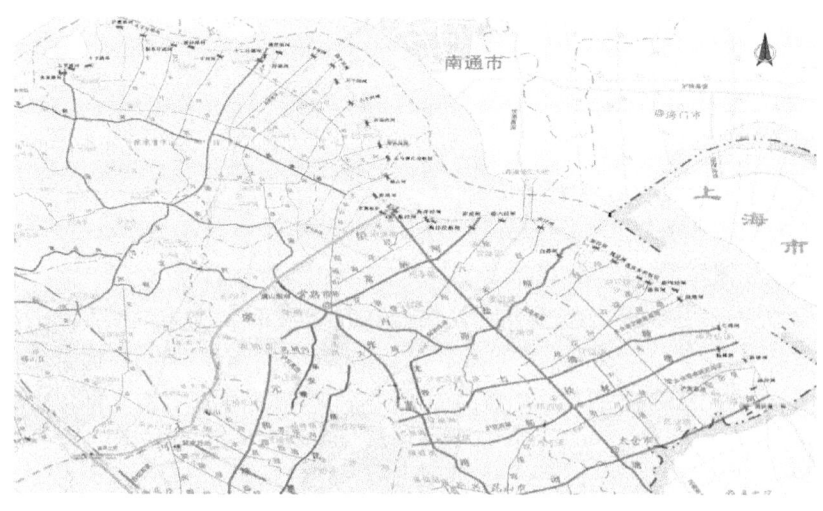

图 2.3-4　苏州市沿江主要口门地理位置示意图

四、城市防洪除涝现状

苏州市属Ⅰ型大城市、全国重要防洪城市,市域地势低平,地处太湖流域下游,历来为洪水走廊,洪涝灾害频繁。外围依托长江和太湖流域防洪的治理,相继形成长江堤防控制线、环太湖大堤控制线、望虞河控制线、太浦河控制线等防洪屏障,有效挡住了长江和太湖流域50年一遇洪水的入侵。

防洪大包围建有11个节点枢纽,外围堤线总长56.3 km,保护面积74.1 km^2,总外排流量达296 m^3/s,排涝模数4 m^3/(s·km^2),基本达到了200年一遇防洪和20年一遇治涝的能力。高新区总体地势较高,以自然设防为主,低洼区建有月盘桥圩、胜利桥圩、红旗桥圩、第二联圩、狮山圩、青春圩、路东包围、九图圩8个圩区,防洪保护面积36.6 km^2,堤防总长约44 km,排涝流量45.9 m^3/s,排涝模数1.3 m^3/(s·km^2)。

工业园区建有娄葑、车坊、唯亭、胜浦、蠡塘5个圩区,防洪保护面积17.2 km^2,防洪堤总长31.4 km,排涝流量50.7 m^3/s,排涝模数2.95 m^3/(s·km^2)。

吴中区沿运河和环湖低地有红旗、滨湖、姜家和七村4个圩区,防洪保护面积20 km^2,堤防总长约22 km,排涝流量31.8 m^3/s,排涝模数1.6 m^3/(s·km^2)。

相城区有里东联圩、桥北联圩、渭南圩等圩区(包围)18个,防洪保护面积92 km^2,堤防总长约120 km,排涝流量141 m^3/s,排涝模数1.5 m^3/(s·km^2)。

吴江区有圩区25个,保护面积246 km^2,防洪堤防总长225 km,排涝流量453 m^3/s(一级外排),排涝模数1.8 m^3/(s·km^2)。

2.4 供水工程体系

2.4.1 区域供水体系

一、太湖湖西区

(一)供水水源

太湖湖西地区供水水源主要来自当地河湖、水库以及调引的江水。当水源不足或水位偏低时,通过谏壁枢纽、九曲河枢纽、魏村枢纽等沿江口门自引抽引长江水源补充,并改善区域水环境。湖西区现状大部分农田达到75%以上的供水保证率。

(二)供水工程体系

1. 主要供水河湖(洪水线路)

镇江市湖西区调水线路有12条,涉及丹阳、句容、丹徒3市(区)的7个镇。常州市湖西区输水调水线路有浦河、新孟河、德胜河、剩银河、澡港河、新沟河、苏南运河、丹金溧漕河、武进港、雅浦港等,以及长江—运河—丹金溧漕河1条跨市调水线路。区域主要调蓄湖泊有洮湖、滆湖等。

2. 主要供水闸站

镇江市湖西区利用谏壁枢纽、九曲河枢纽等引长江水,通过苏南运河和九曲河等提供区域河网用水。沿江主要闸站设计最大自流引水能力为650 m³/s,泵引能力为240 m³/s。有区域电灌泵站10座,总动力0.29万 kW,灌溉流量18.9 m³/s。有横塘湖、三叉河、前湖、洋湖、澄湘湖、长山、仑山水库7个灌区,灌溉面积计0.5万 hm² 左右,涉及丹阳、句容、丹徒等区(市)。

常州湖西区共有灌溉泵站505座,装机965台套,其中抗旱提水站26个,设计流量44.4 m³/s。灌区有茅东、湟里河、大溪、沙河、前宋、塘马、浦河、新孟河、安宁河9个,灌溉面积计1.63万 hm² 左右,引水能力约40 m³/s,涉及金坛、溧阳、新北等区(市)。

无锡市湖西区建有灌溉泵站1 670多座,总动力2.9万 kW,灌溉流量达349 m³/s,基本保障了抗旱灌溉的需要。2011年大旱,抗旱调水线路为长江—苏南运河—丹金溧漕河—南河—西氿。

二、武澄锡虞区

(一) 供水水源

武澄锡虞区各市主要利用沿江口门和闸站引长江水以及环太口门引太湖水,补充内河河网水源,改善区域水环境,维持河网水位。农田供水保证率基本达到100%。

(二) 供水工程体系

1. 主要供水河湖(洪水线路)

主要供水河道有常州的新孟河、德胜河、澡港河,无锡的锡澄运河、白屈港,苏州的张家港、五节桥港、十字港、二干河、四丁河等。

2. 主要供水闸站

常州市武澄锡虞区主要利用魏村枢纽、澡港枢纽等引长江水,通过德胜河、澡港河等河道进入苏南运河。沿江主要闸站设计最大自流引水能力为100～300 m³/s,泵引能力为100 m³/s。

无锡市锡澄地区依托长江水资源优势,遇到旱情利用长江高潮位引水,或白屈港抽水站动力引水,保持内河正常水位,提供区内河网工农业用水。沿江目前建有节制闸13座、套闸2座、抽水站3座(新沟河泵站在建),主要控制建筑物按100年一遇洪水标准设计,设计最大自流引水能力为840 m³/s,泵引能力为100 m³/s+90 m³/s(新沟河泵站)。

苏州市澄锡虞区主要利用沿江涵闸的西引东排实现区域供水和水环境改善。供水线路和排涝线路一致，有12条线路；引水涵闸43座，引水能力计2 320.6 m³/s，供水灌溉面积3.3万 hm²。

三、阳澄淀泖区

（一）供水水源

阳澄淀泖区水源来自当地河湖、调引的长江水及太湖水等。阳澄淀泖区河湖众多，相互贯通，加之可以调引长江水，水资源丰沛，除滨湖区少数丘陵山地外，极少发生干旱缺水现象。

（二）供水工程体系

1. 主要供水河湖（洪水线路）

抗旱引江供水路线与区域排涝入江路线相同，包括常浒河、白茆塘、七浦塘、杨林塘、浏河等，计17条；主要调蓄湖泊有阳澄湖、淀山湖等。供水区域包括常熟市、太仓市、昆山市、吴江区、苏州市区。环太湖、望虞河东岸口门在水情允许情况下可作为引水口门。

2. 主要供水闸站

沿江涵闸引水能力合计3 171 m³/s，其中常熟市境内2 164 m³/s，太仓市境内1 007 m³/s；沿江泵站引水能力合计150 m³/s，其中常熟市新海洋泾枢纽泵站30 m³/s，太仓市境内七浦塘江边枢纽泵站120 m³/s。

四、浦南区

浦南区湖荡密布、河港纵横，地势低洼、平坦，总体地势南高北低，分为东部的湖荡平原和滨湖相对地势较低的圩田平原，区内大部分属湖荡平原，地面高程普遍为3.2~4 m，最高5.5 m，最低2.2 m。滨湖圩田平原地面高程2.2~3.3 m，该区是湖东低准没之一。

浦南区水资源丰富，众多提水工程保证了区域农田灌溉等用水，据统计，调南区主水泵站共108座（部分为灌排站），提水流量合计100 m³/s。浦南区基本不存在旱情。

2.4.2 引江济太工程

一、供水区域概况

太湖流域位于长江三角洲南缘，北抵长江，南濒钱塘江，东临东海，西以天目山、茅山为界，地跨江苏、浙江、上海三省市，面积3.69万 km²。江苏省太湖地区主要涉及镇江、常州、无锡、苏州等4个市。

太湖流域湖泊众多，河网密布。河道总长12万 km，超过0.5 km²的大小湖泊有 189 个。太湖位于流域中心,水域面积 2 338 km²,南北长 68.5 km,东西宽 34 km,正常水位下水深 1.89 m,库容 44.3 亿 m³,换水周期约 310 天,是一个典型的平原浅水型湖泊。

太湖流域多年平均降雨量为 1 177 mm,年降水总量为 414 亿 m³,陆面蒸发量为 764 mm,水面蒸发量为 842 mm,当地多年平均水资源量为 162 亿 m³,其中地表水资源量为 137 亿 m³。降雨年际、年内分布不均,年内降雨主要集中在汛期。

太湖流域濒临长江,过境水量丰沛。多年来,江苏省在太湖流域沿长江一线兴建了许多引排工程。该地区用水除了依赖当地降雨径流以及湖库拦蓄的雨洪资源,还利用沿江引排工程,从长江引水。

二、工程建设缘由及历程

(一)工程建设缘由

1991 年大水后,通过十年建设,治太工程基本建成,太湖调蓄能力加强,并已基本形成太湖调蓄、北排长江、东出黄浦江、南排杭州湾的流域防洪和水资源调度骨干工程体系框架,洪涝、干旱威胁在很大程度上得到缓解。

随着经济社会的发展,入湖地区面临新的问题。一是太湖地区河湖调蓄能力减弱。由于盲目围垦湖泊、城镇化发展占用水面、河道设障、地下水超采导致地面长期沉降等原因,区域河湖调蓄能力衰减。二是水污染形势日趋严峻。苏锡常地区工业发达,人口密度大,工业和城乡生活污水量居高不下,面源污染等处理水平也较低,致使区域河湖水质长期超标,水质型缺水问题严重。目前,全流域工业和生活污水量已达 50 亿 m³/a,污染物排放量以 CODcr 计为 113.7 万 t/a。由于太湖整体富营养化,夏季经常出现蓝藻暴发现象。

利用常熟枢纽、望虞河、望亭立交等现有水利工程,实施引江济太可以在一定程度上缓解区域河湖调蓄能力降低的问题,也可以在一定程度上发挥护水控藻的功能,缓解区域水污染问题、改善区域水环境,保障太湖水源地供水安全。通过沿江常熟枢纽引水、望虞河清水通道、望亭立交入湖,把长江水引入太湖和太湖下游地区以及沿望虞河地区,通过梅梁湖泵站和大谊河泵站抽太湖水入大运河,带动太湖水体流动,共同构成了引江济太工程体系。

引江济太水情调度控制站点为太湖平均水位和望虞河张桥站水位,以及沿线相关控制断面的水质指标。调度控制原则:当太湖平均水位低于调水限制水位时,可根据当时的雨、水情和工情状况,适时启动"引江济太"调水。调水期间,启用常熟水利枢纽调引长江水,一般控制望虞河张桥水位不超过 3.8 m。

目前望虞河西岸控制工程已建成,通过控制望虞河西岸的水流,实现对太湖水质的改善和防洪的调控。望虞河东岸口门承担区域供水及城市水环境用水保障等功能,引江济太期间可能出现争水现象。应合理控制引江及入湖的时机,避免西岸污水影响引江济太水质,同时也应加强用水管理,合理控制东岸分水流量。

(二) 工程建设历程

2001年12月,水利部以水规计〔2001〕574号文批复了《引江济太调水试验工程实施方案》。为加强领导,确保引江济太调水试验工作顺利开展,水利部太湖流域管理局于2001年12月会同江苏、浙江、上海两省一市水行政主管部门于2002年1月成立了"太湖流域引江济太领导小组"。2002年1月,引江济太调水试验工程正式启动。

2004年1月,水利部召开部长专题办公会议,研究引江济太试验工程有关问题。会议决定,引江济太在2004年继续试验一年的基础上,今后作为一项常规任务。

2004年7月,水利部以水规计〔2004〕448号文批复了《扩大引江济太调水试验工程实施方案》,对引江济太调水试验进行了延伸和深化,扩大了引江济太调水范围。

2007年4月以后,太湖流域高温少雨,梅梁湖等湖湾出现大规模蓝藻现象,无锡市太湖饮用水水源地受到严重威胁。5月16日,梅梁湖水色变黑;22日,小湾里水厂停止供水;28日,贡湖水厂水源地水质严重恶化,水源恶臭,水色发黑,溶解氧下降到0 mg/L,氨氮指标上升到5 mg/L,居民自来水臭味严重。为应对太湖蓝藻暴发造成的无锡市供水危机,从5月6日起紧急启用常熟水利枢纽泵站从长江实施应急调水。5月30日,根据时任水利部部长陈雷的要求,太湖局与江苏省防汛抗旱指挥部、无锡市人民政府紧急会商,及时采取措施,最大限度地加大望虞河引江入湖水量,长江引水流量从160 m³/s增加到220 m³/s,入太湖流量从100 m³/s增加到150 m³/s。同时,严格控制环湖口门运行,适时减少太浦闸泄量。通过引江济太,直接受水的太湖贡湖水域水质明显好转,承担了无锡市20%居民供水的锡东水厂水质保持了稳定。

2009年,水利部正式批复《太湖流域引江济太调度方案(试行)》,该方案成为实施引江济太科学调度的重要依据,也为规范引江济太长效运行工作打下了重要基础。2011年8月,在试行的基础上,国家防汛抗旱总指挥部(以下简称"国家防总")批复《太湖流域洪水与水量调度方案》,替代《太湖流域引江济太调度方案》。2022年6月,太湖局编制完成了《太湖流域洪水与水量调度方案(征求意见稿)》,更好地满足保障防洪、供水、水生态、水环境"四水"安全调度的需要。

分别于 2012 年、2015 年开始改建的新沟河拓浚工程、新孟河拓浚工程,不仅提高了流域和区域防洪排涝标准,而且增强了水资源配置能力。

三、主要调水工程

(一)望虞河

望虞河工程是太湖流域综合治理骨干工程之一,其主要任务为排洪、排涝、引水和通航。遇 1954 年型洪水,可承泄太湖洪水 23.1 亿 m^3,兼排澄锡虞地区部分涝水;遇 1971 年旱情时,可引入长江水量 28 亿 m^3。望虞河全长 60.3 km,沿线两岸支河、浜口众多,约有 125 个口门,其中已建配套建筑物 92 座,其中无锡市境内 29 座,苏州市境内 61 座,两市交界处 2 座。

(二)常熟水利枢纽

常熟水利枢纽工程是望虞河连接长江的控制性水工建筑物,位于常熟市海虞镇,距望虞河入江口约 1.6 km,距太湖约 60.3 km,由泵站、节制闸、船闸等组成,具有排水、引水、挡潮、通航等综合功能。

2002 年起,考虑到流域、区域水环境要求,开始实施"引江济太"调水试验工程,改善了太湖及下游地区水环境,保证了太湖地区供水安全。由此,常熟水利枢纽泵站引水任务由应对极端干旱转化为以常态化的改善流域水环境为主,运行工况发生了较大变化。2009 年,针对望虞河、常熟水利枢纽引江常态化的工作需要,以及泵站工程原设计主要为排涝的工况实际,对泵站工程实施了以抽引江水为重要目的的泵站改造工作,2011 年 3 月完成改造。改造后泵站共有 9 台机组,单机设计流量为 20 m^3/s。此外泵站还可以通过双向进水流道闸门控制实现自流引排水,设计流量为 125 m^3/s;节制闸共 6 孔,分布在泵站两侧,每侧 3 孔,每孔净宽 8 m,总净宽 48 m,设计流量为 375 m^3/s,校核流量 750 m^3/s。

(三)望亭水利枢纽

望亭水利枢纽(又称望亭立交工程)是望虞河穿越京杭运河的交叉建筑物,位于江苏省苏州市相城区望亭镇以西,望虞河与京杭运河交汇处,上游距离望虞河入太湖口 2.2 km、距沙墩港大桥 1 km,下游距沪宁铁路桥 1.2 km。该工程是环太湖大堤重要口门控制工程,为 2 级水工建筑物。设计流量为 400 m^3/s,最大过闸流量为 523 m^3/s(1999 年)。望亭立交自 1994 年投入运行以来,在流域防洪和调水工作中,特别是在抗御 1999 年流域特大洪水和应对 2007 年太湖蓝藻暴发引起的无锡供水危机中发挥了骨干作用,社会效益非常显著。

(四)梅梁湖泵站和大渲河泵站

梅梁湖泵站和大渲河泵站是为促进太湖梅梁湖区域水体流动、改善水环境而兴建。

梅梁湖泵站工程位于无锡市区以西的太湖风景区,地处梅梁湖、梁溪河与五里湖的交界处,西侧紧靠犊山水利枢纽梁溪河控制闸和船闸,南侧为五里湖控制闸,北侧为环湖公路,为大(2)型Ⅱ等工程,整个工程建筑物包括一座装机流量为 50 m^3/s 泵站(5 台机泵,单机流量为 10 m^3/s)、四座 16 m 净宽(双孔 2 m×8 m)节制闸及输水河道等相关配套建筑物,于 2004 年 10 月竣工。

大渲河泵站工程位于无锡市滨湖区荣巷街道梅园社区大渲河和梁溪河汇合处,建有排水泵站和节制闸各一座。大渲河泵站装机流量为 30 m^3/s,水泵数量 3 台,大渲河节制闸闸孔 1 孔,闸孔净宽 8 m,过闸流量为 30 m^3/s,于 2009 年 8 月竣工。

(五) 新孟河

新孟河延伸拓浚工程位于太湖流域湖西区,北起长江,南入太湖,自长江大夹江向南新开河道至原小河闸北 1.58 km 处接老新孟河,沿老新孟河拓浚至京杭运河,立交过京杭运河后新开河道向南延伸至北干河,拓浚北干河连接洮湖、滆湖,拓浚太滆运河和漕桥河入太湖,全长 116.69 km。该工程是国务院批复的《太湖流域水环境综合治理总体方案》确定的六项引排工程之一、《太湖流域防洪规划》确定的流域洪水北排长江主要防洪工程之一,也是《太湖流域水资源综合规划》确定的重要引水河道,主要任务是改善太湖和湖西地区的水环境,提高流域和区域的防洪排涝标准,增强流域和区域的水资源配置能力,兼顾地区航运等,设计平水年增加引江入湖水量 25.2 亿 m^3。工程治理标准:河道规模按照流域 100 年一遇洪水标准确定,河道堤防和沿线低洼支河口门建筑物、水系调整主要控制建筑物工程的防洪标准为防御区域 50 年一遇洪水。

河道工程:拓浚延伸河道总长 116.47 km。各分段河道规模:界牌水利枢纽—京杭运河段河道长度 22.17 km,其中新开河道 3.64 km、拓浚河道 18.53 km,底高 3 m,底宽 80 m;京杭运河—夏溪河段长度 19.8 km,底高 −3 m,底宽 70 m;夏溪河—湟里河段新开河道长度 7.53 km,底高 −3.0 m,底宽 60 m;湟里河—北干河段新开河道长度 4.02 km,底高程 −3 m,底宽 50 m;北干河拓浚长度 16.37 km,西段底高 −2 m,底宽 40 m,东段底高程 −2 m,底宽 45 m;太滆运河段(滆湖—分水镇)拓浚河道长 22.17 km,底高程 −2.0 m,底宽 25 m;漕桥河(滆湖—分水镇)整治河道长 20.04 km,其中拓浚河道长 16.54 km、新开河道长 3.5 km,底高程 −2 m,底宽 15 m;分水镇—太湖段拓浚河道长 2.36 km,底高程 −2 m,底宽 55 m。

主要建筑物工程:长江边以及新孟河与京杭运河交叉处分设丹阳水利枢

纽、奔牛水利枢纽等。①丹阳水利枢纽由节制闸、船闸和泵站组成；闸站布置在东岸，船闸布置在西侧，泵站设计流量为 300 m³/s，装机 9 台；节制闸 5 孔，总净宽 80 m；船闸为Ⅵ级，闸室长 180 m，宽 16 m，节制闸引、排最大瞬时流量均为 745 m³/s，最大日均流量分别为 320 m³/s 和 626 m³/s。②奔牛水利枢纽由立交地涵、节制闸和船闸组成；立交地涵总长 93 m，共 12 孔，单孔断面 8 m×6.5 m，船闸为Ⅵ级，闸室长 135 m、宽 16 m；节制闸净宽 12 m；引、排最大瞬时流量分别为 565 m³/s 和 498 m³/s，最大日均流量分别为 207 m³/s 和 404 m³/s。

跨河桥梁与配套建筑物：沿线拆建桥梁 55 座，新建桥梁 26 座，接长改造桥梁 6 座，加固处理 1 座。沿线两侧 279 处口门，其中支河 125 处拟保留敞口 81 处、封路 11 处、维持现有控制 10 处、新设控制 22 处（含牛塘水利枢纽和前黄水利枢纽）、加高加固 1 处；断头浜 154 处拟保持敞开 145 处（含拆除 1 处）、封堵 2 处、维持现有控制 2 处、新设控制 3 处、加高加固 2 处。

（六）新沟河

新沟河延伸拓浚工程是《太湖流域水环境综合治理总体方案》（国函〔2008〕45 号）中安排的治理项目之一，工程实施后可以提高流域洪涝水北排长江的能力，减少进入梅梁湖的污染负荷；配合引江济太等其他工程的运用，促进太湖水体有序流动，提高梅梁湖的水环境容量。同时具备应急引长江水进入梅梁湖，提高应对突发水污染事件的能力。

新沟河工程北起长江，全长 97.47 km。沿新沟河至石堰后分成东、西两支，东支接漕河至五牧河，西支接三山港，过苏南运河后，东支经西直湖港与南直湖港相接，至太湖；西支经武进港至太湖。

沿线主要建筑物有江阴水利枢纽、石堰节制闸、西直湖港北枢纽、西直湖港闸站枢纽、西直湖港南枢纽、遥观北枢纽、遥观南枢纽、采菱港节制闸。

江阴水利枢纽节制闸设计排水流量为 460 m³/s，设计引水流量为 433 m³/s，泵站设计排水流量为 180 m³/s，设计引水流量为 90 m³/s。

遥观南枢纽节制闸净宽 12 m，设计流量为 30 m³/s，泵站设计流量为 60 m³/s；遥观北枢纽节制闸净宽 24 m，设计流量为 110 m³/s，泵站设计流量为 80 m³/s；采菱港节制闸净宽 16 m，设计流量为 37 m³/s。

西直湖港北枢纽立交地涵设计排水流量为 90 m³/s、设计引水流量为 65 m³/s；西直湖港闸站枢纽节制闸净宽 24 m、设计流量为 60 m³/s，泵站设计流量为 90 m³/s；西直湖港南枢纽节制闸净宽 15 m，设计流量为 61 m³/s，立交地涵设计排水流量为 90 m³/s、应急引水流量为 50 m³/s。

新沟河两岸共有支河口门控制 25 处,主要功能是保证应急引水入梅梁湖水量水质及专道外排梅梁湖水。

(七) 走马塘

走马塘位于太湖流域武澄锡虞区高片,南起京杭运河,沿沈渎港、走马塘、锡北运河,与张家港河立交后经七干河入长江,长 66.5 km,河底高程 0～－1 m,底宽 15～40 m。工程是太湖引排工程规划先行实施项目。主要任务是配合望虞河西岸控制工程,解决"引江济太"期间望虞河西岸地区的排水出路,消除西岸地区排水对望虞河水质的影响,建设望虞河清水通道,保证引江调水水质,增加调水入湖水量,改善地区河网排水条件和水生态环境。配合望虞河西岸控制工程,在"引江济太"期间,望虞河西岸地区遭遇 5 年一遇设计暴雨时,西岸地区的水不入望虞河,改由走马塘拓浚延伸工程北排长江。河道设计排涝流量为 6.2～95.2 m^3/s。主要控制建筑物有张家港枢纽和江边枢纽,张家港枢纽由立交地涵、节制闸、泵站和退水闸组成,泵站设计流量为 50 m^3/s,节制闸净宽 24 m,设计流量为 111.4 m^3/s;退水闸净宽 14 m,设计流量为 69.6 m^3/s。江边枢纽由节制闸、船闸和鱼道组成,节制闸净宽 36 m,设计排水流量为 207 m^3/s。工程已于 2013 年 7 月建成。

走马塘锡北运河以北段两岸共有口门控制建筑物 58 座。

3 调度方案

2009年太湖防防汛抗旱总指挥部(以下简称"太湖防总")成立后,针对流域水灾害、水资源、水环境等方面面临的问题,进一步加强流域水工程联合调度,结合流域多年防洪、引江济太调水实践,制定《太湖流域洪水与水量调度方案》,于2011年8月经国家防总批复实施,经历了从无到有、从单一到综合的演进过程。

《太湖流域洪水与水量调度方案》是我国第一个洪水调度与水量调度相结合的流域性综合调度方案,标志着太湖流域调度开始从单一的防洪调度转向防洪、供水、水环境治理的综合调度,逐步实现从洪水调度向洪水调度与水资源调度相结合、从汛期调度向全年调度、从水量调度向水量水质统一调度、从区域调度向流域与区域相结合调度的"四个转变"。

3.1 调度原则

一、坚持以人为本,依法调度、科学调度。

二、坚持节水优先,节约用水、计划用水。

三、坚持流域、区域、城市统筹,上下游兼顾,区域服从流域,局部服从全局。

四、坚持统一调度,水量调度服从洪涝调度,加强水资源优化配置,保障防洪安全、供水安全。

3.2 代表站及特征水位

一、区域代表站及特征水位

流域、区域和城市防洪工程调度代表站及特征水位见表3.2-1。

表3.2-1 太湖地区调度代表站及特征水位表   单位:m

分类	区域/市	代表站	警戒水位	保证水位	起排水位	内部最高控制水位	防洪设计水位 50年一遇	防洪设计水位 100年一遇	防洪设计水位 200年一遇
太湖流域	太湖区	太湖平均	3.80	4.65	—	—	4.66	4.80	—
	望虞河	琳桥	3.80	4.20	—	—	—	—	—
	太浦河	平望	3.90	4.40	—	—	4.50	—	—
区域	湖西区	王母观	4.60	5.60	—	—	5.66	—	—
		坊前(二)	4.10	4.60	—	—	5.43	—	—
	武澄锡虞区	青阳	4.00	4.85	—	—	4.80	—	—
		陈墅	3.90	4.80	—	—	4.80	—	—
		戴溪	4.00	4.80	—	—	—	—	—
	阳澄淀泖区	湘城	3.70	4.00	—	—	4.10	—	—
		陈墓	3.60	4.00	—	—	4.15	—	—
苏南运河	镇江	丹阳	5.60	7.20	—	—	7.20	—	—
	常州	常州(三)/钟楼闸(闸下游)	4.30	5.20	—	—	5.90/5.60	6.15/5.80	6.40/5.95
	无锡	无锡(大)	4.00	4.80	—	—	4.90	5.10	5.25
	苏州	苏州(枫桥)	4.00	4.60	—	—	4.80	4.95	5.15
城市防洪大包围	常州	常州(三堡街)	4.30	4.80	4.30	4.80	—	—	—
	无锡	无锡(南门)	—	—	3.60	4.20	—	—	—
	苏州	苏州(觅渡桥)	—	—	2.70	3.20	—	—	—

注:太湖平均水位采用小梅口、西山、夹浦、大浦口、望亭5站算术平均值。

二、太湖调度水位

当太湖水位超过4.65 m时,太湖发生超标准洪水,实施超标准洪水调度;太湖水位低于2.8 m时,实施抗旱调度。当太湖水位为2.8~4.65 m时,实施常规调度,太湖调度水位包括排水调度水位和引水调度水位,详见表3.2-2。

表3.2-2 太湖调度水位   单位:m

时段	排水调度水位	引水调度水位
1月1日—2月底	3.3	3.1
3月1日—4月30日	3.3~3.1	3.1~3.0
5月1日—6月15日	3.1	3.0

续表

时段	排水调度水位	引水调度水位
6月16日—7月20日	3.1～3.6	3.0～3.3
7月21日—10月31日	3.6	3.3
11月1日—12月31日	3.6～3.3	3.3～3.1

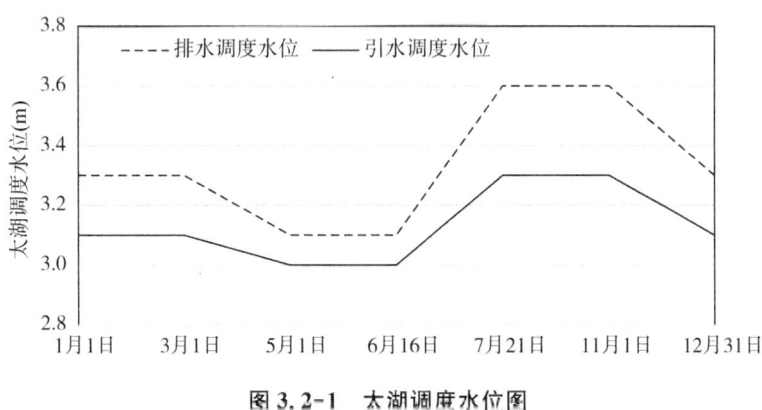

图 3.2-1　太湖调度水位图

3.3　洪涝调度

3.3.1　预降预排

根据雨情、水情变化，沿长江口门适时按照高挡低排方式运行，并利用低潮有利时机开闸排水，在保障工农业、航运等生产用水的同时，维持区域河网水位在适宜水平。

当预报区域有较大过程性降雨时，沿长江口门应提前开闸，充分利用长江潮位涨落规律抢排，预降区域河网水位到正常控制水平以下，根据区域河网底水位，预降幅度宜为 0.2～0.5 m。当预报未来 24 小时有 50 mm 以上强降雨，或预报有台风影响造成强降雨时，沿长江口门全力排水预降水位，适时启用泵站抽排；城市大包围及圩区提前启用排涝泵站预降内河水位。

3.3.2　望虞河工程

当太湖水位高于排水调度水位时，望虞河工程实施流域排水调度；当太湖水位低于排水调度水位、高于引水调度水位时，根据两岸地区防洪、排涝需求，可相机实施区域洪涝调度。

一、常熟水利枢纽

流域排水调度期间,常熟水利枢纽节制闸排水,当太湖水位超过3.8 m时,闸泵联合运行排水。当预报太湖可能发生超警洪水时,可提前启用泵站参与排水。

区域洪涝调度期间,当苏南运河沿线或望虞河西岸地区遭遇局部暴雨,无锡(大)水位或陈墅水位高于3.6 m时,常熟水利枢纽节制闸排水;当无锡(大)水位高于4 m或陈墅水位高于3.9 m时,闸泵联合运行排水。

当预报望虞河沿线地区遭受区域性大暴雨袭击时,常熟水利枢纽可提前启用排水。

二、望亭水利枢纽

流域排水调度期间,望亭水利枢纽调度按照《太湖流域洪水与水量调度方案》执行:

当太湖水位不超过4.2 m时,望亭水利枢纽泄水按琳桥水位不超过4.15 m控制;

当太湖水位不超过4.5 m时,望亭水利枢纽泄水按琳桥水位不超过4.45 m控制;

当太湖水位不超过4.65 m时,望亭水利枢纽泄水按琳桥水位不超过4.5 m控制;

当预报望虞河下游地区遭受区域性大暴雨袭击时,望亭水利枢纽可提前减少泄量。

区域洪涝调度期间,望亭水利枢纽关闭。

三、两岸支河口门

望虞河工程实施流域排水调度、望亭水利枢纽泄水期间,当预报苏南运河沿线地区有强降雨,预测水位可能超警时,协调开启蠡河控制工程分泄苏南运河洪水入望虞河;西岸伯渎港枢纽、九里河枢纽不得向望虞河排水,其他口门根据区域雨水情相机向望虞河排水。望亭水利枢纽泄水期间,当湘城水位不超过3.7 m时,开启东岸主要口门向区域河网泄水;当湘城水位超过3.7 m时,东岸口门可以控制运用;裴家圩枢纽不得向望虞河排水。

望虞河工程实施区域洪涝调度、望亭水利枢纽关闭期间,两岸支河口门根据区域雨水情向望虞河排水。

3.3.3 新孟河工程

一、丹阳水利枢纽

当太湖水位高于排水调度水位时,丹阳水利枢纽节制闸排水,当太湖水位超过 3.8 m 时,闸泵联合运行排水。当预报太湖可能发生超警洪水时,可提前启用泵站参与排水。

当坊前(二)水位超过 3.8 m 或常州(三)水位超过 4.1 m 时,丹阳水利枢纽节制闸排水;当坊前(二)水位超过 4.3 m 或常州(三)水位超过 4.6 m 时,闸泵联合运行排水。

奔牛水利枢纽关闭期间,当新孟河运北段沿线地区有排水需求时,丹阳水利枢纽排水。

当预报新孟河沿线地区遭受区域性大暴雨袭击时,丹阳水利枢纽可提前启用排水。

二、奔牛水利枢纽

节制闸:当常州(三)水位高于 4.1 m,且节制闸苏南运河侧水位高于新孟河侧水位时,开启节制闸向新孟河排水,反之则关闭。

立交地涵:当界牌水利枢纽排水时,若立交地涵南侧水位高于北侧水位,开启立交地涵排水,反之则关闭。

三、两岸支河口门

苏南运河以北段两岸支河口门原则上保持敞开,向新孟河排水。

前黄水利枢纽及其他太滆运河北侧支河口门:当戴溪水位高于 4.5 m,且南侧(太滆运河)水位高于北侧(锡溧漕河)时,关闭节制闸挡水,否则保持敞开。

3.3.4 太浦河工程

当太湖水位高于排水调度水位时,太浦闸调度按照《太湖流域洪水与水量调度方案》执行;

当太湖水位不超过 3.8 m 时,太浦闸泄水按平望水位不超过 3.5 m 控制;
当太湖水位不超过 4.2 m 时,太浦闸泄水按平望水位不超过 3.7 m 控制;
当太湖水位不超过 4.5 m 时,太浦闸泄水按平望水位不超过 3.9 m 控制;
当太湖水位不超过 4.65 m 时,太浦闸泄水按平望水位不超过 4 m 控制。

当预报太浦河下游地区遭受区域性大暴雨袭击或预报米市渡水位超过 3.8 m(佘山吴淞基面)时,太浦闸可提前减少泄水量。

3.3.5 新沟河工程

一、江阴水利枢纽

江阴水利枢纽日常按排水运行,当遥观北枢纽、遥观南枢纽和西直湖港闸站枢纽北排时,江阴水利枢纽须配合排水。

当青阳水位高于 3.7 m 或常州(三)水位高于 4 m 或无锡(大)水位高于 3.6 m 时,江阴水利枢纽开启节制闸排水;当青阳水位高于 4 m 或常州(三)水位高于 4.3 m 或无锡(大)水位高于 4 m 时,闸泵联合运行排水。

当太湖水位高于 4.2 m 时,江阴水利枢纽原则上全力排水。

二、遥观北枢纽、南枢纽及采菱港节制闸

当戴溪水位不超过 4.5 m 时,遥观北枢纽、遥观南枢纽节制闸保持北排,视情启用泵站抽排,抽排期间西直湖港闸站枢纽泵站同步启用;遥观南枢纽泵站启用时,遥观北枢纽泵站排水流量不得小于遥观南枢纽北排流量;采菱港节制闸保持北排,不具备北排条件或遥观南枢纽泵站启用时关闭。

当戴溪水位高于 4.5 m 时,遥观北枢纽开启节制闸北排苏南运河来水,根据需要,闸泵联合运行北排;遥观南枢纽泵站关闭,节制闸视运河与直武地区水情开启南排运河来水;采菱港节制闸开启。

三、西直湖港北枢纽、南枢纽及西直湖港闸站枢纽

西直湖港北枢纽、南枢纽立交地涵保持畅通。

当戴溪水位不超过 4.5 m 时,西直湖港闸站枢纽节制闸保持北排,视情启用泵站抽排,抽排期间遥观南枢纽、北枢纽泵站同步启用;西直湖港南枢纽节制闸关闭。

当戴溪水位高于 4.50 m 时,西直湖港闸站枢纽泵站关闭、节制闸开启,西直湖港南枢纽节制闸视运河与直武地区水情开启南排运河来水。

四、两岸支河口门

两岸圩外支河口门原则上保持敞开。

3.3.6 走马塘工程

一、江边枢纽

江边枢纽日常按排水运行,当张家港枢纽向北排水时,江边枢纽须配合张家港枢纽排水;当张家港枢纽不排水时,江边枢纽根据沿江自排区防洪、排涝需要进行调度。

当陈墅水位或老七干河西闸闸下水位高于 3.6 m 时,江边枢纽开启节制闸排水。

当太湖水位高于4.2 m时,江边枢纽原则上全力排水。

二、张家港水利枢纽

立交地涵:原则上敞开。当澄锡虞高片南部地区不需要排水时,关闭立交地涵。

闸站工程:当陈墅水位高于3.6 m时,开启节制闸排水;当老七干河西闸闸下水位高于3.8 m(无降雨)或3.6 m(有降雨)时,关闭节制闸。当陈墅水位超过4 m且节制闸不能自排时,开启泵站抽排;当老七干河西闸闸下水位超过3.8 m(无降雨)或3.6 m(有降雨)时,关闭泵站。

退水闸:当澄锡虞高片北部地区遭遇局部暴雨,且南部地区不需要排水时,关闭立交地涵,开启退水闸排水;当老七干河西闸闸下水位超过3.8 m(无降雨)或3.6 m(有降雨)时,关闭退水闸。

三、两岸支河口门

锡北运河以北段两岸圩外支河口门保持敞开。

3.3.7 区域沿江口门

区域沿长江主要口门根据区域雨水情实施洪涝调度。当太湖水位高于4.2 m时,区域沿江口门原则上全力排水。

一、湖西区

(一)谏壁枢纽、九曲河枢纽

当丹阳水位高于4.5 m或王母观水位高于4 m时,开启节制闸排水;当丹阳水位高于5.6 m或王母观水位高于4.6 m时,闸泵联合运行排水。

(二)魏村枢纽

当常州(三)水位高于4 m或坊前(二)水位高于3.8 m时,开启节制闸排水;当常州(三)水位高于4.3 m或坊前(二)水位高于4.1 m时,闸泵联合运行排水。

二、武澄锡虞区

(一)澡港枢纽

当常州(三)水位高于4 m时,开启节制闸排水;当常州(三)水位高于4.3 m时,闸泵联合运行排水。

(二)定波水利枢纽、白屈港枢纽、新夏港枢纽、大河港枢纽

当青阳水位高于3.7 m时,开启节制闸排水;当青阳水位高于4 m时,闸泵联合运行排水。

（三）张家港闸、十一圩港闸

当张家港市东横河水利枢纽处水位高于 4 m 或陈墅水位高于 3.6 m 时,开启节制闸排水。

三、阳澄淀泖区

当湘城水位高于 3.3～3.5 m 时,阳澄淀泖区沿江节制闸开闸排水;遇长江高潮位节制闸不能自排时,开启七浦塘江边枢纽泵站参与排水。

当预报有强降雨或台风影响时,应提前排水,控制湘城水位在 3.3 m 以下。

3.3.8 环太湖口门

一、武进港、雅浦港、直湖港闸

当戴溪水位高于 4.5 m 或雅浦港闸上水位高于 3.9 m 时,雅浦港闸和武进港闸开闸排水,且雅浦港闸优先开启。

当戴溪水位高于 4.5 m 或无锡(大)水位在 3.9～4.5 m 时,由无锡市人民政府综合研判,决定是否开启直湖港闸排水;当无锡(大)水位高于 4.5 m 时,直湖港闸开闸排水。

二、梁溪河犊山闸

当太湖水位不超过 4.2 m 时,犊山节制闸分泄太湖洪水;当太湖水位超过 4.2 m 时,可以控制运用。

当无锡(大)水位达到 4.4 m 且有继续上涨趋势时,关闭连通梁溪河与苏南运河的仙蠡桥南枢纽、张巷浜节制闸及马蠡港节制闸,协调太湖局,开启犊山节制闸,有节制地向太湖排泄梁溪河涝水;当无锡(大)水位达到 4.65 m 且有继续上涨趋势时,由无锡市人民政府综合研判,决定是否开启张巷浜节制闸,有节制地向太湖排泄运河洪涝水。

三、其他口门

当太湖水位不超过 4.1 m 时,东太湖沿岸各闸及月城河节制闸、胥口枢纽开闸分泄太湖洪水;当太湖水位超过 4.1 m 时,可以控制运用。

其他环太湖口门根据太湖及区域水情适时启用向太湖排水或控制运用。

3.3.9 控制性工程

一、钟楼防洪控制工程

当无锡(大)水位达到 4.9 m 或常州(三)水位达到 5.6 m,且预报将继续上涨时,由省水利厅根据上下游水情和地区防洪要求综合研判,下达调度指令,由海事部门实施停航管制,启动关闸程序。

关闸期间,为保证工程安全,当闸上下游水位差达到设计水位差 1.08 m 且预报将继续加大时,钟楼防洪控制工程部分开启泄水,控制不超过校核水位差 1.68 m。

钟楼防洪控制工程启闭具体操作程序由省水利厅与省海事局研究制定。

二、丹金闸枢纽及丹金船闸

（一）丹金闸枢纽

当丹阳水位低于 6.5 m,且王母观水位低于 4.6 m 时,节制闸及船闸均开闸。节制闸和船闸按双线运行,其中节制闸通上行船只,船闸通下行船只。

当丹阳水位低于 6.5 m,且王母观水位高于 4.6 m 并继续上涨时,节制闸关闸控制,船闸按单线船闸方式运行。关闸期间,当闸上下游水位差达到设计水位差 1.5 m 且预报将继续加大时,丹金闸枢纽部分开启泄水,泄水流量不超过建筑物消能设计流量 250 m³/s,控制上下游水位差不超过校核水位差 1.9 m。上下游水位基本持平后,节制闸和船闸可开闸通航。

当丹阳水位高于 6.5 m,且王母观水位高于 4.6 m 时,由省水利厅视上下游水情调度。

当闸上水位超过 6.31 m(最高通航水位)时,禁止通航。

（二）丹金船闸

丹金船闸的通航孔(兼作为节制闸)和船闸调度参照丹金闸枢纽的节制闸和船闸调度方案执行。

3.3.10 城市大包围及圩区

一、城市大包围

当苏南运河沿线代表站水位低于 100 年一遇设计洪水位时,城市大包围按已批准的方案运行,及时排水,确保大包围内部排涝安全。大包围泵站运用应统筹考虑周边外围河道和内河水情,优先北排,加快城市涝水外排入江。

当苏南运河沿线代表站水位在 100～200 年一遇设计洪水位之间时,沿运河泵站相机排水。当大包围内代表站水位低于设定门槛值(内部最高控制水位以下 0.2 m)时,沿运河泵站停机,大包围其他泵站根据排涝要求进行调度;当大包围内水位高于设定门槛值时,沿运河泵站开机排水。

当苏南运河沿线本河段或下游河段代表站水位高于 200 年一遇设计洪水位时,沿运河泵站原则上不得向运河排水。当预报城市将遭遇强降雨且预测大包围内水位可能超过最高控制水位时,经报省水利厅同意,沿运河泵站可有控制地排水。

常州运北大包围、无锡运东大包围、苏州城市中心区大包围具体调度如下：

（一）常州运北大包围

常州（三）水位不超过 5.8 m：当常州（三堡街）水位超过 4.3 m 时，启用大包围，开机排水。

常州（三）水位在 5.8～5.95 m 之间：当常州（三堡街）水位低于 4.6 m 时，沿运河泵站停机，大包围其他泵站根据排涝要求进行调度；当常州（三堡街）水位高于 4.6 m 时，沿运河泵站可以开机排水。

当常州（三）水位超过 5.95 m 或无锡（大）水位超过 5.25 m 时，沿运河泵站原则上不得向运河排水。当预报城市将遭遇强降雨且预测常州（三堡街）水位可能超过 4.8 m 时，经报省水利厅同意，沿运河泵站可有控制地排水。

（二）无锡运东大包围

无锡（大）水位不超过 5.1 m：当无锡（南门）水位超过 3.6 m 时，启用大包围，开机排水。

无锡（大）水位在 5.1～5.25 m 之间：当无锡（南门）水位低于 4 m 时，沿运河泵站停机，大包围其他泵站根据排涝要求进行调度；当无锡（南门）水位高于 4 m 时，沿运河泵站开机排水。

当无锡（大）水位超过 5.25 m 或苏州（枫桥）水位超过 5.15 m 时，沿运河泵站原则上不得向运河排水。当预报城市将遭遇强降雨且预测无锡（南门）水位可能超过 4.2 m 时，经报省水利厅同意，沿运河泵站可有控制地排水。

（三）苏州城市中心区大包围

苏州（枫桥）水位不超过 4.95 m：当苏州（觅渡桥）水位超过规定起排水位时，启用大包围，开机排水。

苏州（枫桥）水位在 4.95～5.15 m 之间：当苏州（觅渡桥）水位低于 3 m 时，沿运河泵站应停机，大包围其他泵站根据排涝要求进行调度；当苏州（觅渡桥）水位高于 3 m 时，沿运河泵站开机排水。

当苏州（枫桥）水位超过 5.15 m 时，沿运河泵站原则上不得向运河排水。当预报城市将遭遇强降雨且预测苏州（觅渡桥）水位可能超过 3.2 m 时，经报省水利厅同意，沿运河泵站可有控制地排水。

二、其他主要圩区

当圩区周边外围河道水位低于防洪设计水位时，圩区内部水位达到起排水位后，各圩区可抢排涝水。

当圩区周边外围河道水位高于防洪设计水位时，圩区排涝泵站应适时限排，限排原则为农业圩先限排，水面率大、调蓄能力强的圩区先限排，圩内无重点防洪对象且经济损失小的圩区先限排,对于1万亩以上、流域及区域主要行洪河道沿线的重点圩区按圩内控制水位抬高0.2～0.4 m控制。其他圩区控制水位抬高幅度由各市明确。

当圩区周边外围河道水位超过历史最高水位时,农业圩原则上停止排涝,限制城镇圩排涝,控制圩内水位与外围河道水位差,确保堤防和穿堤建筑物安全。

各市应细化制定圩区调度方案及管控措施。

3.3.11 水库和塘坝

大中型水库按照省水利厅印发的水库调度规程、年度洪水与水量调度方案实施防洪调度。小型水库和重点塘坝按照批复的调度运用方案执行。

3.3.12 其他工程

当陈墓水位高于3.95 m时,千灯浦闸向北泄水,蕰藻浜西闸、东闸联合调度向东泄水,按嘉定水位不超过3.4 m(佘山吴淞基面)控制;淀浦河西闸、东闸(泵)联合调度向东泄水,按青浦水位不超过3.3 m(佘山吴淞基面)控制。

3.4 水量调度

3.4.1 望虞河工程

当太湖水位低于引水调度水位时,望虞河工程实施流域水量调度;当太湖水位高于引水调度水位、低于排水调度水位时,视区域水情和两岸地区用水需求,可相机实施区域水量调度。

一、常熟水利枢纽

流域水量调度期间,当望虞河张桥水位不超过3.8 m时,启用常熟水利枢纽引水。

区域水量调度期间,在不增加区域洪涝风险的前提下,充分利用常熟水利枢纽上下游水位差,开启节制闸引水;视两岸地区用水需求,必要时可开启泵站引水。

当预报望虞河下游地区将遭受风暴潮或区域性大暴雨袭击,或望虞河张桥水位超过3.8 m,或武澄锡虞区水位普遍超警戒水位时,常熟水利枢纽暂停引水,必要时转为排水。

二、望亭水利枢纽

流域水量调度期间,当望亭水利枢纽闸下(望虞河侧)水质调度指标和参考指标均满足Ⅲ类标准时,可开启向太湖输水。引水入湖期间,当望亭水利枢纽闸下(望虞河侧)水质调度指标满足Ⅲ类标准,水质参考指标为Ⅳ类标准时,若大桥角新桥水质参考指标满足Ⅲ类标准,可继续引水入湖并减小向太湖输水流量。

区域水量调度期间,望亭水利枢纽关闭。

三、两岸支河口门

流域水量调度期间,启用望虞河西岸控制工程,走马塘工程配合向长江排水,避免西岸支流劣质水进入望虞河,保障引水入湖水质;望虞河西岸口门分水总流量原则上不超过 11 m³/s;东岸口门分水比例不超过常熟水利枢纽引水量的 30%,且分水总流量不超过 50 m³/s。当望虞河引水影响范围内遭遇突发水污染事件等特殊情况时,可调整两岸口门分水比例。常熟水利枢纽引水期间,虞山船闸不得通闸运行。望亭水利枢纽引水入湖期间,蠡河控制工程不得通闸运行。

区域水量调度期间,望虞河两岸口门根据调度运行计划从望虞河分水。

水量调度期间,无锡、苏州市水利(务)局每周向省水利厅报送两岸口门用水情况及计划。

3.4.2 新孟河工程

一、丹阳水利枢纽

当太湖水位低于引水调度水位、坊前(二)水位不超过 3.6 m 或新孟河运北段沿线地区有引水需求时,可启用丹阳水利枢纽引水。

当预报湖西区将遭受区域性大暴雨袭击,罗溪水位超过 4.5 m 或坊前(二)水位超过 3.8 m 时,丹阳水利枢纽暂停引水,必要时转为排水。

二、奔牛水利枢纽

立交地涵:当丹阳水利枢纽引水,立交地涵北侧水质调度指标满足Ⅲ类标准时,开启立交地涵输水,输水量不小于丹阳水利枢纽引水量的 70%。引水期间,当入湖河道分水桥断面水质调度指标劣于Ⅲ类标准时,若坊前断面水质调度指标满足Ⅲ类标准,可继续引水,反之减小立交地涵输水流量,直至关闭。

节制闸:引水期间,节制闸关闭。

三、两岸支河口门

新孟河工程引水期间,两岸口门建筑物实施控制运用,避免支流劣质水进入新孟河,保障新孟河引水入太湖水质。当新孟河引水影响范围内遭遇突发水污染事件等特殊情况时,可调整两岸口门分水比例。

水量调度期间,常州市水利局每周向省水利厅报送两岸口门用水情况及计划。

3.4.3　太浦河工程

太浦河工程水量调度按照《太湖流域洪水与水量调度方案》执行:

为保障太浦河下游地区供水安全,太浦闸供水流量不低于 $50\ m^3/s$。当太浦闸发生倒流关闸时,可启用太浦河泵站供水。

当太浦河干流水质恶化可能影响太浦河下游饮用水水源地供水安全时,可提前调整太浦闸供水流量,必要时启用太浦河泵站增加流量。

当太湖下游地区遭遇台风暴潮或区域洪水时,可减小太浦闸(泵)供水流量,必要时关闭太浦闸(泵)。

3.4.4　新沟河工程

新沟河工程日常按排水运行,当新沟河沿线区域有引水需求时,由设区市人民政府或有关部门向省相应部门提出申请,经省水利厅商有关部门同意,并征求相关市县意见,可利用新沟河工程引水。

当预报区域有强降雨时,新沟河水利枢纽暂停引水,必要时转为排水。

3.4.5　区域沿江口门

区域沿长江主要口门水量调度应与流域水资源配置格局相协调,根据生活、工农业、生态环境及航运等用水需要,适时引排;当预报区域有强降雨时暂停引水,必要时转为排水。区域沿江口门水量调度原则上按以下方案执行。

一、湖西区

(一)谏壁枢纽、九曲河枢纽

当丹阳水位在3.4~4.5 m或王母观水位在3.2~4 m之间时,结合地区水资源、水生态需求适时引排;当丹阳水位低于3.4 m或王母观水位低于3.2 m时,节制闸全力引水,适时启用泵站参与引水。

(二)魏村枢纽

当常州(三)水位在3.4~4 m或坊前(二)水位在3.2~3.8 m时,结合地区水资源、水生态需求适时引排;当常州(三)水位低于3.4 m或坊前(二)水位低于3.2 m时,节制闸全力引水,适时启用泵站参与引水。

二、武澄锡虞区

（一）澡港枢纽

当常州（三）水位在3.4～4 m之间时,结合地区水资源、水生态需求适时引排;当常州（三）水位低于3.4 m时,节制闸全力引水,适时启用泵站参与引水。

（二）定波水利枢纽、白屈港枢纽、新夏港枢纽、大河港枢纽

当青阳水位在3.2～3.7 m之间时,结合地区水资源、水生态需求适时引排;当青阳水位低于3.2 m时,节制闸全力引水,适时启用泵站参与引水。

（三）张家港闸、十一圩港闸

当陈墅水位在3.2～3.6 m之间时,结合地区水资源、水生态需求适时引排;当陈墅水位低于3.2 m时,张家港闸全力引水。

三、阳澄淀泖区

当湘城水位在3.1～3.3 m之间时,结合地区水资源、水生态需求适时引排;当湘城水位低于3.1 m时,节制闸全力引水,适时启用七浦塘江边枢纽泵站参与引水。

3.4.6 环太湖口门

环太湖口门实行控制运用。出太湖水量实行总量控制,按照《太湖流域水量分配方案》结合实际来水条件,丰减枯增,具体按照太湖流域年度调度计划进行控制。

3.4.7 水库和塘坝

大中型水库按照省水利厅印发的水库调度规程、年度洪水与水量调度方案实施水量调度。小型水库和重点塘坝按照批复的调度运用方案执行。

3.5 非常措施

3.5.1 超标准洪水应急措施

当太湖发生超标准洪水（太湖水位超过4.65 m且预报将继续上涨）时,应尽可能加大望虞河、太浦河的泄洪流量,具体工程调度按照《太湖超标准洪水防御预案》执行。

当流域、区域发生超标准洪水时,各沿长江口门应全力排水,在确保工程安

全的前提下开启套闸参与泄洪,充分发挥控制性工程的拦洪作用,并采取弃守一般堤防等非常措施,确保镇江、常州、无锡、苏州城市防洪安全及环太湖大堤、苏南运河等重要河湖堤防安全。

3.5.2 抗旱应急措施

当太湖水位低于 2.8 m,且预报将继续下降时,望虞河、太浦河工程调度具体按照《太湖抗旱水量应急调度预案》执行。

当区域发生干旱时,应加强沿江口门科学调度,闸泵联合运行,全力引水,增加引长江水量。适当降低河湖生态需水要求,加强环太湖口门和主要引水河道两岸口门统一调度和运行监督,实行用水限制措施,视情启用备用水源及丘陵山区翻水线补充抗旱水源,最大限度满足区域基本用水需求。

必要时,由省水利厅调度开启茅东闸,从秦淮河流域向太湖地区补水,解决湖西南河上游地区抗旱水源问题。

3.5.3 突发水污染事件应急措施

若发生突发水污染事件、水质恶化等严重影响流域、区域供水安全的情况,或各市有其他特殊需求时,在确保流域、区域防洪安全的前提下,原则上可实施水量应急调度。

当梅梁湖水源地发生水污染事件时,由无锡市人民政府综合研判后提出申请,报省水利厅,并商有关部门同意后,实施应急调度。

4 站网建设及监测方法

4.1 水文站网

水文站是观测及搜集河流、湖泊、水库等水体的水文、气象资料的基层水文机构。水文站观测的水文要素包括水位、流速、流向、波浪、含沙量、水温、冰情、地下水、水质等;气象要素包括降水量、蒸发量、气温、湿度、气压和风力风向等。在一定地区、按一定原则布设的各类水文测站构成了水文监测站网。水文站网是由各类水文测站构成的水文资料收集系统,是服务于防汛抗旱、水资源管理和水环境保护的基础。

4.1.1 站网现状

江苏省水文站网经过多次规划和调整,目前站网密度已基本达到《水文站网规划技术导则》(SL34—92)和世界气象组织标准要求,站网布局总体合理、控制有效,站网功能已由传统单一向综合发展;专用站网的布设初步满足地方水资源管理和重大水事活动的需求。江苏省水文站网布局基本合理,项目比较齐全,主要功能发挥正常,覆盖江苏省主要江、河、湖、库。在长期的防汛抗旱、工程规划设计以及近年来的水资源管理和保护等工作中发挥了重要作用,为人类认识自然、研究自然、改善人与自然的关系提供了系统、可靠的依据。

截至2024年,江苏省太湖流域各类水文测站共1 230个(基本站116个,地下水位站151个,专用站963个)、太湖流域沿江巡测线200 km、水文径流实验站8个。基本站包括水文站46个、水位站32个、降水量站38个;专用站包括中小河流站41个、水情报汛站322个、水质站557个、水土保持监测站5个、环境资源补偿专用站30个、墒情站8个。对照《水文站网规划技术导则》,江苏省太湖流域各类水文测站均已达到设站密度要求,站网密度居全国前列,基本建成布局合理、系统控制的水文站网体系。

4.1.2 重要水文站

太湖流域地处长江中下游平原,是以太湖为中心的一个独立流域区,位于东经119°11′~121°53′,北纬30°8′~32°15′。流域西部自北而南分别以茅山山脉、界岭和天目湖与秦淮河、水阳江、钱塘江流域为界。流域总面积3.69万 km²。江苏境内太湖流域面积1.94万 km²。根据江苏省河湖基本情况普查成果及《江苏省骨干河道名录》,江苏境内太湖流域乡镇(大沟)级及以上河流1 873条,面积0.5 km及以上的湖泊131个,其中流域性河道3条,重要湖泊1个,即太湖。

一、流域性河道控制站

太湖流域3条流域性河道分别为苏南运河、望虞河、太浦河;流域性河道控制站包括谏壁闸、丹阳、常州(三)、无锡(二)、枫桥、望虞闸、望亭立交(大)、平望等处水文、水(潮)位站。太湖流域流域性河道控制站水位特征值和流量特征值见表4.1-1。

表4.1-1 太湖流域流域性河道控制站水位特征值表

序号	河道	控制站	站别	最高水位 水位(m)	最高水位 出现时间	最低水位 水位(m)	最低水位 出现时间	多年平均水位(m)
1	苏南运河	谏壁闸	水文站	8.33	1996-8-1	1.52	1967-2-5	4.74
2	苏南运河	丹阳	水位站	7.47	1972-7-3	2.20	1970-1-18	4.07
3	苏南运河	常州(三)	水位站	6.43	2015-6-27	2.45	1968-6-24	3.84
4	苏南运河	无锡(二)	水位站	5.32	2017-9-25	2.24	1956-2-28	3.55
5	苏南运河	枫桥	水文站	4.81	2016-7-2	2.32	1979-3-10	3.15
6	苏南运河	望亭立交(大)	水位站	5.07	2017-9-25	2.24	1979-3-11	3.23
7	望虞河	望虞闸	水文站	5.02	2003-9-12	1.59	2002-1-12	3.09
8	太浦河	平望	水文站	4.44	2021-7-28	2.11	1979-1-20	2.92

(一)苏南运河

苏南运河为跨市河流,河道长度211.7 km,流经的行政区包括镇江市区、丹阳市、常州市区、无锡市区、苏州市区、吴江区。苏南运河控制站为谏壁闸水文站、丹阳水位站、常州(三)水位站、无锡(二)水位站、枫桥水文站、望亭(大)水位站。

1. 谏壁闸水文站。谏壁闸水文站为国家重要水文站,位于镇江市谏壁闸,地理坐标为东经119°34′,北纬32°11′。该站于1959年8月由江苏省水文总站设立,设站目的为掌握苏南运河引排水量,观测项目为上游潮位、下游水位、流量及降水量。

该站历年引水最大流量为474 m³/s,发生时间为1967年7月18日;历年排水最大流量为543 m³/s,发生时间为1972年7月3日。

2. 丹阳水位站。丹阳水位站位于丹阳市云阳镇城北村,地理坐标为东经119°34′,北纬31°59′。该站于1922年7月由长江水利工程总局设立;1934年1月停测;1935年6月恢复观测;1937年10月停测;1947年7月恢复观测;1948年12月停测;1960年恢复观测。1996年5月上迁1.4 km。该站设站目的是掌握苏南运河水情,观测项目为水位、降水量、地下水位及墒情。

该站历年最高水位为7.47 m,发生时间为1972年7月3日;历年最低水位为2.2 m,发生时间为1970年1月18日;历年平均水位为4.07 m。

3. 常州(三)水位站。常州(三)水位站位于大运河常州城区段,地理坐标为东经119°53′,北纬31°45′。该站于1923年11月由苏浙太湖水利工程局设立;1937年11月停测;1947年恢复观测;1950年11月下迁2.8 km;1983年5月上迁7.2 km。该站设站目的是监测和收集大运河水位(温)、降水量、蒸发量等水文要素(信息)。

该站历年最高水位为6.43 m,发生时间为2015年6月27日;历年最低水位为2.45 m,发生时间为1968年6月24日;历年平均水位为3.84 m。

4. 无锡(二)水位站。无锡(二)水位站位于大运河与梁溪河交汇处,地理坐标为东经120°17′,北纬31°33′。该站于1923年1月由苏浙太湖水利工程局设立;1937年1月停测;1947年3月恢复观测;1949年1月停测;1950年6月恢复观测;2007年1月迁移,站名变更为无锡(二)。该站设站目的是监测区域水位、降水量等水文要素,收集基本水文信息。

该站历年最高水位为5.32 m,发生时间为2017年9月25日;历年最低水位为2.24 m,发生时间为1956年2月28日;历年平均水位为3.55 m。

5. 枫桥水文站。枫桥水文站为国家重要水文站,位于苏州市高新区枫桥街道马浜村,地理坐标为东经120°34′,北纬31°19′。该站于1976年7月由江苏省水文总站设立,设站目的为掌握苏南运河径流量,观测项目为水位、流量、降水量及蒸发。

历年最大洪峰流量为288 m³/s,发生时间为2017年9月26日;历年平均流量为57.4 m³/s。

（二）望虞河

望虞河为跨市河流，河道长度 60.3 km，流经的行政区包括无锡市区、苏州市区、常熟市。望虞河控制站为望虞闸水文站和望亭立交水文站。

1. 望虞闸水文站。望虞闸水文站为国家重要水文站，位于常熟市王市镇花庄村望虞闸，地理坐标为东经 120°48′，北纬 31°46′。该站于 1960 年 7 月由江苏省水文总站设立。

1998 年 1 月测站迁移。设站目的为掌握望虞河与长江的交换水量，观测项目为闸上水位、闸下潮位、流量及降水量。

该站历年引水最大洪峰流量为 1 100 m³/s，发生时间为 2000 年 8 月 2 日；历年排水最大洪峰流量为 1 010 m³/s，发生时间为 2015 年 6 月 17 日。

2. 望亭立交水文站。望亭立交水文站为国家重要水文站，位于苏州市相城区望亭镇望亭水利枢纽，地理坐标为东经 120°25′，北纬 31°27′。该站于 1999 年 1 月由江苏省水文水资源勘测局设立，设站目的为掌握太湖通过望亭立交的出入水量，观测项目为闸上水位、闸下水位、流量及降水量。

该站历年最大洪峰流量为 550 m³/s，发生时间为 2008 年 7 月 2 日；历年平均流量为 2.51 m³/s。

（三）太浦河

太浦河为跨省河流，在江苏境内河道长度 40.7 km，流经的行政区为吴江区。太浦河控制站为平望水文站。

平望水文站为国家重要水文站，位于吴江区平望镇平望大桥，地理坐标为东经 120°38′，北纬 31°00′。该站于 1922 年 8 月由督办苏浙太湖水利工程局设立，原站别为水位站；1937 年 11 月停测；1947 年恢复观测；1949 年 1 月停测；1950 年 8 月恢复观测，站别变更为水文站，站名变更为"平望二等站"；1953 年 1 月，站别变更为水位站，站名变更为"平望"；1957 年 1 月，站别变更为水文站；1959 年 1 月，站别变更为水位站；1967 年 5 月，站别变更为水文站。该站设站目的为掌握太浦河径流量，观测项目为水位、流量及降水量。

该站历年最大洪峰流量为 760 m³/s，发生时间为 1999 年 7 月 20 日；历年平均流量为 104 m³/s。

二、区域代表站

江苏省太湖流域区域代表站水位特征值表见表 4.1-2。

表 4.1-2 太湖流域区域代表站水位特征值表

序号	所属分区	站名	警戒水位(m)	保证水位(m)	历史实测最高水位 水位(m)	历史实测最高水位 发生时间
1	湖西区	常州(三)	4.30	4.80	6.42	2015-6-27
2	湖西区	宜兴(西)	4.20	5.20	5.54	2016-7-5
3	湖西区	王母观	4.60	5.60	6.55	2016-7-5
4	武澄锡虞区	无锡(大)	4.00	4.80	5.32	2017-9-25
5	武澄锡虞区	青阳	4.00	4.85	5.43	2017-9-25
6	武澄锡虞区	陈墅	3.90	4.80	5.52	1962-9-6
7	阳澄淀泖区	湘城	3.70	4.00	4.31	1954-7-24
8	阳澄淀泖区	昆山(二)	3.70	4.00	4.18	2021-7-28
9	阳澄淀泖区	陈墓	3.60	4.00	4.33	2021-7-28
10	阳澄淀泖区	枫桥	4.00	4.60	4.81	2016-7-2
11	太湖区	洞庭西山(三)	3.80	4.66	5.00	1999-7-8
12	太湖区	胥口	3.80	4.66	4.92	1991-7-7
13	浦南区	铜锣	—	—	4.87	1999-7-1

(一) 湖西区

湖西区区域代表站为沙河水库水文站和丹金闸水文站。

1. 沙河水库水文站。沙河水库水文站位于溧阳市沙河水库,所在河流为沙河,地理坐标为东经119°26′,北纬31°19′。该站于1959年5月由江苏省水文总站设立。设站目的为观测区域内降水、水库坝上水位和出库流量,还原库区以上天然径流情况,分析溧阳市南部丘陵地区降水径流关系。该站观测项目为坝上水位,主涵、东涵、西涵、泄洪闸、自来水、沙溪引断面流量,降水量,蒸发及地下水位。

该站历年最大洪峰流量为169 m^3/s,发生时间为1999年7月1日。

2. 丹金闸水文站。丹金闸水文站位于金坛市丹金闸,所在河流为丹金漕河,地理坐标为东经119°35′,北纬31°46′。该站于2003年5月由江苏省水文水资源勘测局设立,站别为汛期水文站,设站目的为通过监测丹金漕河的流量和水位,为丹金闸枢纽工程运行服务。该站观测项目为闸上水位、闸下水位、流量及降水量。

该站历年最大洪峰流量为211 m^3/s,发生时间为2003年7月5日。

(二) 太湖区

太湖区区域代表站为洞庭西山(三)水位站和胥口水位站。

1. 洞庭西山(三)水位站。洞庭西山(三)水位站位于苏州市吴中区金庭镇,所在河湖为太湖,地理坐标为东经120°18′,北纬31°06′。该站于1951年4月由华东水利部设立,原站名为"洞庭西山",原站别为降水量站;1954年4月,站别更改为水位站;1964年1月,测站下迁180 m,站名更改为"洞庭西山(二)";1982年1月,测站南迁1.6 km,站名更改为"洞庭西山(三)";1991年1月,测站北迁600 m。该站为太湖水位代表站,观测项目为水位、降水量及蒸发量。

该站历年最高水位为5 m,发生时间为1999年7月8日;历年最低水位为2.25 m,发生时间为1978年8月26日;历年平均水位为3.13 m。

2. 胥口水位站。胥口水位站位于苏州市吴中区胥口镇胥口水利枢纽,所在河湖为太湖,地理坐标为东经120°27′,北纬31°13′。该站于1950年10月由华东水利部设立;2000年1月,站名变更为"胥口(闸下游)";2000年6月,增设胥口(闸上游)站。该站设站目的为掌握胥口闸上下游水位,为太湖与胥江水量交换服务,观测项目为闸上水位、闸下水位及降水量,对胥口站水量进行巡测。水位观测设备为直立式水尺及自记水位计;降水量观测设备为人工降水量器及遥测0.5 mm翻斗式降水量计。

该站历年最高水位为4.92 m,发生时间为1991年7月7日;历年最低水位为2.38 m,发生时间为2005年8月17日;历年平均水位为3.27 m。

(三)武澄锡虞区

武澄锡虞区区域代表站为定波闸水文站和无锡(二)水位站。

1. 定波闸水文站。定波闸水文站位于江阴市定波闸,所在河流为锡澄运河,地理坐标为东经120°15′,北纬31°55′。该站于1960年6月由江苏省水文总站设立;1965年1月停测;1973年5月恢复观测,站名更改为"工农闸";1995年1月,站名恢复为"定波闸"。该站设站目的为掌握锡澄运河与长江引排水量交换情况,观测项目为潮位、流量及降水量。

该站历年引水最大洪峰流量为217 m³/s,发生时间2009年6月25日;排水最大洪峰流量为208 m³/s,发生时间为1991年7月2日。

2. 无锡(二)水位站。无锡(二)水位站位于无锡市仙蠡桥南水利枢纽,所在河流为大运河,地理坐标为东经120°13′,北纬31°32′。该站于1923年1月由苏浙太湖水利工程局设立,原站名"无锡";1937年11月停测;1947年3月恢复观测;1949年停测;1950年6月,站别变更为水文站;1954年3月,站别变更为水位站;2007年1月,测站南迁3.4 km至大运河。该站设站目的为掌握大运河无锡段水位的变化规律,观测项目为水位及降水量。

该站历年最高水位为 5.32 m,发生时间为 2017 年 9 月 25 日;历年最低水位 2.24 m,发生时间为 1956 年 2 月 28 日;历年平均水位为 3.55 m。

(四) 阳澄淀泖区

阳澄淀泖区区域代表站为浏河闸水文站和七浦闸水文站。

1. 浏河闸水文站。浏河闸水文站位于太仓市浏河镇浏河间,所在河流为浏河,地理坐标为东经 121°16′,北纬 31°30′。该站于 1922 年 6 月由督办苏浙太湖水利工程局设立,原站名为"浏河",原站别为水位站;1927 年 5 月至 1928 年 6 月、1937 年 8 月至 1947 年 1 月,以及 1949 年 1—7 月停测;1956 年,站别更改为水文站;1959 年 7 月,测站迁移,站名更改为"浏河闸(闸上游)"。该站设站目的为掌握浏河与长江引排水量交换情况,观测项目为潮位、流量、水温及降水量。

该站历年引水最大洪峰流量为 989 m^3/s,发生时间为 1992 年 7 月 31 日;历年排水最大洪峰流量为 846 m^3/s,发生时间为 1999 年 7 月 1 日。

2. 七浦闸水文站。七浦闸水文站位于太仓市浮桥镇七浦闸,所在河流为七浦塘,地理坐标为东经 121°12′,北纬 31°36′。该站于 1922 年 5 月由督办苏浙太湖水利工程局设立,原站名为"浮桥",原站别为水位站;1937 年 9 月停测;1947 年 2 月恢复观测;1949 年 2 月再次停测;1949 年 8 月再次恢复观测;1952 年 5 月,站名变更为"七丫口";1954 年 2 月,测站上迁 3.3 km,站名变更为"七浦闸(闸上游)",站别变更为水文站。该站设站目的为掌握七浦塘与长江引排水量交换情况,观测项目为潮位、流量及降水量。

该站历年引水最大洪峰流量为 282 m^3/s,发生时间为 1996 年 11 月 12 日;历年排水最大洪峰流量为 166 m^3/s,发生时间为 1960 年 6 月 10 日。

(五) 浦南区

浦南区区域代表站为铜罗水位站。

铜罗水位站位于吴江区铜罗社区严东村,所在河流为兰溪塘,地理坐标为东经 120°33′,北纬 30°50′。该站于 1973 年 8 月由江苏省水文总站设立,设站目的为掌握兰溪塘水位变化情况,观测项目为水位及降水量。

该站历年最高水位为 4.87 m,发生时间为 1999 年 7 月 1 日;历年最低水位为 2.42 m,发生时间为 1978 年 8 月 15 日;历年平均水位 3.41 m。

4.2 测验方法概述

4.2.1 感潮河道特点

长江自安徽省芜湖以下江段受天文潮汐的影响,在天文大潮时均有回水壅高现象,潮位、流量变化有着明显的与潮汐运动相应的过程(又称"感潮流"),其水文特性是在1个天文日(平均约20小时50分)内,有两次涨落潮过程;涨潮流历时短于落潮流历时;涨潮流与落潮流的最大流速都出现在相应的高潮和低潮前;涨落潮转换之间有一段憩流期。

长江江苏段处于长江感潮流影响范围内,当长江回水壅高时,潮位往往高于太湖流域沿长江江苏段沿江口门内河水位,为太湖流域引长江水提供了天然的水力条件;而当长江落潮时,潮位往往又低于沿江口门内河水位,亦为太湖流域排出洪涝提供了天然的水力条件。因此,所谓的"一潮引水期"是指沿江口门在长江涨潮、潮位高于内河水位时开启闸门,长江感潮流进入通江河道,进而影响内河水位、流量的变化,在长江落潮、潮位低于内河水位时关闭闸门,防止内河水流失。所谓的"一潮排水期"是指当区域发生暴雨洪水时,通江河道内河水位相对较高,沿江口门可趁长江低潮、内河水位高于长江潮位时开启闸门,向长江排泄洪涝,在长江涨潮、内河水位低于长江潮位时关闭闸门,防止长江水倒灌。正常情况下,沿江口门1个天文日内有2个一潮引水期或一潮排水期。特殊情况下,如遇干旱年份或季节,通江河道内河水位低于长江低潮位,长江感潮流可直接通过沿江口门持续进入通江河道,又称"通闸引水"。如遇流域或区域性较大暴雨洪水,通江河道内河水位高于长江高潮位,内河洪涝可直接通过沿江口门持续排入长江,又称"通闸排水"。如遇沿江口门泵站翻引、排水时(节制闸可视长江潮位变化情况,同步引、排水),内河水位、流量变化则相对稳定,称为"泵站翻引"或"泵站翻排"。

由此可见,太湖流域沿长江江苏段通江河道主要受长江感潮流的影响,等于间接受海洋潮汐运动的影响,其水位、流量的变化有着明显的与潮汐运动相应的过程,故称这些通江河道为"感潮河道"。另外,感潮河道亦受长江上游来水影响,对于沿长江上下游感潮河道而言,越往上游的感潮河道越受长江来水影响,越往下游的感潮河道越受长江感潮流影响。

4.2.2 沿江水文站引排水量测验

感潮河道具有优越的濒江条件,通过合理调度感潮河道上的引排工程,在流域大水时向长江排泄洪涝水,减轻流域防洪压力;在流域枯水或水环境恶化时,引长江水入域内河网及太湖,抬高河网水位、增加太湖蓄水量,以缓解流域供用水矛盾或改善水环境。新中国成立以后,太湖流域沿长江江苏段各主要感潮河道上陆续布设了水文站,承担着沿江口门引排水量的监测工作,多年来为流域防汛抗旱、水资源开发利用、水环境改善、引排工程调度提供了极其宝贵的监测资料。据调查统计,太湖流域沿长江江苏段沿江主要口门中有17处布设水文站,分属江苏省水文水资源勘测局镇江分局、常州分局、无锡分局、苏州分局。

太湖流域沿长江江苏段沿江主要口门水文站分布情况详见表4.2-1。

表4.2-1　太湖流域沿长江江苏段沿江主要口门水文站统计表

序号	河道名称	水文站	隶属单位	起始年月
1	京杭运河	谏壁闸	江苏省水文水资源勘测局镇江分局	1959.08
2	抽水站引河	谏壁抽水站		1978.07
3	九曲河	九曲河闸		1973.06
4	新孟河	新孟河闸		2021.07
5	德胜河	魏村闸	江苏省水文水资源勘测局常州分局	1974.01
6	澡港河	澡港闸		2003.01
7	锡澄运河	定波闸	江苏省水文水资源勘测局无锡分局	1960.06
8	白屈港	白屈港闸		2021.01
9	新沟河	新沟河闸		2021.01
10	张家港	张家港闸	江苏省水文水资源勘测局苏州分局	1959.06
11	十一圩港	十一圩港闸		1965.08
12	望虞河	望虞闸		1960.07
13	浒浦河	浒浦闸		1953.01
14	白茆塘	白茆闸		1957.05
15	七浦塘	七浦闸		1954.02
16	杨林塘	杨林闸		1961.01
17	浏河	浏河闸		1956.01

沿江口门水文站按照《测站任务书》的要求,对设有水文站的沿江主要口门进行了引排水测验(流量测验断面位置或有变化),每年施测20~30次引、排水潮量,并进行了一潮推流法关系率定、资料整编与分析工作。

4.2.3　沿江水文巡测线

江苏省太湖流域地处长江中下游地区,境内河网湖港交错,水流互相贯通,流向顺逆不定,水量交换频繁,无自然封闭的集水周界。河道水面比降小,各类水工建筑物众多,水利工程调度运用和水资源开发利用程度较高。单纯依靠设立的基本水文网已不能完全控制水文情势,同时也很难掌握重要河流、湖泊及通江河道沿线水量进出情况。水文巡测是在现有站网的基础上,进行适当的分片组合,将原来定位测报的方式改革为统一调度使用人力、物力,以专业队伍与委托观测相结合,定位观测与巡测、调查相结合,水文勘测与资料分析、科研相结合的原则,来完成某个区域或流域的水文仪器、新设备,扩大资料收集范围,开展全方位服务,以适应国民经济建设、防汛抗旱、水资源开发利用对水文工作的更高要求。从省级层面出发,布设了环太湖巡测线、沿江巡测线,以期掌握全线水量交换和时空变化情况,更好地满足水安全、水资源、水环境、水生态、水管理的需要。

长江是亚洲第一大河、世界第三大河,全长 6 300 余千米,发源于我国西部。江苏处于长江流域的下游,承受了上游 17 个省(自治区、直辖市)的径流,省界以上总流域面积是江苏面积的 17 倍多。长江水量和水资源丰富,年平均入海水量 9 405 亿 m^3,干流大通站多年平均径流量 9 051 亿 m^3。江苏省太湖流域沿江 4 市(苏州、无锡、常州、镇江 4 市)在江苏经济发展全局中占有举足轻重的地位,是江苏经济发展的重心区。多年来,江苏省长江一线兴建了许多引排工程,大水时由流域向长江排泄洪涝水,水少时则通过合理地调度沿江闸门,引长江水入流域河网及湖泊,抬高河网水位和增加湖泊蓄水量,以缓解流域供用水矛盾。沿江巡测工作开展于 1972 年,苏南巡测主要掌握江苏省长江与太湖流域之间的引排水量,通过监测沿江闸坝及通江河道的引排江水量,为区域防汛抗旱、水资源开发利用、地区水环境改善提供基础信息与决策依据,有效保障沿江地区社会经济不断持续增长。

江苏省太湖流域沿江巡测段西起镇江谏壁闸,东至苏州浏河闸,巡测线路长 207 km,共有 68 个口门,其中镇江市沿长江岸线全长约 19 km、巡测口门 11 个,常州市沿长江岸线全长 18 km、巡测口门 5 个,无锡市沿长江岸线全长 35 km 左右、巡测口门 12 个,苏州市沿长江岸线全长约 135 km、巡测口门 40 个。巡测线上设有 17 处国家基本水文站,对区域骨干河道、重要口门引排水量进行监测控制,分别是镇江的谏壁闸、九曲河闸、新孟河闸,常州的魏村闸、澡港闸,无锡的定波闸、白屈港闸、新沟河闸,以及苏州市沿江八大口门张家港闸、十一圩港闸、望虞河常熟水利枢纽(包括节制闸、船闸、抽水站)、浒浦闸(包括节制闸、船闸)、白茆闸、七浦闸、杨林闸、浏河闸(包括节制闸、船闸)。

一般采用流速仪法或走航式 ADCP 法测流及一潮推流法或基点站法推流。2018 年以来逐步实现了固定式 ADCP 在线流量监测及连实时流量过程线法推流。

沿江闸坝监测主要测量一潮次开闸的引、排水量,针对不同口门既往率定情况及实际运行调度情况,遵循"典型率定、面上校测,以点带线、全面分析"的思路进行,以最少的测验频次达到能率定、推流为原则,对设有水文站的沿江骨干河道进行引、排水测验,一般施测引、排水各20潮次,对巡测断面则每年进行2~4次引、排水测验。

4.3 引排水量计算方法

目前,江苏省沿江引排水量计算采用一潮推流法、相关分析法和单位净宽法,一潮推流法适合有监测资料的闸站,而相关分析法、单位净宽法适合无资料地区的闸站。

4.3.1 一潮推流法

江苏省沿江单站引排水量的计算一般采用一潮推流法。主要原理:每年通过实测20~30潮次引排水量,建立潮汐要素与一次引水开闸平均流量的相关关系,进而根据全年逐潮开关闸情况,推算逐潮、旬、月、年引水量。根据江苏省水文水资源勘测局于20世纪70年代末的研究成果,感潮河道的一潮开闸引(排)水期的平均流量、最大流量与潮汐要素(潮位、潮差,涨落潮[开关闸]历时等)密切相关。两者建立一定相关关系,即可根据感潮河道每潮的潮汐要素,推算一潮平均流量(引、排水量)、最大流量。这种引、排水量推算方法又称"一潮推流法"。

引水:一个涨潮期从平潮开始引水至涨潮憩流止,每半小时测流一次,平潮时的开闸时水位作为稳定水位 $Z_开$,开始时间为 T_1,该涨潮过程中的高潮水位为 $Z_高$,关闸时间为 T_2,波高 $\Delta Z = Z_高 - Z_开$,一潮历时 $T = T_2 - T_1$,用实测的各次流量面积包围法计算得一潮引水量 W,一潮平均流量 $Q = W/T$,在各次流量中挑选最大流量 Q_m。

排水:一个落潮期从平潮开始排水至落潮憩流止,每半小时测流一次,平潮时的开闸时水位作为稳定水位 $Z_开$,开始时间为 T_1,该落潮过程中的低潮水位为 $Z_低$,关闸时间为 T_2,波高 $\Delta Z = Z_开 - Z_低$,一潮历时 $T = T_2 - T_1$,用实测的各次流量面积包围法计算得一潮排水量 W,一潮平均流量 $Q = W/T$,在各次流量中挑选最大流量 Q_m。

引排水的水位流量关系公式如下:

一潮平均流量

$$\bar{Q} = k \cdot Z_开^\alpha \times \Delta Z^\beta \tag{4-1}$$

一潮最大流量

$$Q_m = kZ_{高}^{\alpha} \times \Delta Z^{\beta}$$

式中：k 为系数；Z 为水位，m；ΔZ 为波高，m；α、β 为指数。

4.3.2 相关分析法

当缺测站仅有少量引排水量资料，没有开关闸资料或没有资料时，可根据引水特性和资料情况分别选用邻近河道或河道上下游的其他实测站的水量资料，并通过补测建立相关关系，分析计算缺测站的引排水量。例如，当相邻两闸年引水水量相关关系较好时，缺测站可按实测站的资料推求；当上、下游闸站有较长同步系列资料，区间汇入、调出水量不大时，采用上、下游两闸站年引水量相关进行插补。

江苏沿江各小闸主要采用相关分析法计算引排水量，通过对无实测资料的河道开展多次流量巡测，并根据巡测资料，建立大小闸之间的引水量相关关系，进而根据大闸的引排水量推算小闸引水量。通常沙洲五小闸的引排江水量与十一圩闸建立关系、常熟五小闸的引排江水量与浒浦闸建立关系、太仓五小闸的引江水量与七浦闸建立关系、无锡七小闸的引排江水量与张家港闸建立关系、常州剩银闸和圩塘闸的引排江水量与魏村闸建立关系。

水量计算公式为：

$$W_{小闸} = K_{引(排)} \times W_{大闸} \qquad (4-2)$$

式中：$W_{大闸}$、$W_{小闸}$ 分别是大闸与小闸的引排水量，万 m³；$K_{引(排)}$ 为通过监测率订的引水、排水参数。

4.3.3 单位净宽法

单位净宽法适用于推算无资料小闸的引排水量，一般用于相关关系法的补充，特别是对于闸门开启变化大的河道。主要原理为借助小口闸本身的特征数据，用水闸某些年份有限的测次资料，与大闸的同步资料进行相关分析，率定出大小闸之间引排水量的折算系数 C，供推算小闸引排水量之用。在建立大、小闸引排水量关系时，还应充分考虑大、小闸之间的开关比例。

水量计算公式为：

$$W_{小闸} = C \times W_{大闸} \qquad (4-3)$$

式中折算系数 C 的计算公式为：

$$C = \frac{B_{大闸}W_{小闸}}{B_{小闸}W_{大闸}} \quad 或 \quad C = \frac{\sum B_{大闸}\sum W_{小闸}}{\sum B_{小闸}\sum W_{大闸}} \quad (4-4)$$

式中：$W_{大闸}$、$W_{小闸}$ 分别是大闸与小闸的引排水量，万 m³；$B_{大闸}$、$B_{小闸}$ 分别是大闸与小闸的净闸宽，m。

4.3.4 连实测流量过程线法

连实测流量过程线法是一种水文数据处理方法，主要用于在特定条件下推求流量。该方法用实测流量点绘制以流量为纵坐标、以时间为横坐标的流量过程线。通过这条流量过程线，可以在上面查读任意时刻的流量值。这种方法适用于流量测次较多、流量测验精度较高，基本上能控制流量的变化过程，同时水位流量关系较复杂，难以采用水位流量关系定线推流的测站。对于水位起伏变化大，而流量变化平缓的站更适宜采用。对于受其他因素影响的一潮引排水量（如"通闸引水""通闸排水"）或沿江口门泵站翻引、排江的水量（如"泵站翻引""泵站翻排"），尤为适用。

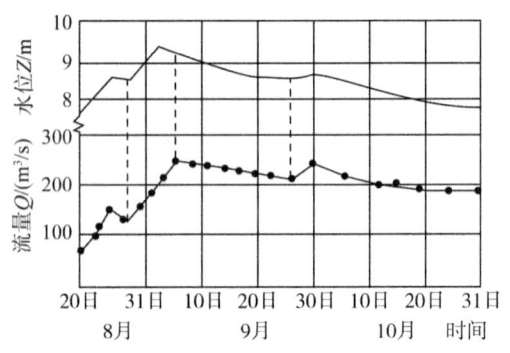

图 4.3-1　连实测流量过程线法

定线推流方法如下：

一、绘制水位过程线，并在统一图上依时序点入实测流量点。

二、比较水位过程线与实测流量点的趋势，发现突出点和峰谷缺乏测次时，应进行分析并插补出相应的峰谷点。

三、根据突出点分析和峰谷插补结果，通过各实测点并参考水位趋势，连成过程线。

四、直接在过程线上查读逐时流量。

使用本方法的注意点：①注意绘制流量过程线时，应参照水位过程线，从中可以发现突出点并插补出峰、谷点;②对峰、谷点,特别是月年极值点进行插补时,应充分考虑测站特性,结合洪水特点,必要时还应点绘出缺测部分的局部水位流量、水位面积关系曲线,进行分析;③对由于插补而整编出的极值,还应结合上下游进行合理性对照分析,以减少插补点导致的整编成果的任意性。

连实测流量过程线法广泛应用于水文测站的数据处理中,特别是在受多种因素影响导致水位流量关系紊乱的测站。通过该方法推求的流量结果,可以为水资源的合理开发利用、防洪抗旱、生态环境保护等提供重要依据。

5 引排水量情势

5.1 太湖流域引排水量分析

随着 2001 年开始调水和改善水环境的"引江济太"方案实施,太湖流域从长江引排水量发生了实质性的变化。从过去的排水为主,转变为引排并重,形成了"以动治静、以清释污、以丰补枯、改善水质"新格局;2013 年太湖警戒水位的调整,太湖流域的防洪及水资源调度方案也随之进行了调整,太湖从长江的引排水量也发生了极大变化。本章按"引江济太"2002 年开始、太湖警戒水位 2014 年调整两个时间节点,分析 1956—2001 年、2002—2013 年以及 2014—2023 年 3 个时段的水量年际 1 年内变化趋势。

5.1.1 引水量

一、年际变化

(一)多年平均引水总量

江苏省太湖流域 1956—2023 年多年平均引水总量为 50.94 亿 m^3;2002 年"引江济太"前,1956—2001 年多年平均引水总量为 37.37 亿 m^3;太湖警戒水位为 3.5 m 的情况下,2002—2013 年多年平均引水总量为 69.69 亿 m^3,年引水总量较 1956—2001 年大幅增加 32.32 亿 m^3(87%);2014 年太湖警戒水位为 3.8 m 后,2014—2023 年间多年平均引水总量为 90.84 亿 m^3,较 1956—2001 年增加 53.47 亿 m^3(143%),较 2002—2013 年增加 21.15 亿 m^3(30%)。显然,近年来年引水总量是在逐年增长。

(二)最大、最小年引水总量

江苏省太湖流域 1956—2023 年间最大年引水总量为 139.8 亿 m^3(2022 年),最小年引水总量为 13.92 亿 m^3(1987 年),年平均引水总量年际差异较大,最大年引水总量约为多年平均引水总量的 2.74 倍,最小年引水总量约为多年平均引水总量的27%；2002年"引江济太"前,1956—2001年间最大年引水总量为93.38亿 m^3（1978年）,最小年引水总量为51.22亿 m^3（2009年）；太湖警戒水位为3.5 m的情况下,2002—2013年间最大年引水总量为84.4亿 m^3（2007年）,最小年引水总量为51.22亿 m^3（2009年）；2014年太湖警戒水位调整至3.8 m后,2014—2023年间最大年引水总量为139.8亿 m^3（2022年）,最小年引水总量为53.48亿 m^3（2016年）。

根据各时段的最大年引水总量分析其原因,基本与气候干旱或水污染事件相关。其中,1978年为太湖流域的特枯年,年引水总量为93.38亿 m^3,是1956—2001年多年平均年引水总量37.37亿 m^3的2.5倍。全年降水量少,流域平均年降水量仅680 mm,为多年平均降水量的56%,其中4—10月降水量为447.1 mm,保证率高达99%以上,比大旱的1934年的604 mm还少156.9 mm。该年春汛小,无梅雨,高温持续时间长,春夏秋连旱。长期无雨造成河湖水位急剧下降,部分溪河断流,山区大量山塘、水库干涸。全年太湖最高水位仅2.92 m,最低水位仅2.37 m,均创历史最低纪录。

2007年4月下旬至5月下旬,因入湖梅梁湖湾、贡湖湾内蓝藻大规模暴发,直接影响无锡市城市饮用水源安全,严重影响了供水质量。为保障流域供水安全,太湖局会同流域各省水利部门实施了引江济太应急调水。应急调水分为5月6日至7月4日和7月18日至9月18日两个阶段。5月6日,启动常熟水利枢纽泵站全力引水,从7台机组运行逐步增加至9台机组运行,引水流量最大为40 m^3/s,望亭水利枢纽引水流量达200 m^3/s,同时适当减少太浦闸供水流量。至6月4日后,贡湖水厂水源地水质全面改善,并保持稳定。7月3日,太湖流域北部和下游部分地区普降大到暴雨,局部大暴雨,为防旱涝急转,确保防洪安全,7月4日起,常熟水利枢纽泵站暂停运行,并转为适时排水,望亭水利枢纽停引水入湖。7月18日起,太湖局继续组织实施第二阶段引江济太应急调水。受13号台风"韦帕"影响,9月18日,结束第二阶段引江济太应急调水,全年引水总量为84.4亿 m^3,是2002—2013年多年平均引水总量69.69亿 m^3的1.21倍。

2022年,太湖流域片天气形势异常,太湖流域发生夏秋连旱,并遭遇多个台风强降雨袭击,东南诸河区旱涝并重。全年引水总量139.8亿 m^3,是2014—2023年多年平均引水总量90.84亿 m^3的1.54倍。

（二）引水MK趋势分析

本次趋势分析采用Manner-Kendall（M-K）非参数检验法,该方法常用于分析降水、径流、气温等时间序列要素的趋势变化,优点在于样本无需遵循某一特定分布,并且很少受异常值干扰,计算简便。

假设有 n 个样本量 $(x_1,\cdots,x_n)$ 的时间序列，对于所有 $k,j \leqslant n$，且 $k \neq j$，x_k 和 x_j 的分布是不同的，计算检验统计量 S，公式如下：

$$S = \sum_{k=1}^{n-1}\sum_{j=k+1}^{n}\text{Sgn}(x_j - x_k) \tag{5-1}$$

其中 $\text{Sgn}(x_j - x_k) = \begin{cases} +1 & (x_j - x_k) > 0 \\ 0 & (x_j - x_k) = 0 \\ -1 & (x_j - x_k) < 0 \end{cases}$

S 为正态分布，均值为 0，方差 $Var(S) = n(n-1)(2n+5)/18$。当 $n > 10$ 时，标准的正态统计变量通过下式计算：

$$Z = \begin{cases} \dfrac{S-1}{\sqrt{Var(S)}} & S > 0 \\ 0 & S = 0 \\ \dfrac{S+1}{\sqrt{Var(S)}} & S < 0 \end{cases} \tag{5-2}$$

对于统计值 Z 来说，Z 大于 0 时，是增加趋势；Z 小于 0 时，则是减少趋势。Z 的绝对值在大于 1.64、1.96、2.58 时，分别表示通过了置信度 90%、95% 和 99% 的显著性检验。

采用 Manner-Kendall(M-K) 非参数检验法（以下简称 MK 趋势检验）对江苏省太湖流域引水总量年际变化进行趋势分析。对太湖流域历年引水总量进行分时段统计分析，参数如表 5.1-1 所示。

表 5.1-1　历年引水总量 MK 参数表

特征值	引水总量			
	1956—2023	1956—2001	2002—2013	2014—2023
最大值(亿 m³)	139.8	93.38	84.4	139.8
最小值(亿 m³)	13.92	13.92	51.22	53.48
均值(亿 m³)	50.94	37.37	69.69	90.84
极值比	10.04	6.71	1.65	2.61
C_v	51.29	39.41	13.57	28.63
MK 值	4.97	−0.78	−0.48	2.68
95% 置信度 MK 值	>1.96			>1.96
99% 置信度 MK 值	>2.58			>2.58

由表 5.1-1 MK 趋势检验可知,1956—2023 年年引水总量在 99% 的置信水平上显著上升,其中 2014 年以后年引水总量在 99% 的置信水平上显著上升。

1956—2023 年年均引水总量变化趋势如图 5.1-1 所示。由图 5.1-1 可知,1978 年之后年引水总量有所下降,但总体是波动上升趋势。

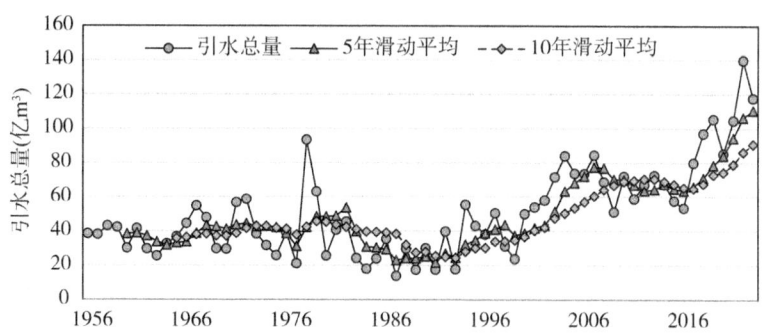

图 5.1-1　江苏省太湖流域 1956—2023 年年均引水总量变化趋势图

(四) 引水 MK 突变点分析

Manner-Kendall 突变检验是检验时间序列突变最有效的方法之一,该检验可以明确突变的开始时间。对江苏省太湖流域年引水总量进行统计分析,如图 5.1-2。由图 5.1-2 可以得到,MK 突变点为 2013 年,同时也可以看出,趋势线基本在置信区间外,也能看出年引水总量总体上是呈波动上升趋势。

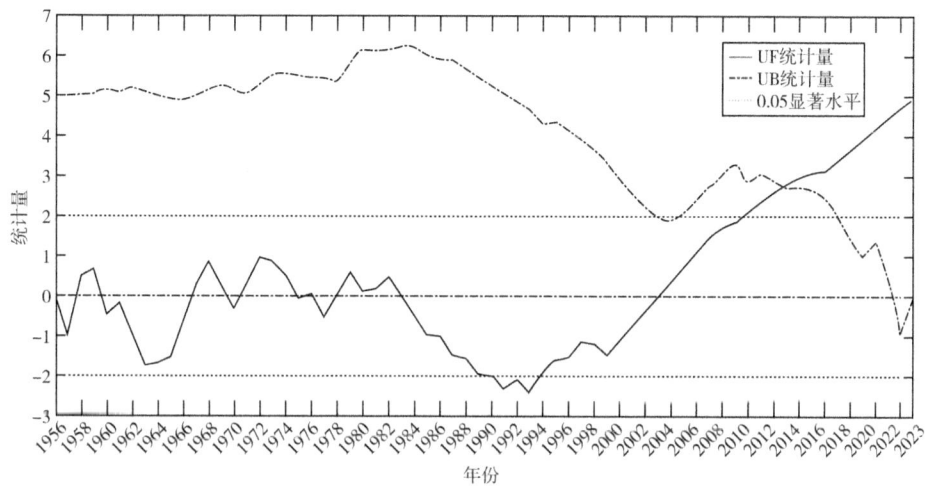

图 5.1-2　江苏省太湖流域 1956—2023 年年引水总量 MK 图

二、年内引水变化

对 1956—2023 年、1956—2001 年、2002—2013 年以及 2014—2023 年间的各月引水量进行算术平均,见图 5.1-3。由图可知,1956—2023 年间汛期引水较多,其中 8 月(1.470 亿 m^3)、9 月(1.357 亿 m^3)和 6 月(1.321 亿 m^3)引水最多;2 月(0.744 0 亿 m^3)、3 月(0.812 5 亿 m^3)和 4 月(0.827 5 亿 m^3)引水最少。

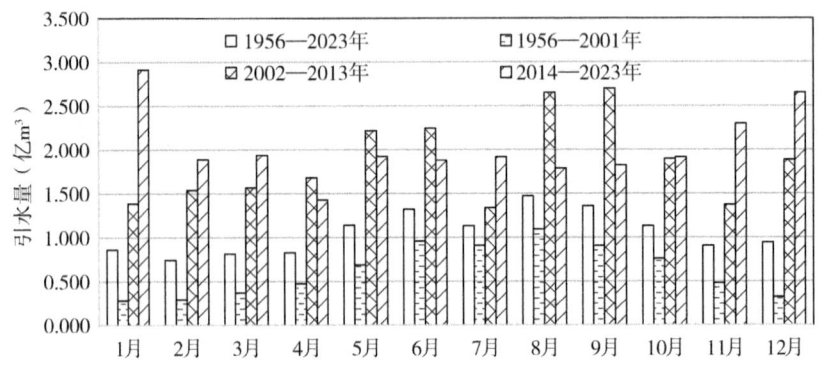

图 5.1-3　各时段多年平均月引水量柱状图

1956—2001 年多年平均引水量主要是汛期较多,其中 8 月(1.094 亿 m^3)、6 月(0.957 7 亿 m^3)和 7 月(0.907 9 亿 m^3)引水最多;1 月(0.280 8 亿 m^3)、2 月(0.288 5 亿 m^3)和 12 月(0.324 0 亿 m^3)引水最少。

2002—2013 年多年平均引水量也是汛期较多,其中 9 月(2.698 亿 m^3)、8 月(2.650 亿 m^3)和 6 月(2.246 亿 m^3)引水最多;7 月(1.337 亿 m^3)、11 月(1.371 亿 m^3)和 1 月(1.386 亿 m^3)引水最少。

2014—2023 年的各月引水变化与其他三个时间段不同,其引水主要多分布于非汛期,其中 1 月(2.914 亿 m^3)、12 月(2.650 亿 m^3)和 11 月(2.300 亿 m^3)最多;4 月(1.426 亿 m^3)、8 月(1.786 亿 m^3)和 9 月(1.821 亿 m^3)引水最少;其他各月差异不大。

对 2002 年、2013 年、2016 年以及 2020 年四个典型年的各月引水量进行分析,见图 5.1-4,由图可知:2002 年为启动"引江济太"试验探索首年,引水最多的月份是 10 月,引水量为 2.598 亿 m^3,占全年的 25%;引水最少的月份是 12 月,引水总量为 0.554 3 亿 m^3,仅占全年的 3%。

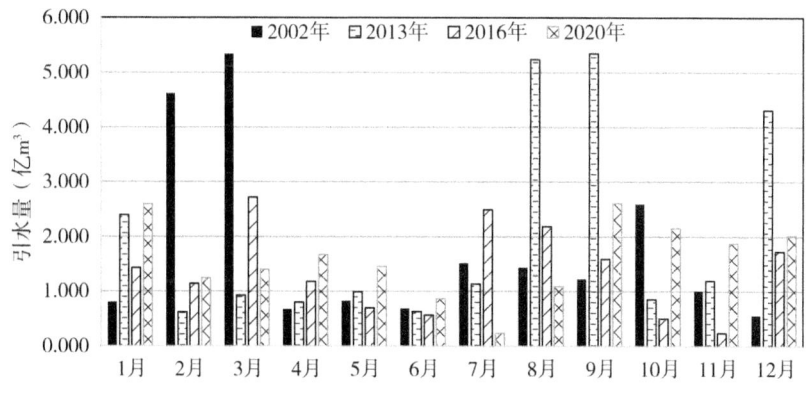

图 5.1-4 各典型年月引水量柱状图

2013年为MK分析法突变年,2013年7月8日太湖流域出梅后,由于出现持续晴热天气,加上高温少雨,造成严重的干旱灾害,太湖和河网水位急速下降,浙江、上海等地发生了较为严重的干旱缺水,太湖梅梁湖和贡湖湾蓝藻暴发,流域主要水源地和河网水质持续恶化,针对这些紧急情况,太湖局综合考虑流域防洪安全、供水安全,进行风险决策,及时实施了流域水资源应急调度,通过望虞河大流量引长江水入太湖,有效地抑制了太湖湖区蓝藻繁衍暴发,保障了流域用水安全。2013年全年共引水72.59亿 m^3,其中汛期(5—9月)引水43.15亿 m^3,占年引水总量的59.4%,特别是出梅后的7—9月,引水33.95亿 m^3,占年引水总量的46.8%,占汛期引水总量的78.7%。

2013年引水最多的月份是9月(5.347亿 m^3),占全年的22%;其次是8月(5.240亿 m^3)和12月(4.310亿 m^3)。引水最少的是2月(0.6169亿 m^3),仅占全年的3%;其次是6月(0.6281亿 m^3)和4月(0.7972亿 m^3)。

2016年太湖流域发生超标洪水,全流域各时段降水量均未超历史实测最大值,但均位于历史前列。引水最多的是3月(2.719亿 m^3),占全年的17%;其次是7月(2.494亿 m^3)和8月(2.188亿 m^3)。引水最少的是11月(0.2390亿 m^3),仅占全年的1%;其次是10月(0.5014亿 m^3)和6月(0.5676亿 m^3)。

2020年太湖流域发生大洪水,全流域最大30~90日时段降水量位列历史前5位。引水最多的是9月(2.612亿 m^3),占全年的14%;其次是1月(2.5940亿 m^3)和10月(2.154亿 m^3)。引水最少的是7月(0.2349亿 m^3),仅占全年的1%;其次是6月(0.8650亿 m^3)和8月(1.089亿 m^3)。

5.1.2 排水量

一、年际变化

（一）多年平均年排水总量

江苏省太湖流域1956—2023年多年平均年排水总量为49.28亿 m^3；2002年"引江济太"前，1956—2001年多年平均年排水总量为46.10亿 m^3；太湖警戒水位在3.5 m的情况下，2002—2013年多年平均年排水总量为36.03亿 m^3，较1956—2001年减少10.07亿 m^3；太湖警戒水位调整至3.8 m后，2014—2023年多年平均年排水总量为79.83亿 m^3，较1956—2001年增加33.73亿 m^3，较2002—2013年增加43.8亿 m^3。显然，近年来年排水总量也是在逐年增长的。

（二）最大、最小年排水总量

江苏省太湖流域1956—2023年间最大年排水总量为160.3亿 m^3（2016年），最小年排水总量为10.49亿 m^3（1968年），年排水总量年际差异较大，最大年排水总量约为年平均排水总量的3.25倍，最小年排水总量约为年平均排水总量的21.3%；2002年"引江济太"前，1956—2001年间最大年排水总量为106.5亿 m^3（1999年），最小年排水总量为10.49亿 m^3（1968年）；太湖警戒水位为3.5 m的情况下，2002—2013年间最大年排水总量为56.86亿 m^3（2002年），最小年排水总量为21.34亿 m^3（2004年）；2014年太湖警戒水位调整至3.8 m后，2014—2023年间最大年排水总量为160.3亿 m^3（2016年），最小年排水总量为48.57亿 m^3（2018年）。

对各时段年排水总量最大、最小年份进行分析，发生最大年排水总量的年份基本上与梅雨期太湖流域大洪水相关，发生最小年排水总量的年份基本上是汛期降水量较多或全年降水量较少的年份。发生大洪水的年份，年排水总量均超百亿。其中：

1991年梅雨型洪水，年排水总量为100.1亿 m^3，是1956—2001年年平均排水总量46.10亿 m^3 的2.17倍。

1999年梅雨型洪水是有历史记录以来最大的梅雨型洪水，暴雨集中，总量大，强度大，暴雨中心分布在太湖区、浙西区，年排水总量为106.5亿 m^3，是1956—2001年多年平均年排水总量46.10亿 m^3 的2.31倍。

2016年大洪水，年排水总量为160.3亿 m^3，是2014—2023年多年平均年排水总量（79.83亿 m^3）的2.01倍。

2020年大洪水，年排水总量为103.2亿 m^3，是2014—2023年多年平均年排水总量(79.83 亿 m³)的 1.29 倍。

1968 年太湖流域年降水量仅为 865.8 mm，仅为多年平均降水量 1 138.9 mm 的 76%，年排水总量为 10.49 亿 m³，仅占 1956—2001 年多年平均年排水总量(46.10 亿 m³)的 22.8%。

2004 年太湖流域年降水量仅为 1 039.7 mm，属于偏枯年份，年排水总量为 21.34 亿 m³，占 2002—2013 年多年平均排水总量(36.03 亿 m³)的 59.2%。

2018 年太湖流域年降水量为 1 223.9 mm，汛期(5—9 月)降水量为 749.9 mm，占全年降水量的 62.3%，汛期降水较多，因此当年年排水总量为 48.57 亿 m³，占 2014—2023 年多年平均年排水总量(79.83 亿 m³)的 60.8%。

（三）排水 MK 趋势分析

采用 Manner-Kendall(M-K)非参数检验法（以下简称 MK 趋势检验）对江苏省太湖流域排水总量年际变化进行趋势分析。对江苏省太湖流域历年排水总量进行分阶段统计分析，参数如表 5.1-2 所示。

表 5.1-2 历年排水总量 MK 参数表

特征值	排水总量			
	1956—2023	1956—2001	2002—2013	2014—2023
最大值(亿 m³)	160.3	106.5	56.86	160.3
最小值(亿 m³)	10.49	10.49	21.34	48.57
均值(亿 m³)	49.28	46.10	36.03	79.83
极值比	15.28	10.15	2.66	3.3
C_v	53.27	49.14	30.19	40.28
MK 值	1.73	0.36	1.03	0
90%置信度 MK 值	≥1.64			
95%置信度 MK 值	<1.96			

由表 5.1-2 可知，1956—2023 年年排水总量在 90% 的置信水平上显著上升，1956—2001 年、2002—2013 年和 2014—2023 年年排水总量没有显著上升趋势，且 2014—2023 年年排水总量 MK 值为 0，说明此时间段内年排水总量趋势基本不变。

1956—2023 年年均排水总量变化趋势如图所示。由图 5.1-5 可知，总体几乎置于置信区间内，表明变化趋势不明显。

图 5.1-5　1956—2023 年年均排水总量 MK 图

二、年内变化

对 1956—2023 年、1956—2001 年、2002—2013 年以及 2014—2023 年间各月排水量进行算术平均,见图 5.1-6。由图可知,1956—2023 年间汛期排水较多,其中 8 月(1.470 亿 m³)、9 月(1.357 亿 m³)和 6 月(1.321 亿 m³)排水最多;2 月(0.744 0 亿 m³)、3 月(0.812 5 亿 m³)和 1 月(0.395 7 亿 m³)排水最少。

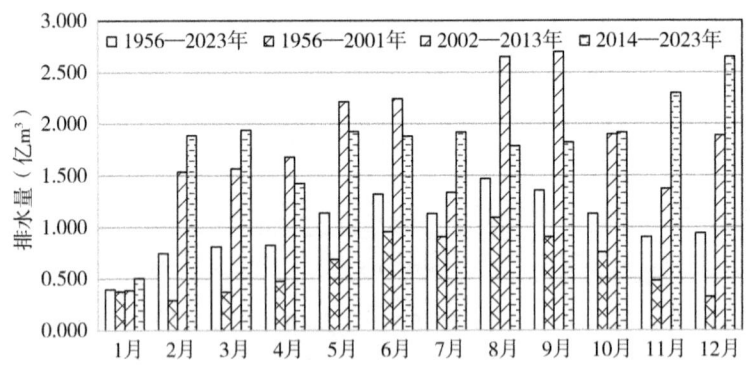

图 5.1-6　各时段多年平均月排水量柱状图

1956—2001 年间汛期排水较多,其中 8 月(1.094 亿 m³)、6 月(0.957 7 亿 m³)和 7 月(0.907 9 亿 m³)排水最多;2 月(0.288 5 亿 m³)、12 月(0.324 0 亿 m³)和 3 月(0.370 7 亿 m³)排水最少。

2002—2013年间汛期排水较多,其中9月(2.697亿 m^3)、8月(2.650亿 m^3)和6月(2.246亿 m^3)排水最多;1月(0.385 4亿 m^3)、7月(1.337亿 m^3)和11月(1.371亿 m^3)排水最少。

2014—2023年间排水多分布于非汛期,其中12月(2.650亿 m^3)、11月(2.300亿 m^3)和3月(1.939亿 m^3)最多;1月(0.502 6亿 m^3)、4月(1.426亿 m^3)和8月(1.786亿 m^3)排水最少;其他各月差异不大。

对2002年、2016年以及2020年三个典型年的各月排水量进行分析,见图5.1-7。由图可知:

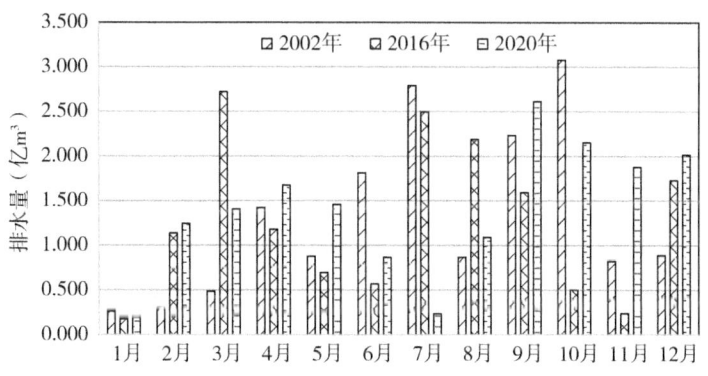

图5.1-7 各典型年月排水量柱状图

2002年"引江济太"首年,排水量最多的是10月(3.075亿 m^3),占全年的19%,其次是7月(2.789亿 m^3)和9月(2.234亿 m^3);排水最少的是1月(0.2613亿 m^3),仅占全年的2%;其次是2月(0.304 5亿 m^3)和3月(0.484 9亿 m^3)。

2016年太湖流域发生超标洪水,排水量最多的是3月(2.719亿 m^3),占全年的18%;其次是7月(2.494亿 m^3)和8月(2.188亿 m^3)。排水最少的月份是1月(0.175 9亿 m^3),仅占全年的1%;其次是11月(0.239 0亿 m^3)和10月(0.501 4亿 m^3)。

2020年太湖流域发生大洪水,排水最多的月份是9月(2.612亿 m^3),占全年的16%;其次是10月(2.154亿 m^3)和12月(2.017亿 m^3)。排水最少的月份是1月(0.192 5亿 m^3),仅占全年的1%;其次是7月(0.234 9亿 m^3)和6月(0.865 0亿 m^3)。

5.1.3 综合分析

太湖流域沿江口门在2001年以前总体上是年引水总量少于年排水总量,

从 2002 年开始基本上年引水总量大于年排水总量。

2002 年"引江济太"前，在 1956—2001 年的 46 年间，年平均引水总量为 37.37 亿 m³，年平均排水总量为 46.10 亿 m³，除干旱年份年引水总量较大外，如 1978 年年引水总量为 93.38 亿 m³，是 1956—2001 年多年平均引水总量 (37.37 亿 m³)的 2.5 倍，其余年份年引水总量绝大部分在 60 亿 m³ 以下。在 1956—2001 年的 46 年中，有 19 年的年引水总量大于年排水总量。

2002—2013 年的 12 年间，太湖警戒水位为 3.5 m 的情况下，年平均引水总量为 69.69 亿 m³，年平均引水总量较 1956—2001 年年平均引水总量大幅增加 32.32 亿 m³，年平均排水总量为 36.03 亿 m³，年平均排水总量较 1956—2001 年年平均排水总量减少 10.07 亿 m³，同时 2002—2013 年这 12 年，年引水总量均大于年排水总量，引排水总量差最大为 62.62 亿 m³(2004 年)。

2014 年太湖警戒水位调整至 3.8 m 后，截至 2023 年，年平均引水总量为 90.84 亿 m³，较 1956—2001 年年平均引水总量增加 53.47 亿 m³，较 2002—2013 年年平均引水总量增加 21.15 亿 m³；年平均排水总量为 79.83 亿 m³，较 1956—2001 年年平均排水总量增加 33.73 亿 m³，较 2002—2013 年年平均排水总量增加 43.8 亿 m³，10 年间年引水总量除 2015 年、2016 年 2020 年 3 年小于年排水总量外，其余 7 年均为年引水总量大于年排水总量，其中引排水总量差最大为 106.8 亿 m³(2016 年)。

由以上分析可知，1956—2001 年的 46 年中，太湖流域苏南沿江口门历年排水总量大于引水总量占多数年份，以排水居多，最大年排水量出现在太湖流域发生大洪水的 1991 年、1999 年，年排水总量分别达到了 81.26 亿 m³、106.5 亿 m³；2002—2013 年"引江济太"的 12 年间，历年均以引水为主，2002—2007 年年引水总量呈波动上升趋势，最大年引江水量为 84.84 亿 m³，出现在 2007 年太湖蓝藻污染事件后，2008—2013 年年引水总量呈显著上升趋势；2014—2023 年的 10 年间，年引水总量最大为 2022 年(干旱年份)的 139.8 亿 m³，年排水总量最大为 2016 年(发生太湖流域特大洪水)的 160.3 亿 m³。可见太湖流域苏南沿江口门历年引排水量同流域降水量多寡及区域水资源调度密切相关。

5.2 行政区引排水量分析

5.2.1 引水量

各行政区 1956—2001 年、2002—2013 年、2014—2023 年多年平均引水量

统计见表 5.2-1。

表 5.2-1　各行政区各系列多年平均引水量统计表

系列	项目	镇江	常州	无锡	苏州
1956—2001 年	平均（亿 m³）	4.824	12.48	0.517 1	19.55
	占比（%）	12.9	33.4	1.4	52.3
	最大（亿 m³）	13.49	21.89	2.991	63.29
	年份	1979	1998	1971	1978
	最小（亿 m³）	0	2.736	0.002 1	1.879
	年份	1962	1957	1960	1991
2002—2013 年	平均（亿 m³）	8.352	16.38	10.03	34.94
	占比（%）	12.0	23.5	14.4	50.1
	最大（亿 m³）	12.65	22.46	17.75	43.96
	年份	2005	2010	2007	2007
	最小（亿 m³）	3.991	9.931	0.024 2	25.44
	年份	2009	2011	2002	2005
2014—2023 年	平均（亿 m³）	19.52	11.08	20.45	39.78
	占比（%）	21.5	12.2	22.5	43.8
	最大（亿 m³）	39.61	15.30	27.66	65.05
	年份	2022	2014	2023	2022
	最小（亿 m³）	6.026	7.552	15.28	16.51
	年份	2014	2023	2017	2016

1956—2001 年，江苏省太湖流域沿江口门多年平均引江水总量为 37.37 亿 m³。其中，镇江市年平均引江水量为 4.824 亿 m³，占比为 12.9%，最大年引江水量为 13.49 亿 m³（1979 年），最小年引江水量为 0（1962 年）。常州市年平均引江水量为 12.48 亿 m³，占比为 33.4%，最大年引江水量为 21.89 亿 m³（1998 年），最小年引江水量为 2.736 亿 m³（1957 年）。无锡市年平均引江水量为 0.517 1 亿 m³，占比为 1.4%，最大年引江水量为 2.991 亿 m³（1971 年），最小年引江水量为 0.0021 亿 m³（1960 年）。苏州市年平均引江水量为 19.55 亿 m³，占比为 52.3%，最大年引江水量为 63.29 亿 m³（1978 年），最小年引江水量为 1.879 亿 m³（1991 年）。

1956—2001 年，长江苏南段沿江口门汛期（5—9 月）平均引江水总量为 24.19 亿 m³，占多年平均引江水量的 64.7%。其中，镇江市汛期多年平均引江水量为 3.713 亿 m³，占其多年平均引江水量的 9.9%。常州市汛期多年平均引江水量为7.628亿 m^3,占其多年平均引江水量的20.4%。无锡市汛期多年平均引江水量为0.4135亿 m^3,占其多年平均引江水量的1.1%。苏州市汛期多年平均引江水量为12.44亿 m^3,占其多年平均引江水量的33.3%。

1956—2001年,长江苏南段各市沿江口门多年平均引水总量详见表5.2-2,全年及汛期多年平均引水总量占比见图5.2-1～5.2-2。

表5.2-2　1956—2001年各市沿江口门平均引江水量统计表　　单位:亿 m^3

月份	行政分区				
	镇江市	常州市	无锡市	苏州市	合计
1月	0.0621	0.3182	0.0075	0.8367	1.224
2月	0.0640	0.3217	0.0073	0.781	1.174
3月	0.1110	0.5251	0.0068	0.9421	1.585
4月	0.1945	0.8429	0.0121	1.042	2.092
5月	0.4504	1.418	0.0442	1.702	3.615
6月	0.8791	1.612	0.1212	3.099	5.711
7月	0.8064	1.256	0.0609	2.132	4.255
8月	0.9249	1.765	0.1244	3.518	6.332
9月	0.6518	1.577	0.0630	1.985	4.277
10月	0.3519	1.457	0.0256	1.419	3.254
11月	0.2131	0.9326	0.0255	1.158	2.329
12月	0.1151	0.4589	0.0187	0.9325	1.525
全年	4.824	12.48	0.517	19.55	37.37

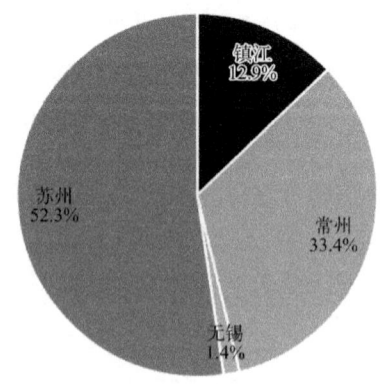

图5.2-1　1956—2001年各市年平均引江水量组成图

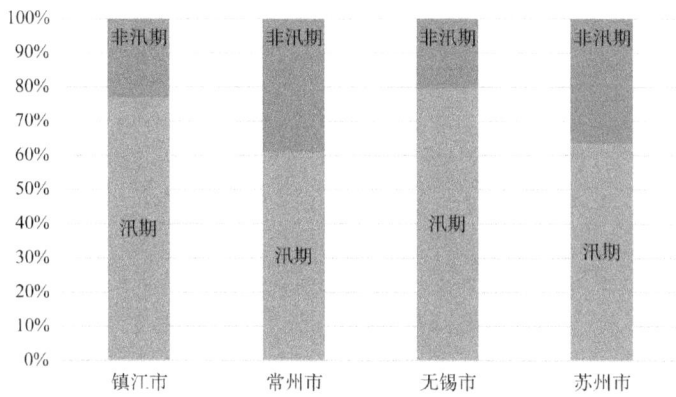

图 5.2-2　1956—2001 年各市汛期年平均引江水量组成图

2002—2013 年,长江苏南段沿江口门年平均引江水总量为 69.69 亿 m^3。其中,镇江市年平均引江水量为 8.352 亿 m^3,占比为 12.0%,最大年引江水量为 12.65 亿 m^3(2005 年),最小年引江水量为 3.991 亿 m^3(2009 年)。常州市年平均引江水量为 16.38 亿 m^3,占比为 23.5%,最大年引江水量为 22.46 亿 m^3(2010 年),最小年引江水量为 9.931 亿 m^3(2011 年)。无锡市年平均引江水量为 10.03 亿 m^3,占比为 14.4%,最大年引江水量为 17.75 亿 m^3(2007 年),最小年引江水量为 0.0242 亿 m^3(2002 年)。苏州市年平均引江水量为 34.94 亿 m^3,占比为 50.1%,最大年引江水量为 43.96 亿 m^3(2007 年),最小年引江水量为 25.44 亿 m^3(2005 年)。

2002—2013 年,长江苏南段沿江口门汛期(5—9 月)平均引江水总量为 39.15 亿 m^3,占多年平均引江水量的 56.2%。其中,镇江市汛期多年平均引江水量为 6.690 亿 m^3,占其多年平均引江水量的 9.6%。常州市汛期多年平均引江水量为 11.08 亿 m^3,占其多年平均引江水量的 15.9%。无锡市汛期多年平均引江水量为 5.037 亿 m^3,占其多年平均引江水量的 7.2%。苏州市汛期多年平均引江水量为 16.34 亿 m^3,占其多年平均引江水量的 23.5%。

2002—2013 年,长江苏南段各市沿江口门多年平均引水总量详见表 5.2-3,全年及汛期多年平均引水总量占比见图 5.2-3~5.2-4。

表 5.2-3　2002—2013 年各市沿江口门平均引江水量统计表　　单位:亿 m^3

月份	行政分区				
	镇江市	常州市	无锡市	苏州市	合计
1月	0.0931	0.3664	0.4465	2.343	3.249

续表

月份	行政分区				
	镇江市	常州市	无锡市	苏州市	合计
2月	0.0614	0.4157	0.4101	2.273	3.160
3月	0.1275	0.6762	0.7153	2.489	4.008
4月	0.2464	0.9263	0.896	2.683	4.752
5月	0.6269	1.879	1.285	3.243	7.034
6月	1.697	2.066	1.251	2.983	7.997
7月	1.300	2.037	0.5282	1.709	5.574
8月	1.653	2.416	0.8413	4.585	9.495
9月	1.412	2.679	1.131	3.822	9.044
10月	0.7262	1.573	1.031	3.327	6.657
11月	0.2586	0.8653	0.8670	2.533	4.524
12月	0.1495	0.4755	0.6258	2.948	4.199
全年	8.352	16.375	10.028	34.938	69.69

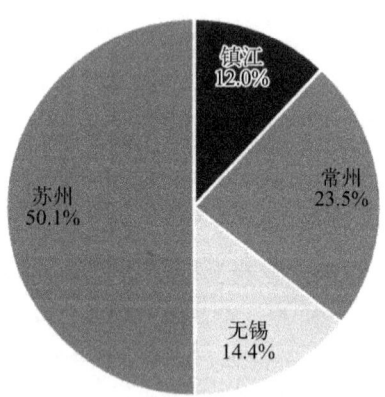

图 5.2-3 2002—2013 年各市年平均引江水量组成图

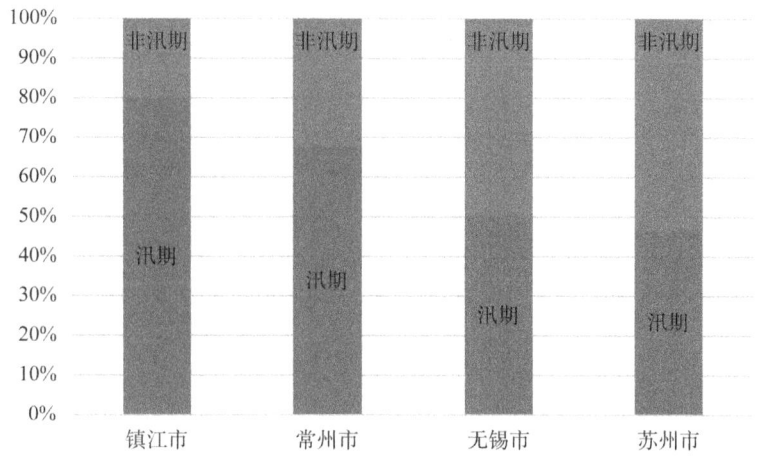

图 5.2-4　2002—2013 年各市汛期年平均引江水量组成图

2014—2023 年，长江苏南段沿江口门年平均引江水总量为 90.84 亿 m^3。其中，镇江市年平均引江水量为 19.52 亿 m^3，占比为 21.5%，最大年引江水量为 39.61 亿 m^3（2022 年），最小年引江水量为 6.026 亿 m^3（2014 年）。常州市年平均引江水量为 11.08 亿 m^3，占比为 12.2%，最大年引江水量为 15.30 亿 m^3（2014 年），最小年引江水量为 7.552 亿 m^3（2023 年）。无锡市年平均引江水量为 20.45 亿 m^3，占比为 22.5%，最大年引江水量为 27.66 亿 m^3（2023 年），最小年引江水量为 15.28 亿 m^3（2017 年）。苏州市年平均引江水量为 39.78 亿 m^3，占比为 43.8%，最大年引江水量为 65.05 亿 m^3（2022 年），最小年引江水量为 16.51 亿 m^3（2016 年）。

2014—2023 年，沿江口门汛期（5—9 月）平均引江水总量为 38.09 亿 m^3，占多年平均引江水量的 41.9%。其中，镇江市汛期多年平均引江水量为 11.31 亿 m^3，占其多年平均引江水量的 12.5%。常州市汛期多年平均引江水量为 5.390 亿 m^3，占其多年平均引江水量的 5.9%。无锡市汛期多年平均引江水量为 6.674 亿 m^3，占其多年平均引江水量的 7.3%。苏州市汛期多年平均引江水量为 14.71 亿 m^3，占其多年平均引江水量的 16.2%。

2014—2023 年，长江苏南段各市沿江口门多年平均引水总量详见表 5.2-4，全年及汛期多年平均引水总量占比见图 5.2-5～5.2-6。

表 5.2-4　2014—2023 年各市沿江口门平均引江水量统计表　　单位：亿 m³

月份	行政分区				
	镇江市	常州市	无锡市	苏州市	合计
1月	0.7036	0.4937	1.683	4.644	7.524
2月	0.6997	0.4718	1.558	3.273	6.003
3月	1.080	0.7837	2.103	3.364	7.331
4月	1.331	0.9829	1.894	2.264	6.472
5月	1.817	1.460	1.901	3.619	8.797
6月	2.467	0.9569	1.169	1.972	6.565
7月	2.321	0.5061	0.7058	2.358	5.891
8月	2.319	1.208	1.257	3.557	8.341
9月	2.389	1.259	1.641	3.208	8.497
10月	2.002	1.282	2.117	3.416	8.817
11月	1.267	1.074	2.199	3.909	8.449
12月	1.123	0.6032	2.224	4.198	8.148
全年	19.52	11.08	20.45	39.78	90.84

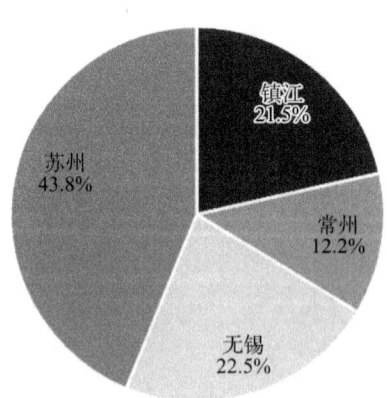

图 5.2-5　2014—2023 年各市年平均引江水量组成图

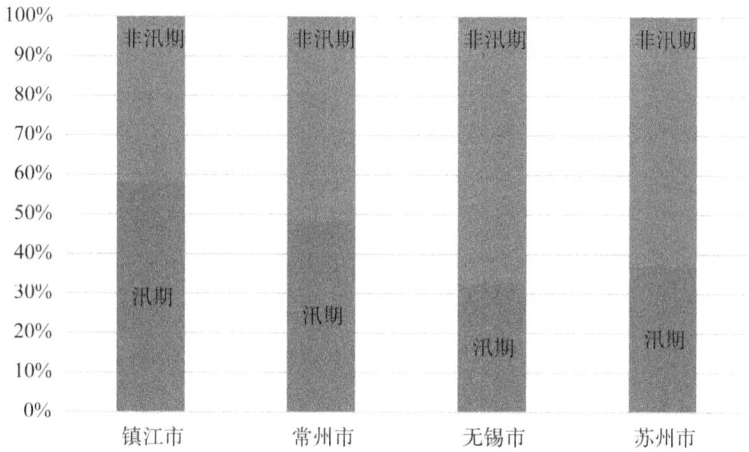

图 5.2-6　2014—2023 年各市汛期年平均引江水量组成图

5.2.2　排水量

各行政区 1956—2001 年、2002—2013 年、2014—2023 年多年平均排水量统计见表 5.2-5。

表 5.2-5　各行政区各系列多年平均排水量统计表

系列	项目	镇江	常州	无锡	苏州
1956—2001	平均(亿 m³)	1.300	1.435	0.612 6	42.76
	占比(%)	2.8	3.1	1.3	92.7
	最大(亿 m³)	9.026	6.635	2.110	101.0
	年份	1991	1991	1991	1999
	最小(亿 m³)	0	0	0.011 8	10.35
	年份	1960	1968	1997	1968
2002—2013	平均(亿 m³)	1.713	2.076	4.567	27.68
	占比(%)	4.8	5.8	12.7	76.8
	最大(亿 m³)	4.624	3.746	14.04	52.80
	年份	2011	2003	2011	2002
	最小(亿 m³)	0.396 4	0.828 3	0.146 6	16.63
	年份	2013	2013	2003	2006

续表

系列	项目	镇江	常州	无锡	苏州
2014—2023	平均(亿 m³)	2.048	3.103	15.04	59.64
	占比(%)	2.6	3.9	18.8	74.7
	最大(亿 m³)	5.986	9.207	35.77	109.4
	年份	2016	2016	2016	2016
	最小(亿 m³)	0.0116	0.2365	4.108	38.25
	年份	2022	2022	2018	2022

由表5.2-5可知,1956—2001年,长江苏南段沿江口门年平均排江水总量为46.10亿 m³。其中,镇江市年平均排江水量为1.300亿 m³,占比为2.8%,最大年排江水量为9.026亿 m³(1991年),最小年排江水量为0(1960年)。常州市年平均排江水量为1.435亿 m³,占比为3.1%,最大年排江水量为6.635亿 m³(1991年),最小年排江水量为0(1968年)。无锡市年平均排江水量为0.6126亿 m³,占比为1.3%,最大年排江水量为2.110亿 m³(1991年),最小年排江水量为0.0118亿 m³(1997年)。苏州市年平均排江水量为42.76亿 m³,占比为92.7%,最大年排江水量为101.0亿 m³(1999年),最小年排江水量为10.35亿 m³(1968年)。

1956—2001年,长江苏南段沿江口门汛期(5—9月)平均排江水总量为28.70亿 m³,占多年平均排江水量的62.3%。其中,镇江市汛期多年平均排江水量为0.9025亿 m³,占其多年平均排江水量的2.0%。常州市汛期多年平均排江水量为1.062亿 m³,占其多年平均排江水量的2.3%。无锡市汛期多年平均排江水量为0.3958亿 m³,占其多年平均排江水量的0.9%。苏州市汛期多年平均排江水量为26.34亿 m³,占其多年平均排江水量的57.1%。

1956—2001年,长江苏南段各市沿江口门多年平均引水总量详见表5.2-6,全年及汛期多年平均排水总量占比见图5.2-7~5.2-8。

表5.2-6　1956—2001年各市沿江口门平均排江水量统计表　　单位:亿 m³

月份	行政分区				
	镇江市	常州市	无锡市	苏州市	合计
1月	0.0377	0.0101	0.0075	1.128	1.183
2月	0.0433	0.0101	0.0046	1.169	1.227
3月	0.0787	0.0363	0.0146	2.050	2.180
4月	0.0650	0.0548	0.0177	2.924	3.062

续表

月份	行政分区				
	镇江市	常州市	无锡市	苏州市	合计
5月	0.060 5	0.058 0	0.019 3	2.990	3.128
6月	0.211 9	0.188 4	0.076 9	4.432	4.909
7月	0.292 1	0.453 2	0.126 0	7.498	8.369
8月	0.182 0	0.155 9	0.072 6	5.372	5.782
9月	0.156 0	0.206 0	0.101 0	6.045	6.508
10月	0.047 2	0.124 2	0.080 8	4.451	4.703
11月	0.060 2	0.100 2	0.068 2	3.208	3.437
12月	0.065 2	0.037 9	0.023 4	1.488	1.614
全年	1.300	1.435	0.612 6	42.76	46.11

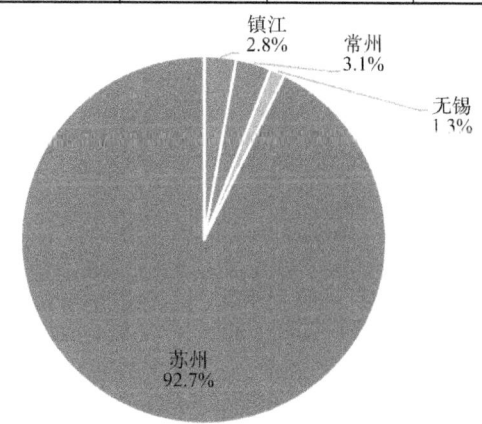

图 5.2-7 1956—2001 年各市年平均排江水量组成图

注：部分数据因四舍五入原因，总数相加不等于1。

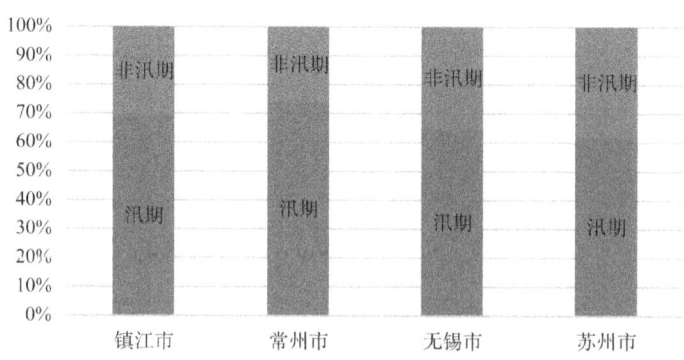

图 5.2-8 1956—2001 年各市汛期年平均排江水量组成图

2002—2013年,长江苏南段沿江口门年平均排江水总量为36.03亿 m³。其中,镇江市年平均排江水量为1.713亿 m³,占比为4.8%,最大年排江水量为4.624亿 m³(2011年),最小年排江水量为0.3964亿 m³(2013年)。常州市年平均排江水量为2.076亿 m³,占比为5.8%,最大年排江水量为3.746亿 m³(2003年),最小年排江水量为0.8283(2013年)。无锡市年平均排江水量为4.567亿 m³,占比为12.7%,最大年排江水量为14.04亿 m³(2011年),最小年排江水量为0.1466亿 m³(2003年)。苏州市年平均排江水量为27.68亿 m³,占比为76.8%,最大年排江水量为52.80亿 m³(2002年),最小年排江水量为16.63亿 m³(2006年)。

2002—2013年,长江苏南段沿江口门汛期(5—9月)平均排江水总量为27.10亿 m³,占多年平均排江水量的75.2%。其中,镇江市汛期多年平均排江水量为1.234亿 m³,占其多年平均排江水量的3.4%。常州市汛期多年平均排江水量为1.571亿 m³,占其多年平均排江水量的4.4%。无锡市汛期多年平均排江水量为3.775亿 m³,占其多年平均排江水量的10.5%。苏州市汛期多年平均排江水量为20.53亿 m³,占其多年平均排江水量的56.9%。

2002—2013年,长江苏南段各市沿江口门多年平均引水总量详见表5.2-7,全年及汛期多年平均排水总量占比见图5.2-9~5.2-10。

表5.2-7　2002—2013年各市沿江口门平均排江水量统计表　　单位:亿 m³

月份	行政分区				
	镇江市	常州市	无锡市	苏州市	合计
1月	0.0305	0.0456	0.0173	0.5622	0.6556
2月	0.1860	0.0138	0.0203	0.3434	0.5635
3月	0.0458	0.0787	0.2452	1.732	2.102
4月	0.0671	0.0811	0.0943	1.644	1.886
5月	0.1884	0.1206	0.1717	2.604	3.085
6月	0.3395	0.3001	0.671	5.050	6.361
7月	0.3535	0.5581	1.452	5.617	7.981
8月	0.2106	0.4010	1.122	4.902	6.636
9月	0.1415	0.1908	0.3586	2.352	3.043
10月	0.0475	0.1585	0.2749	1.557	2.038
11月	0.0530	0.0743	0.0921	0.6262	0.8456

续表

月份	行政分区				
	镇江市	常州市	无锡市	苏州市	合计
12月	0.049 6	0.053 1	0.046 9	0.681 8	0.831 4
全年	1.713	2.076	4.566	27.67	36.03

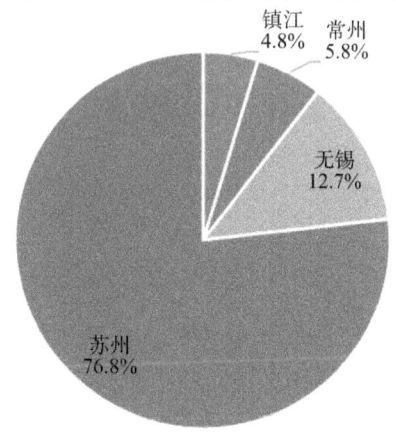

图 5.2-9　2002—2013 年各市年平均排江水量组成图

注：部分数据因四舍五入原因，总数相加不等于1。

注：部分数据因四舍五入原因，总数相加不等于1。

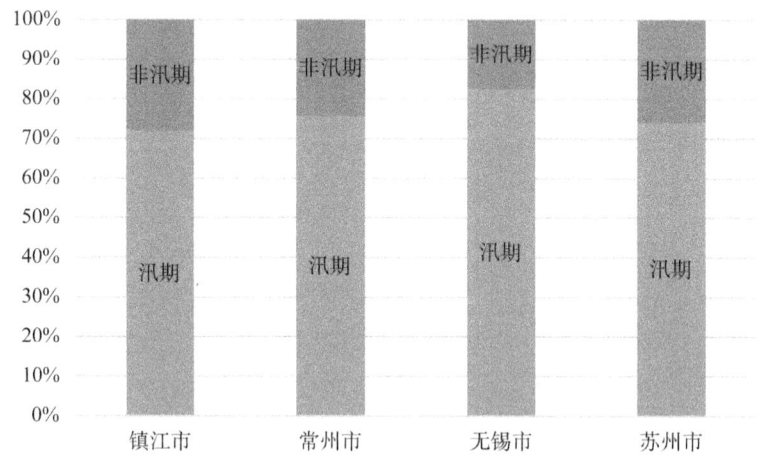

图 5.2-10　2002—2013 年各市汛期年平均排江水量组成图

2014—2023 年，长江苏南段沿江口门年平均排江水总量为 79.83 亿 m³。其中，镇江年平均排江水量为 2.048 亿 m³，占比为 2.6%，最大年排江水量为

5.986 亿 m³(2016 年),最小年排江水量为 0.011 6 亿 m³(2022 年)。常州市年平均排江水量为 3.103 亿 m³,占比为 3.9%,最大年排江水量为 9.207 亿 m³(2016 年),最小年排江水量为 0.236 5 亿 m³(2022 年)。无锡市年平均排江水量为 15.04 亿 m³,占比为 18.8%,最大年排江水量为 35.77 亿 m³(2016 年),最小年排江水量为 4.108 亿 m³(2018 年)。苏州市年平均排江水量为 59.64 亿 m³,占比为 74.7%,最大年排江水量为 109.4 亿 m³(2016 年),最小年排江水量为 38.25 亿 m³(2022 年)。

2014—2023 年,长江苏南段沿江口门汛期(5—9 月)平均排江水总量为 57.54 亿 m³,占多年平均排江水量的 72.1%。其中,镇江市汛期多年平均排江水量为 1.828 亿 m³,占其多年平均排江水量的 2.3%。常州市汛期多年平均排江水量为 2.511 亿 m³,占其多年平均排江水量的 3.1%。无锡市汛期多年平均排江水量为 10.99 亿 m³,占其多年平均排江水量的 13.8%。苏州市汛期多年平均排江水量为 42.21 亿 m³,占其多年平均排江水量的 52.9%。

2014—2023 年,长江苏南段各市沿江口门多年平均引水总量详见表 5.2-8,全年及汛期多年平均排水总量占比见图 5.2-11~5.2-12。

表 5.2-8　2014—2023 年各市沿江口门排江水量统计表　　　单位:亿 m³

月份	行政分区				
	镇江市	常州市	无锡市	苏州市	合计
1 月	0.000 3	0.008 1	0.262 8	1.294	1.565
2 月	0.018 6	0.011 5	0.255 5	1.416	1.702
3 月	0.005 7	0.021 6	0.406 9	2.408	2.842
4 月	0.012 3	0.032 0	0.471 0	3.888	4.403
5 月	0.010 0	0.034 9	0.601 4	3.788	4.434
6 月	0.469 2	0.652 0	2.947	9.287	13.36
7 月	0.893 7	0.950 9	3.752	13.08	18.68
8 月	0.208 2	0.485 8	2.115	8.772	11.58
9 月	0.246 6	0.387 4	1.579	7.287	9.500
10 月	0.097 1	0.401 6	1.397	4.315	6.211
11 月	0.014 3	0.105 3	0.773 1	2.383	3.276
12 月	0.072 5	0.012 5	0.478	1.725	2.288
全年	2.048	3.104	15.04	59.64	79.83

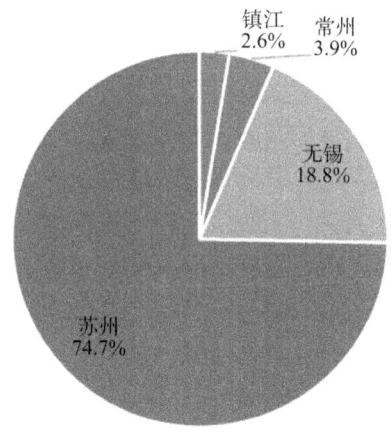

图 5.2-11　2014—2023 年各市年平均排江水量组成图

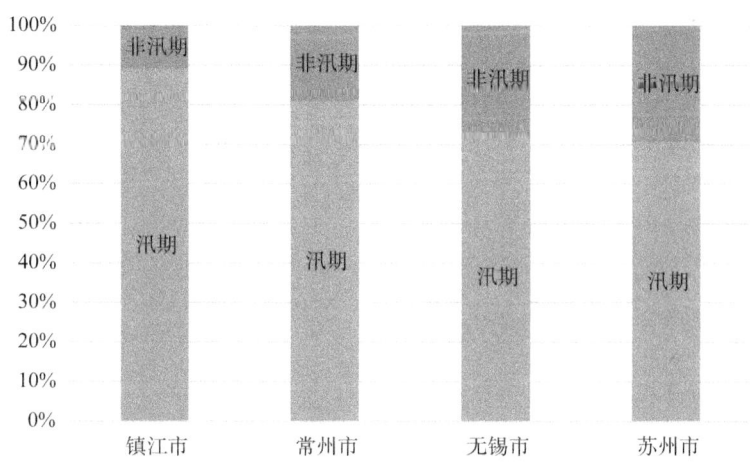

图 5.2-12　2014—2023 年各市汛期年平均排江水量组成图

5.2.3　综合分析

按"引江济太"、太湖警戒水位调整两个时间节点,以 1956—2001 年、2002—2013 年以及 2014—2023 年三个时段,分析各阶段各市水量年际变化趋势。

1956—2001 年苏州市引江水量占比最大,达 52.3%,无锡市仅占 1.4%;2002—2013 年苏州市引江水量占比 50.1%,无锡市占比增长 9 倍,至 14.4%,常州市为 23.5%,下降 10% 左右,镇江市与上阶段基本持平;2014—2023 年苏州市引江水量占比 43.8%，小幅下降，无锡市、镇江市分别增长 10%左右，常州市则进一步减少。

1956—2001 年苏州市排江水量占比最大，达 92.7%，其他三市占比均不多，最大为常州市的 3.1%；2002—2013 年苏州市排江水量占比下降至 76.8%，无锡市占比增长 12.7%；2014—2023 年苏州市排江水量占比 74.7%，小幅下降，无锡市占比继续增长 18.8%，常州市、无锡市占比基本持平。

总体而言，长江苏南段各市沿江口门平均引排水量占全年引排水量的比例与流域水雨情及工程调度密切相关：流域降水量较少时，引江水量相对较多，排江水量相对较少。相对而言，苏州市沿江口门引排作用较强。汛期引排水量占全年引排水量的比例与工程调度关系较大。

5.3 水资源分区引排水量分析

5.3.1 引水量分析

1956—2023 年，长江苏南段沿江口门年平均引江水总量为 50.94 亿 m^3。其中，武澄锡虞区（澡港水利枢纽至江边枢纽，包括 26 个口门）年引江水量最多，为 20.72 亿 m^3，占比为 40.68%。阳澄淀泖区（耿泾闸至浏河闸，包括 19 个口门）年引江水量为 12.84 亿 m^3，占比为 25.21%。湖西区（谏壁闸至魏村水利枢纽，包括 11 个口门）年引江水量为 17.38 亿 m^3，占比为 34.12%。

1956—2023 年，武澄锡虞区（澡港水利枢纽至江边枢纽，包括 26 个口门）2022 年引江水量最多，为 59.2 亿 m^3，1991 年引江水量最少，为 3.35 亿 m^3。阳澄淀泖区（耿泾闸至浏河闸，包括 19 个口门）2022 年引江水量最多，为 34.19 亿 m^3，1987 年引江水量最少，为 0.661 8 亿 m^3。湖西区（谏壁闸至魏村水利枢纽，包括 11 个口门）2022 年引江水量最多，为 46.44 亿 m^3，1959 年引江水量最少，为 3.14 亿 m^3。

按"引江济太"、太湖警戒水位调整两个时间节点，以 1956—2001 年、2002—2013 年、2014—2023 年三个时段，分析各时间段各水资源分区水量年际变化趋势。

2002 年"引江济太"前，在 1956—2001 年的 46 年间，长江苏南段沿江口门年平均引江水总量为 37.37 亿 m^3。其中，湖西区（谏壁闸至魏村水利枢纽，包括 11 个口门）年引江水量最多，为 14.63 亿 m^3，占比为 39.15%。武澄锡虞区（澡港水利枢纽至江边枢纽，包括 26 个口门）年引江水量为 10.91 亿 m^3，占比为 29.19%。阳澄淀泖区（耿泾闸至浏河闸，包括 19 个口门）年引江水量为

11.83亿 m³,占比为31.66%,见表5.3-1、图5.3-1。

表5.3-1 1956—2001年各水资源分区沿江口门平均引江水量统计表

单位:亿 m³

月份	水资源分区			
	湖西区	武澄锡虞区	阳澄淀泖区	合计
1月	0.3100	0.3065	0.608	1.225
2月	0.3159	0.2734	0.5848	1.174
3月	0.5205	0.4130	0.6515	1.585
4月	0.8552	0.5176	0.7188	2.092
5月	1.560	1.088	0.9681	3.616
6月	2.144	2.038	1.529	5.711
7月	1.788	1.111	1.357	4.256
8月	2.311	1.910	2.111	6.332
9月	1.898	1.296	1.082	4.276
10月	1.507	0.8872	0.8598	3.254
11月	0.9487	0.6153	0.7649	2.329
12月	0.4732	0.4600	0.5921	1.525
全年	14.63	10.91	11.83	37.37

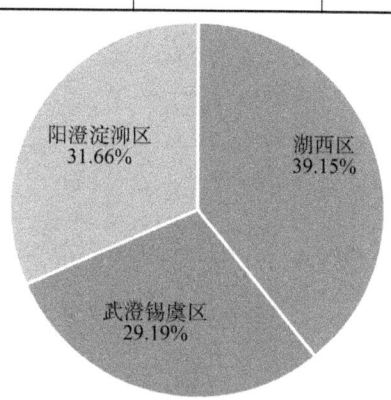

图5.3-1 1956—2001年各水资源分区沿江口门平均引江水量组成图

由表5.3-1、图5.3-1可知,1956—2001年这一阶段,三个水资源分区年平均引江水量占比相差不大,湖西区年平均引江水量占40%左右,阳澄淀泖区和武澄锡虞区的年平均引江水量占30%左右。对1956—2001年沿江口门逐月平均引江水量数据进行统计分析,结果见图 5.3-2。

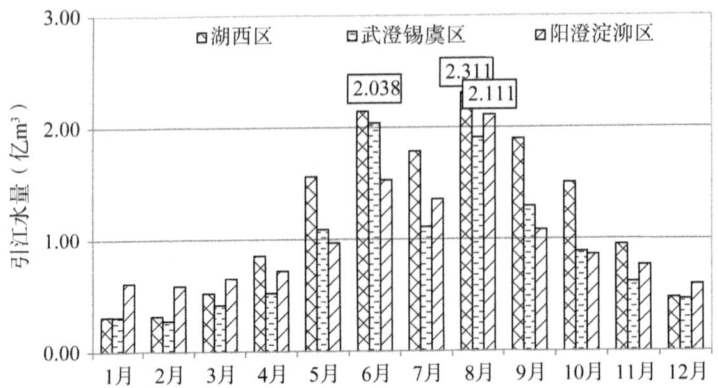

图 5.3-2　1956—2001 年各水资源分区沿江口门逐月平均引江水量过程图

由图 5.3-2 可知,各水资源分区沿江口门逐月平均引水量中,8 月最大,为 6.332 亿 m³,占全年的 16.94%,其中湖西区引江水量为 2.311 亿 m³,占 8 月份引江水量的 36.49%;2 月最小,为 0.584 8 亿 m³,占全年的 3.14%;汛期(5—9 月)引江水量为 24.19 亿 m³,占全年的 64.73%,其中湖西区最大,为 9.701 亿 m³,占汛期总量的 40.1%。

2002—2013 年的 12 年间,在太湖警戒水位为 3.5 m 的情况下,长江苏南段沿江口门年平均引江水总量为 69.69 亿 m³。其中,武澄锡虞区(澡港水利枢纽至江边枢纽,包括 26 个口门)年引江水量最多,为 39.33 亿 m³,占比为 56.43%。湖西区(谏壁闸至魏村水利枢纽,包括 11 个口门)年引江水量为 20.28 亿 m³,占比为 29.11%。阳澄淀泖区(耿泾闸至浏河闸,包括 19 个口门)年引江水量为 10.08 亿 m³,占比为 14.46%,见表 5.3-2、图 5.3-3。

表 5.3-2　2002—2013 年各水资源分区沿江口门平均引江水量统计表

单位:亿 m³

月份	水资源分区			
	湖西区	武澄锡虞区	阳澄淀泖区	合计
1 月	0.332 0	2.347	0.570 2	3.249
2 月	0.342 6	2.396	0.421 5	3.160
3 月	0.605 4	2.705	0.698 0	4.008
4 月	0.912 1	3.211	0.628 4	4.752

续表

月份	水资源分区			
	湖西区	武澄锡虞区	阳澄淀泖区	合计
5月	1.970	4.208	0.8564	7.034
6月	3.201	3.849	0.9481	7.998
7月	2.795	2.060	0.7187	5.574
8月	3.474	4.227	1.795	9.496
9月	3.425	4.559	1.060	9.044
10月	1.878	3.799	0.9802	6.657
11月	0.8679	2.921	0.7346	4.524
12月	0.4815	3.046	0.6706	4.198
全年	20.28	39.33	10.08	69.69

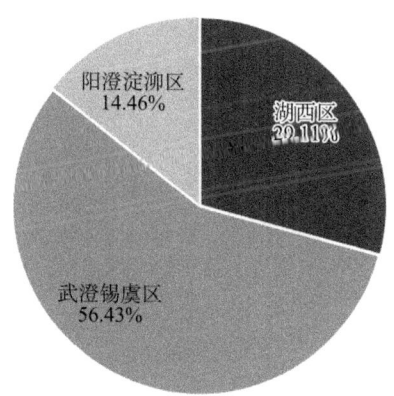

图 5.3-3　2002—2013年各水资源分区沿江口门平均引江水量组成图

由表5.3-2、图5.3-3可知，2002—2013年这一阶段，武澄锡虞区年平均引江水量占比大幅攀升，已超50%，阳澄淀泖区和湖西区的年平均引江水量在减小。

对2002—2013年长江苏南段各水资源分区沿江口门逐月平均引江水量数据进行统计分析，结果见图5.3-4。

由图5.3-4可知，各水资源分区沿江口门逐月平均引水量中，8月最大，为9.496亿 m^3，占全年的13.62%，其中武澄锡虞区引江水量为4.227亿 m^3，占8月份引江水量的44.51%；2月最小，为3.16亿 m^3，占全年的4.53%；汛期（5—9月）引江水量为39.15亿 m^3，占全年的56.16%，其中武澄锡虞区最大，

119

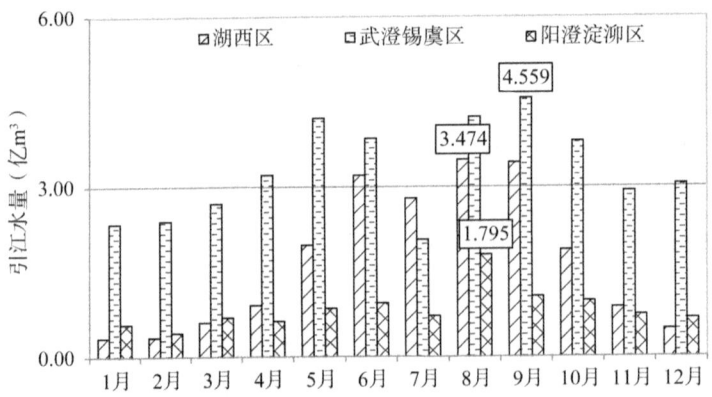

图 5.3-4　2002—2013 年各水资源分区沿江口门平均引江水量逐月过程图

为 18.9 亿 m³，占汛期总量的 48.29%。

2014 年太湖警戒水位调整至 3.8 m 后，截至 2023 年，长江苏南段沿江口门年平均引江水总量为 90.84 亿 m³。其中，武澄锡虞区（澡港水利枢纽至江边枢纽，包括 26 个口门）年引江水量最多，为 43.50 亿 m³，占比为 47.88%。湖西区（谏壁闸至魏村水利枢纽，包括 11 个口门）年引江水量为 26.53 亿 m³，占比为 29.21%。阳澄淀泖区（耿泾闸至浏河闸，包括 19 个口门）年引江水量为 20.81 亿 m³，占比为 22.91%，见表 5.3-3、图 5.3-5。

表 5.3-3　2014—2023 年各水资源分区沿江口门平均引江水量统计表

单位：亿 m³

月份	水资源分区			
	湖西区	武澄锡虞区	阳澄淀泖区	合计
1月	0.980 8	4.745	1.799	7.525
2月	0.970 0	3.589	1.443	6.002
3月	1.562	4.136	1.633	7.331
4月	1.998	2.912	1.562	6.472
5月	2.781	3.980	2.035	8.796
6月	3.129	2.160	1.275	6.564
7月	2.675	1.609	1.607	5.891
8月	3.086	3.066	2.189	8.341
9月	3.178	3.463	1.856	8.497

续表

月份	水资源分区			
	湖西区	武澄锡虞区	阳澄淀泖区	合计
10月	2.807	4.151	1.860	8.818
11月	1.892	4.792	1.764	8.448
12月	1.474	4.892	1.784	8.150
全年	26.53	43.50	20.81	90.83

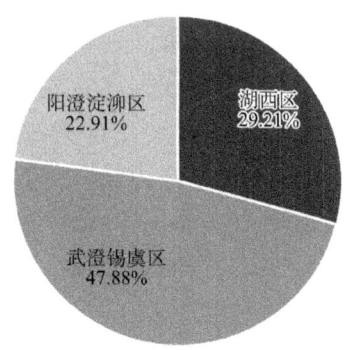

图 5.3-5　2014—2023 年各水资源分区沿江口门平均引江水量组成图

由表 5.3-3、图 5.3-5 可知，2014—2023 年这一阶段，武澄锡虞区年平均引江水量下降 10% 左右，阳澄淀泖区年平均引江水量上升 8% 左右，湖西区的年平均引江水量保持稳定。

对 2014—2023 年各水资源分区沿江口门逐月平均引江水量数据进行统计分析，结果见图 5.3-6。

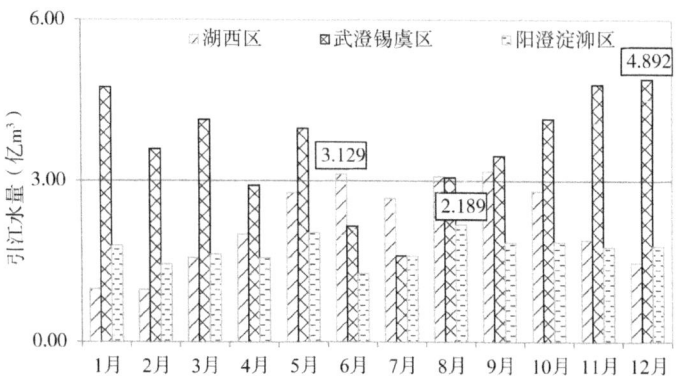

图 5.3-6　2014—2023 年各水资源分区沿江口门平均引江水量逐月过程图

由图 5.3-6 可知,各水资源分区沿江口门逐月平均引水量中,10 月最大,为 8.818 亿 m³,占全年的 9.71%,其中武澄锡虞区引水量为 4.151 亿 m³,占 10 月份引江水量的 37.48%;7 月最小,为 5.891 亿 m³,占全年的 6.49%;汛期(5—9 月)引江水量为 38.09 亿 m³,占全年的 41.93%,其中湖西区最大,为 14.85 亿 m³,占汛期总量的 38.99%。

5.3.2 排水量分析

1956—2023 年,长江苏南段沿江口门年平均排江水总量为 49.29 亿 m³。其中,阳澄淀泖区(耿泾闸至浏河闸,包括 19 个口门)年排江水量最多,为 26.62 亿 m³,占比为 54.01%。武澄锡虞区(澡港水利枢纽至江边枢纽,包括 26 个口门)年排江水量为 19.86 亿 m³,占比为 40.29%。湖西区(谏壁闸至魏村水利枢纽,包括 11 个口门)年排江水量为 2.809 亿 m³,占比为 5.7%。

1956—2023 年,阳澄淀泖区(耿泾闸至浏河闸,包括 19 个口门)1977 年排江水量最多,为 63.73 亿 m³,1978 年排江水量最少,为 3.955 亿 m³。武澄锡虞区(澡港水利枢纽至江边枢纽,包括 26 个口门)2016 年排江水量最多,为 105.0 亿 m³,1997 年排江水量最少,为 2.935 亿 m³。湖西区(谏壁闸至魏村水利枢纽,包括 11 个口门)1991 年排江水量最多,为 14.37 亿 m³,1968 年无排江水量。

按"引江济太"、太湖警戒水位调整两个时间节点,以 1956—2001 年、2002—2013 年以及 2014—2023 年三个时段,分析各时间段水量年际变化趋势。

2002 年"引江济太"前,在 1956—2001 年的 46 年间,长江苏南段沿江口门年平均排江水总量为 46.11 亿 m³。其中,阳澄淀泖区(耿泾闸至浏河闸,包括 19 个口门)年排江水量最多,为 30.14 亿 m³,占比为 65.37%。武澄锡虞区(澡港水利枢纽至江边枢纽,包括 26 个口门)年排江水量为 13.53 亿 m³,占比为 29.34%。湖西区(谏壁闸至魏村水利枢纽,包括 11 个口门)年排江水量为 2.44 亿 m³,占比为 5.29%。

表 5.3-4　1956—2001 年各水资源分区沿江口门平均排江水量统计表

单位:亿 m³

月份	水资源分区			
	湖西区	武澄锡虞区	阳澄淀泖区	合计
1 月	0.045 3	0.228 0	0.910 3	1.184

续表

月份	水资源分区			
	湖西区	武澄锡虞区	阳澄淀泖区	合计
2月	0.051 0	0.281 6	0.894 4	1.227
3月	0.108 7	0.541 5	1.530	2.180
4月	0.109 6	0.807 1	2.145	3.062
5月	0.107 4	0.911 2	2.109	3.128
6月	0.364 0	1.489	3.056	4.909
7月	0.655 7	2.631	5.083	8.370
8月	0.307 7	1.802	3.673	5.783
9月	0.320 8	1.921	4.267	6.509
10月	0.142 9	1.463	3.097	4.703
11月	0.134 4	1.053	2.250	3.437
12月	0.093 3	0.398 3	1.123	1.615
全年	2.441	13.53	30.14	46.11

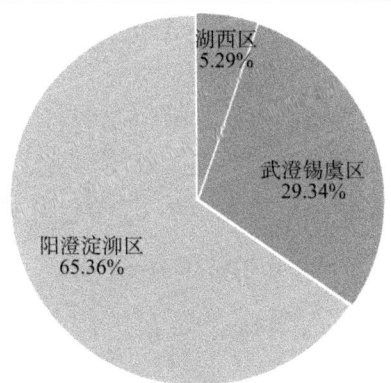

图 5.3-7　1956—2001 年各水资源分区沿江口门平均排江水量组成图

注：部分数据因四舍五入原因，总数相加不等于1。

由表 5.3-4、图 5.3-7 可知，1956—2001 年这一阶段，阳澄淀泖区年平均排江水量在三个水资源分区中占比在 60% 以上，武澄锡虞区的年平均排江水量占 30% 左右，湖西区年平均排江水量最小。

对 1956—2001 年长江苏南段各水资源分区沿江口门逐月平均排江水量数据进行统计分析，结果见图 5.3-8。

由图 5.3-8 可知，各水资源分区沿江口门逐月平均排水量中，7月最大，为

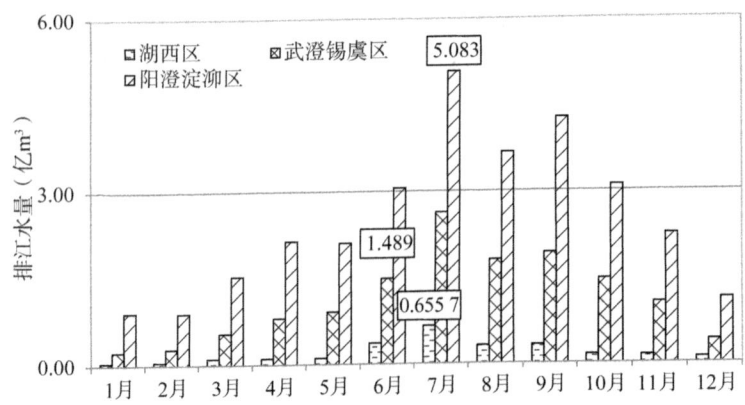

图 5.3-8　1956—2001 年各水资源分区沿江口门平均排江水量逐月过程图

8.370 亿 m³,占全年的 18.15%,其中阳澄淀泖区排江水量为 5.083 亿 m³,占 7 月份排江水量的 60.73%;1 月最小,为 1.184 亿 m³,占全年的 2.57%;汛期(5—9 月)排江水量为 28.70 亿 m³,占全年的 62.24%,其中阳澄淀泖区最大,为 18.19 亿 m³,占汛期总量的 63.38%。

2002—2013 年的 12 年间,在太湖警戒水位为 3.5 m 的情况下,长江苏南段沿江口门年平均排江水总量为 36.02 亿 m³。其中,武澄锡虞区(澡港水利枢纽至江边枢纽,包括 26 个口门)年排江水量最多,为 19.27 亿 m³,占比为 53.5%。阳澄淀泖区(耿泾闸至浏河闸,包括 19 个口门)年排江水量为 13.56 亿 m³,占比为 37.65%。湖西区(谏壁闸至魏村水利枢纽,包括 11 个口门)年排江水量为 3.19 亿 m³,占比为 8.86%。

表 5.3-5　2002—2013 年各水资源分区沿江口门平均排江水量统计表

单位:亿 m³

月份	水资源分区			
	湖西区	武澄锡虞区	阳澄淀泖区	合计
1 月	0.055 9	0.294 9	0.305 0	0.655 8
2 月	0.194 1	0.199 8	0.169 7	0.563 6
3 月	0.099 7	1.144	0.857 8	2.102
4 月	0.125 5	1.180	0.581 5	1.887
5 月	0.276 8	1.697	1.111	3.085
6 月	0.561 1	3.597	2.202	6.360
7 月	0.773 5	4.552	2.655	7.981

续表

月份	水资源分区			
	湖西区	武澄锡虞区	阳澄淀泖区	合计
8月	0.500 3	3.745	2.390	6.635
9月	0.277 6	1.374	1.391	3.043
10月	0.149 5	0.885 5	1.003	2.039
11月	0.095 6	0.354 7	0.395 5	0.845 8
12月	0.081 2	0.248 2	0.501 8	0.831 2
全年	3.191	19.27	13.56	36.02

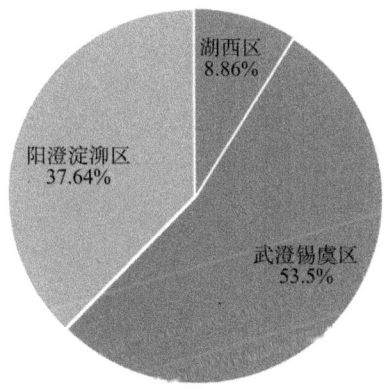

图 5.3-9　2002—2013 年各水资源分区沿江口门平均排江水量组成图

对 2002—2013 年长江苏南段各水资源分区沿江口门逐月平均排江水量数据进行统计分析,结果见图 5.3-10。

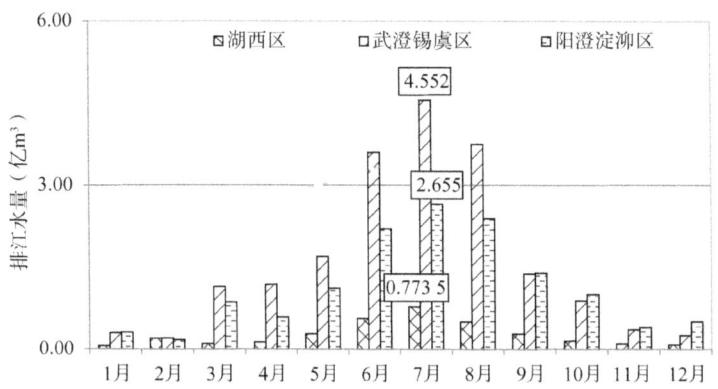

图 5.3-10　2002—2013 年各水资源分区沿江口门平均排江水量逐月过程图

由图 5.3-10 可知,各水资源分区沿江口门逐月平均排水量中,7 月最大,为 7.981 亿 m³,占全年的 22.16%,其中武澄锡虞区排江水量为 4.552 亿 m³,占 7 月份排江水量的 56.44%;2 月最小,为 0.563 6 亿 m³,占全年的 1.56%;汛期(5—9 月)排江水量为 27.1 亿 m³,占全年的 75.24%,其中武澄锡虞区最大,为 14.97 亿 m³,占汛期总量的 55.21%。

2014 年太湖警戒水位调整至 3.8 m 后,截至 2023 年,长江苏南段沿江口门年平均排江水总量为 79.83 亿 m³。其中,武澄锡虞区(澡港水利枢纽至江边枢纽,包括 26 个口门)年排江水量最多,为 49.69 亿 m³,占比为 62.24%。阳澄淀泖区(耿泾闸至浏河闸,包括 19 个口门)年排江水量为 26.09 亿 m³,占比为 32.68%。湖西区(谏壁闸至魏村水利枢纽,包括 11 个口门)年排江水量为 4.046 亿 m³,占比为 5.07%。

表 5.3-6　2014—2023 年各水资源分区沿江口门平均排江水量统计表

单位:亿 m³

月份	水资源分区			
	湖西区	武澄锡虞区	阳澄淀泖区	合计
1 月	0.003 4	0.026 1	0.020 5	0.031 9
2 月	0.851 5	0.906 5	1.783	3.217
3 月	0.710 8	0.768 8	1.039	1.154
4 月	1.566	1.701	2.843	4.403
5 月	0.003 4	0.026 1	0.020 5	0.031 9
6 月	0.851 5	0.906 5	1.783	3.217
7 月	0.710 8	0.768 8	1.039	1.154
8 月	1.566	1.701	2.843	4.403
9 月	0.003 4	0.026 1	0.020 5	0.031 9
10 月	0.851 5	0.906 5	1.783	3.217
11 月	0.710 8	0.768 8	1.039	1.154
12 月	1.566	1.701	2.843	4.403
全年	4.046	49.69	26.09	79.83

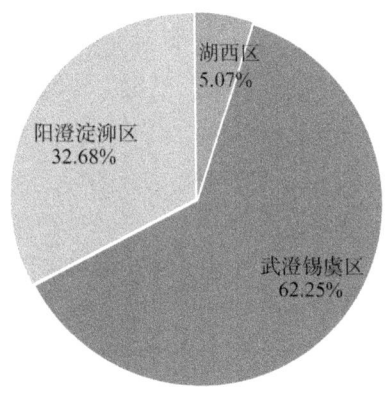

图 5.3-11 2014—2023 年各水资源分区沿江口门平均排江水量组成图

对 2014—2023 年长江苏南段各水资源分区沿江口门逐月平均排江水量数据进行统计分析,结果见图 5.3-12。

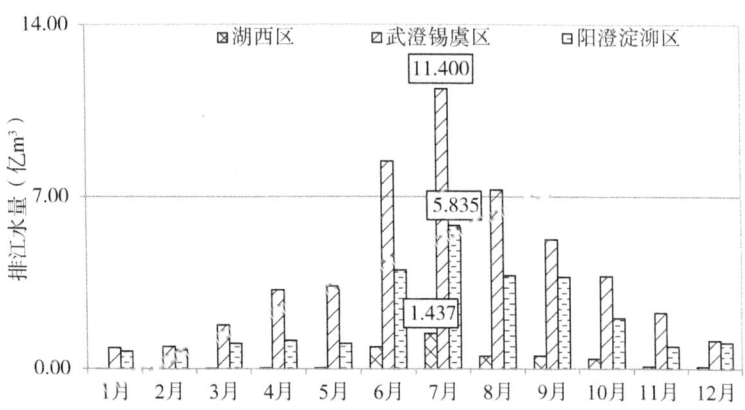

图 5.3-12 2014—2023 年各水资源分区沿江口门平均排江水量逐月过程图

由图 5.3-12 可知,各水资源分区沿江口门逐月平均排水量中,7 月最大,为 18.67 亿 m^3,占全年的 23.39%,其中武澄锡虞区排江水量为 11.40 亿 m^3,占 7 月份排江水量的 61.05%;1 月最小,为 1.566 亿 m^3,占全年的 1.96%;汛期(5—9 月)排江水量为 57.54 亿 m^3,占全年的 72.08%,其中武澄锡虞区最大,为 35.74 亿 m^3,占汛期总量的 62.11%。

5.3.3 综合分析

1956—2001 年为"引江济太"实施前的第一阶段,湖西区、武澄锡虞区及阳澄淀泖区三个水资源分区中,年平均引江水量差异不大。其中湖西区占比39.15%,阳澄淀泖区及武澄锡虞区引江水量占比大体相当,在30%左右;年平均排江水量以阳澄淀泖区最多,占比达65.36%,武澄锡虞区占29.34%,湖西区最小,仅为5.29%。1956—2001年逐月平均引排水量均为汛期(5—9月)大于非汛期,特别是6—9月,引排水量明显多于其他月份,且大部分情况下排江水量均大于引江水量。大体上,这一阶段的年平均引江水量,湖西区、武澄锡虞区及阳澄淀泖区相当,年平均排江水量集中在阳澄淀泖区。

2002—2013年为"引江济太"实施后及太湖警戒水位维持在3.5 m的第二阶段,湖西区、武澄锡虞区及阳澄淀泖区三个水资源分区中,湖西区年平均引江水量占比比第一阶段降低10%左右,武澄锡虞区年平均引江水量占比由第一阶段的29.19%大幅增长至56.43%,阳澄淀泖区年平均引江水量占比由第一阶段的31.66%降至14.46%;年平均排江水量以武澄锡虞区最多,占比53.5%,阳澄淀泖区占比由第一阶段的第一位退至第二位,占37.64%,湖西区最小,占比略有增长。2002—2013年逐月平均引排水量总体上是汛期(5—9月)大于非汛期,特别是6—9月,引排水量明显多于其他月份,且大部分情况下引江水量均大于排江水量。大体上,这一阶段的年平均引排水量均以武澄锡虞区为最多,引江水量湖西区排第二,排江水量阳澄淀泖区排第二。

2014—2023年为太湖警戒水位调整至3.8 m的第三阶段,湖西区、武澄锡虞区及阳澄淀泖区三个水资源分区中,湖西区年平均引江水量占比同第二阶段大体相当,武澄锡虞区年平均引江水量占比由第二阶段的56.43%小幅下降至47.88%,阳澄淀泖区年平均引江水量占比由第二阶段的14.46%小幅上升至22.91%;年平均排江水量以武澄锡虞区为最多,占比62.25%,阳澄淀泖区、湖西区占比均小幅下降4%左右。2014—2023年逐月平均引江水量比较均衡,排江水量主要集中在6—7月。大体上,这一阶段年平均引排水量均以武澄锡虞区为最多。

总体而言,三个阶段引排水量年内分配不均,"引江济太"实施以后,引排水量都有不同程度的增加。不同阶段引排水量主要由流域降水和季节性农灌用水等因素决定,每年流域降水较多的6月下旬、7月、8月总体引江水量较小,排江水量较多;农灌用水量较多的4月、5月及6月上中旬引水量较多,排水量较少;因引水受长江潮位影响较大,每年的1—3月、9—12月太湖水位偏低,为保证正常的航运、水生态环境等方面的用水需求,引水天数较多,月引江水量第一阶段基本保持在2亿~4亿 m³,第二阶段保持在3亿~9亿 m³,第三阶段保持在6亿~8亿 m³。

5.4 望虞闸对引排水的影响分析

调水工程是使水资源在空间上重新进行配置的工程措施,是实现水资源优化配置和开发利用的重要手段。位于望虞河口门的常熟水利枢纽建成于1999年,由节制闸、泵站和船闸等组成,是一座双向引排,集泄洪、排涝、引水、生态等综合利用于一体的水利枢纽工程。望虞闸作为望虞河主要控制口门,按"引江济太"、太湖警戒水位调整两个时间节点以1956—2001年、2002—2013年、2014—2023年三个阶段,分析望虞闸各阶段水量变化趋势。

5.4.1 引江水量分析

1956—2001年"引江济太"实施前为第一阶段,2002—2013年"引江济太"实施后及太湖警戒水位维持在3.5 m为第二阶段,2014—2023年太湖警戒水位调整至3.8 m为第三阶段。对各阶段望虞闸逐月平均引江水量数据进行统计分析,结果见图5.4-1。

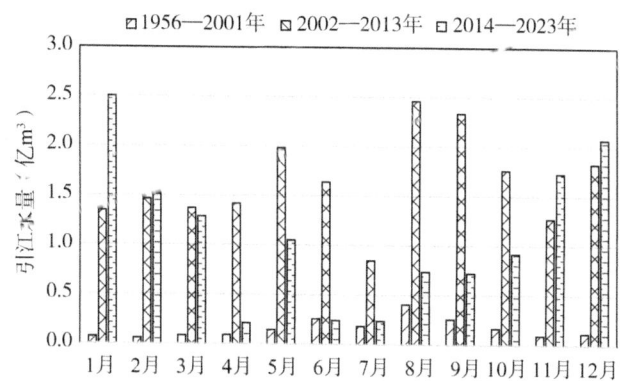

图5.4-1 各阶段望虞闸逐月平均引江水量图

由图5.4-1可知,望虞闸1956—2001年逐月平均引水量中,各月平均引江水量均在0.5亿 m³ 以下,逐月平均引水量中,8月最大,为0.403 2亿 m³,占全年的21.03%;2月最小,为0.057 2亿 m³,占全年的2.98%;汛期(5—9月)引江水量为1.243亿 m³,占全年的64.82%。

望虞闸2002—2013年逐月平均引江水量相比1956—2001年均呈现上涨趋势,其中非汛期平均引江水量由1956—2001年的0.096 3亿 m³ 大幅上涨至2002—2013年的1.495亿 m³。2002—2013年逐月平均引水量中,各月平均引江水量均值为1.644亿 m³,逐月平均引水量中,8月最大,为2.461亿 m³,占全年的12.47%;7月最小,为0.848 4亿 m^3,占全年的4.30%;汛期(5—9月)引江水量为9.271亿 m^3,占全年的46.99%。

望虞闸2014—2023年非汛期逐月平均引江水量同2002—2013年基本持平,汛期平均引江水量相比2002—2013年明显减少。2014—2023年逐月平均引水量中,各月平均引江水量均值为1.102亿 m^3,非汛期中1月最大,为2.502亿 m^3,占全年的18.93%;4月最小,为0.213 0亿 m^3,占全年的1.61%;汛期(5—9月)引江水量为2.986亿 m^3,占全年的22.59%。

总体来看,望虞闸在1956—2001年汛期月平均引江水量大于非汛期引江水量,2002年"引江济太"调水引流工程实施后,非汛期月平均引江水量开始大于汛期。

5.4.2 排江水量分析

对各阶段望虞闸逐月平均排江水量数据进行统计分析,结果见图5.4-2。

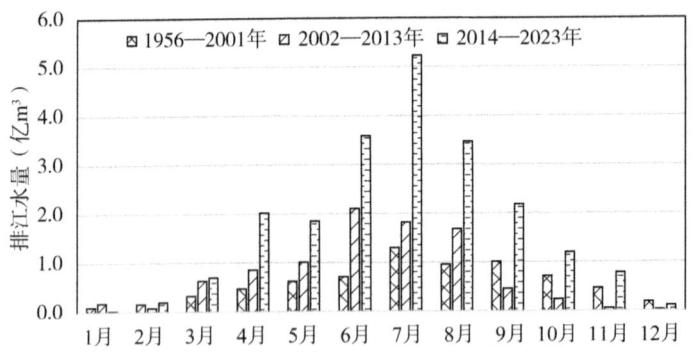

图5.4-2 各阶段望虞闸逐月平均排江水量图

由图5.4-2可知,望虞闸1956—2001年逐月平均排江水量中,大部分月份月平均排江水量在1亿 m^3 以下,各月平均排江水量均值为0.582 8亿 m^3。其中,7月最大,为1.300亿 m^3,占全年的18.59%;1月最小,为0.098 3亿 m^3,占全年的1.41%;汛期(5—9月)排江水量为4.583亿 m^3,占全年的65.53%。

望虞闸2002—2013年汛期逐月平均排江水量总体上呈现小幅上涨趋势,非汛期逐月平均排江水量同1956—2001年基本持平。逐月平均排江水量中,各月平均排江水量均值为0.758 9亿 m^3。其中,6月最大,为2.100亿 m^3,占全年的23.06%;12月最小,为0.024 0亿 m^3,仅占全年的0.26%;汛期(5—9月)排江水量为7.063亿 m^3,占全年的77.56%。

望虞闸2014—2023年汛期、非汛期逐月平均排江水量分别由2001—

2013 年的 7.063 亿 m³、2.044 亿 m³ 上升至 16.31 亿 m³、5.008 亿 m³，约为 2001—2013 年相应时段的 2 倍左右。逐月平均排江水量中，各月平均排江水量均值为 1.776 7 亿 m³。其中，7 月最大，为 5.234 亿 m³，占全年的 24.55%；1 月最小，为 0.015 8 亿 m³，占全年的 0.07%；汛期（5—9 月）排江水量为 16.31 亿 m³，占全年的 76.52%。

总体来看，望虞闸三个阶段的汛期排江水量均大于非汛期排江水量，且汛期逐月平均排江水量在 2002 年"引江济太"后有不断增长趋势。

5.4.3 综合分析

引江济太在增加流域水资源量、维持太湖合理水位、促进水体流动、改善水环境以及保障供水安全等方面都发挥了重要作用。汛期望虞闸以排水为主，非汛期以引长江水入太湖为主，在调节水资源量的同时，有效改善区域水环境，提升了流域水资源与水环境承载能力。

1956—2001 年望虞闸平均年排江水量为 1.917 亿 m³，2002—2013 年平均年排江水量大幅增至 19.73 m³，增加了 17.81 亿 m³，增长了 9 倍多；2014—2023 年平均年排江水量为 13.22 m³，较 1956—2001 年增加了 11.3 亿 m³，增长了 5 倍多，较 2002—2013 年减少了 6.51 亿 m³，减少了近三分之一。1956—2001 年平均年排江水量为 6.994 亿 m³，2002—2013 年平均年排江水量增至 9.107 m³，增加了 2.113 亿 m³，增长 20% 左右；2014—2023 年平均年排江水量为 21.32 m³，较 1956—2001 年增加了 14.33 亿 m³，增长了 2 倍多，较 2002—2013 年增加了 12.21 亿 m³，增长了 1 倍多。

汛期（5—9 月）望虞闸各阶段排江水量占比按每阶段 20% 左右的降幅，由 1956—2001 年的 64.82% 逐步降至 2014—2023 年的 22.59%，相应的非汛期各个阶段排江水量占比按每阶段 20% 左右涨幅，由 1956—2001 年的 35.18% 逐步涨至 2014—2023 年的 77.41%。1956—2001 年、2002—2013 年月平均最大排江水量出现在汛期，2014—2023 年则出现在非汛期。

汛期（5—9 月）望虞闸各阶段排江水量增幅在 1 左右，各阶段月平均最大排江水量大部分情况下出现在汛期降水较多的 6、7 月份。

6 引排水量影响因素

6.1 引排水量变化归因分析

目前,太湖流域江苏地区各口门从长江引排水主要通过泵站或节制闸,以自流引排或者泵机引排的方式开展。一般而言,当区域出现低水位时,通过调引长江水补充本地水资源不足,满足区域的工业生产、农业灌溉、航运及生态用水需求;当区域形成洪水时,通过北排长江排出本地涝水。因此,引排水量变化主要受自然因素和人类活动的共同影响。自然因素主要是区域降水量、长江来水、潮位及太湖水位,人类活动的影响主要是沿江口门水利工程建设。由于水利工程建设仅导致沿江口门设计引排能力的增加,为扩大引排水量提供了可能,水利工程建设是非线性的,且对引排水量的影响是与自然因素相互叠加、共同作用,其影响难以采用定性的方法进行估算。因此,主要对自然因子与引排水量进行定性的相关关系分析。

为进一步解析自然因素影响因子与引排水量是否具有相关性,采用皮尔逊相关系数进行评判和分析。皮尔逊相关系数(Pearson correlation coefficient)为协方差除以两个变量的标准差,是统计学中用于衡量两个变量的相关程度的一种统计概念。皮尔逊相关系数的取值介于[-1,1]之间,相关系数等于0代表变量之间无相关性,相关系数大于0说明变量具有正相关关系,相关系数小于0则说明某因素数值的增长会造成系统下降,这种相关为负相关,可判断出负相关的因素。计算公式如下:

$$\rho_{X,Y} = \frac{\text{cov}(X,Y)}{\sigma_X \sigma_Y}$$

式中,X 为自然影响因子:降水量、长江来水、太湖水位,Y 为引排水量。

皮尔逊相关系数的绝对值越大,则相关性越强,最大等于1;相关系数的绝对值越小,则相关性越弱,最小等于0。根据皮尔逊相关系数绝对值的取值范围判断变量的相关程度：在[0.8,1]之间说明强相关；在[0.6,0.8]之间认为中等程度相关；在[0.0,0.6]之间表示弱相关。

由于历年引、排水量与历年降水量、长江来水、太湖水位的量纲不一致，需要将数据进行归一化处理，变为无量纲数据，把数据映射到[0,1]之间后再开展相关性分析。数据归一化计算公式为：

$$x^* = \frac{x - \min}{\max - \min}$$

式中，x 为某一因子；min 为某一因子系列中最小值；max 为某一因子系列中最大值。

基于1956—2023年历年引、排水量与历年降水量、长江来水、太湖水位归一化的数据，进行相关分析。分析结果表明：降水量、长江来水及太湖水位与引水量呈弱相关关系，但降水量、长江来水与引水量相关关系为负，表明降水量和长江来水增加会导致引水量减少；降水量、长江来水量、太湖水位与排水量呈强相关关系、弱相关关系和中等相关关系，且相关系数均为正，表明上述三因子数值的增加会导致排水量的增加。具体相关关系计算结果见表6.1-1。

表6.1-1 引排水量自然影响因素相关关系分析一览表

影响因子	因变量	降水量	长江来水	太湖水位
相关性系数	引水量	−0.213	−0.262	0.085
相关性评价	引水量	弱相关	弱相关	弱相关
相关性系数	排水量	0.841	0.461	0.739
相关性评价	排水量	强相关	弱相关	中等相关

6.2 自然因素影响分析

6.2.1 降水量影响分析

（1）降水量变化趋势分析

采用距平法和小波分析法来确定流域的降水量变化周期。距平法，即累计距平曲线，累计距平是由距平累加得到，降水距平即历年降水与多年平均降水的差值，降水距平逐年累加得到降水累计距平，计算方法如下。

$$L_{pi} = \sum_{i=1}^{n}(y_i - \bar{y})$$

式中：L_{pi} 为距平累计值；y_i 为第 i 年的降水量；$\bar{y}$ 为计算时序的多年平均降水量。

由图 6.2-1 可知，1956—1986 年是持续时间较长的少雨期，年降水量呈减少趋势，这 31 年降水量平均值为 1 078.4 mm，比全系列平均值 1 138.9 mm 偏少 60.5 mm；1987—2010 年呈震荡趋势，这 24 年平均降水量为 1 110.0 mm，接近全系列平均值；2011—2023 年呈增加趋势，这 13 年降水量平均值为 1 274.5 mm，比全系列平均值偏多 135.6 mm。

将震荡期合并分析，从更大周期来说，可分为 1956—1997 年、1998—2023 年两个水文周期。1956—1997 年降水量平均值为 1 095.6 mm，比全系列平均值 1 138.9 mm 偏少 43.3 mm；1998—2023 年降水量平均值为 1 208.7 mm，比全系列平均值偏多 69.8 mm。降水量累计距平见图 6.2-1。

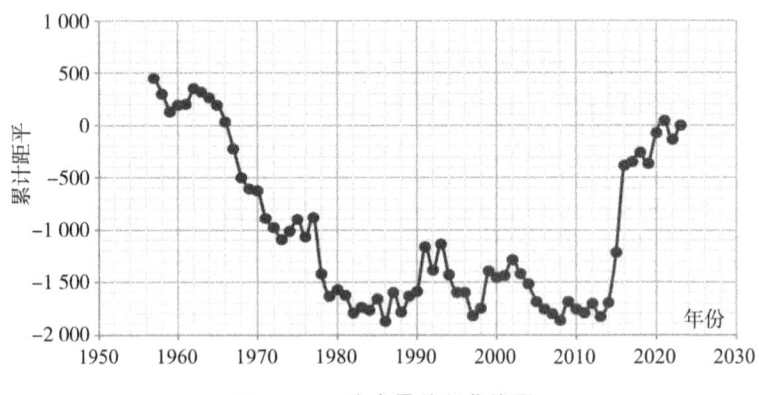

图 6.2-1　降水量差积曲线图

小波分析法是近年来气候变化研究中为揭示气候变化周期特征而广为采用的一种数学手段。它不但可以揭示气候变化在各种时间尺度上的周期变化特征，而且还能显示出各种周期信号随时间的变化。小波函数有多种形式，采用 morlet 小波对降水序列进行连续小波变换分析。根据图 6.2-1 可知，68 年降水量长系列资料中存在 35 年的大周期，即 1956—1999 年、2000—2023 年两个阶段。这与距平分析周期基本接近。

降水量周期分析见图 6.2-2。

（2）对引水量影响分析

图 6.2-3 绘制了历年降水量与引水量的同步变化情况。从整体上来说，引水量与降水量呈负相关关系，即降水量较大的年份引水量小，降水量较大的年份引水量大，具体见图 6.2-3。但是这种关系主要在偏旱或偏丰年出现相应的

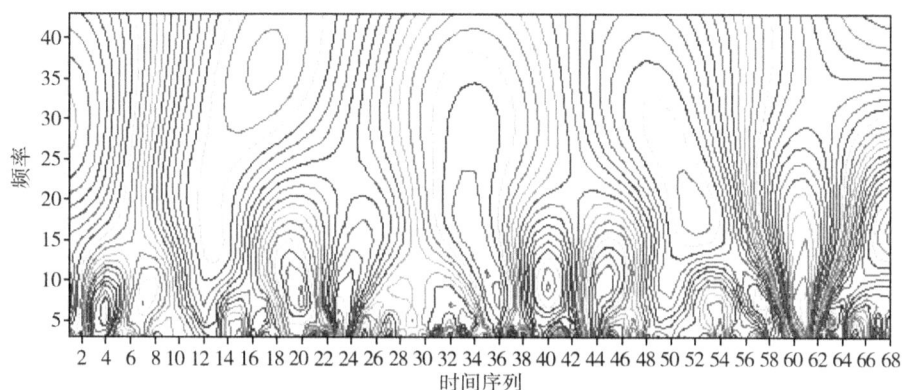

图 6.2-2　降水量小波分析图(彩图详见书后)

明显特征,在水平年则表现得不明显,这与皮尔逊相关关系分析成果类似。在偏干旱年份(降水量小于 1 000 mm),平均引水量为 55.45 亿 m³,比长系列平均引水量 50.93 亿 m³ 偏多 4.52 亿 m³,最大引水量为 139.82 亿 m³;在偏丰以上年份(降水量大于 1 200 mm)平均引水量为 46.49 亿 m³,比长系列平均引水量偏少 4.44 亿 m³,最大引水量为 117.69 亿 m³。

此外,在同样的年型下,引水量也受本地用水量的变化影响。随着经济社会的发展,用水需求基本呈现增加态势,引水量与年型的相关性减弱,引水量从 2018 年开始有一个明显的增加,这与用水量的需求的增加有较为密切的关系。

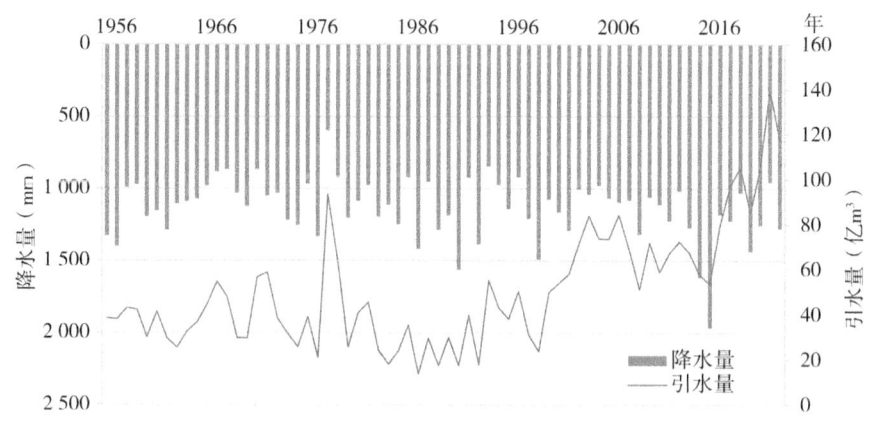

图 6.2-3　降水量与引水量变化关系图

图 6.2-4、图 6.2-5 绘制了两个水文周期(1956—1997 年、1998—2023 年)的降水量与引水量关系图。

在1956—1997年降水量呈下降趋势时,引水量呈略微上升态势,但是总体趋势不明显(不通过显著性检验);就单独年份而言,在该周期内引水量与降水量负相关关系则较为显著,如1978年流域发生特殊干旱,降水量为598.3 mm,当年引水量达93.38亿 m^3;1991年流域发生洪水,降水量为1 562.7 mm,当年引水量仅为17.52亿 m^3,两者极差比达5.32。

在1998—2023年降水量呈下降趋势时,引水量也呈略微上升态势。这主要是2018年以后引水量剧增,其平均引水量达108.32亿 m^3,受区域用水量增加影响所致。但就单独年份而言,在该周期内引水量与降水量负相关关系仍较为显著,如2022年流域发生区域性干旱,降水量为956.4 mm,当年引水量达139.8亿 m^3;2016年流域发生洪水,降水量为1 966.4 mm,当年引水量仅为53.48亿 m^3,两者极差比达2.61。

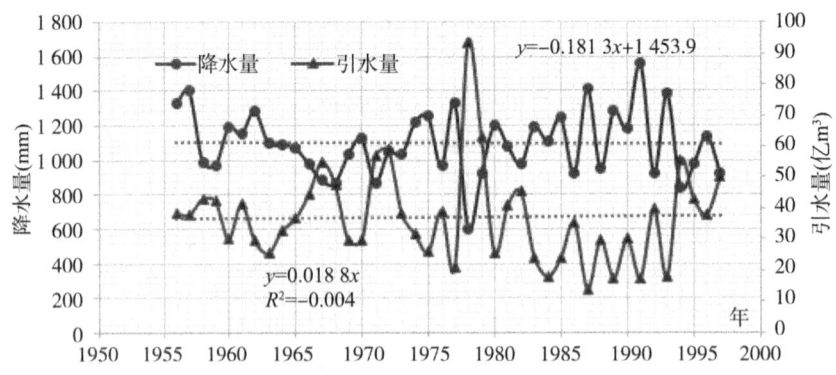

图6.2-4　1956—1997年降水量与引水量关系图

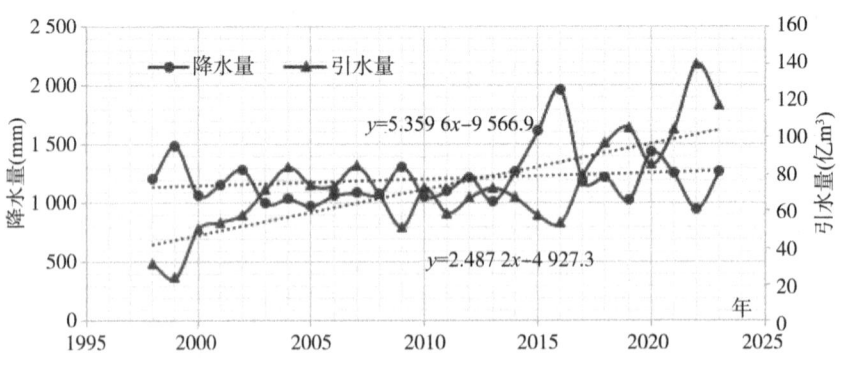

图6.2-5　1998—2023年降水量与引水量关系图

(3) 对排水量影响分析

图 6.2-6 绘制了历年降水量与排水量的同步变化情况。从整体上来说，排水量与降水量呈正相关关系，即降水量较大的年份排水量大，降水量较小的年份排水量小。这种关系表现得较为明显，与皮尔逊相关关系分析成果类似。主要是在降水量偏丰年份，本地地表产流较多，容易发生区域或流域性洪水，北排涝水入长江是一个主要排水通道；而在降水量偏旱年份，本地产水较少，少排或不排江成为调度的首选。

在偏干旱年份（降水量小于 1 000 mm），平均排水量为 28.34 亿 m^3，比长系列平均排水量为 49.29 亿 m^3 偏少 20.95 亿 m^3，最大排水量为 49.26 亿 m^3；在偏丰以上年份（降水量大于 1 200 mm）平均排水量为 71.66 亿 m^3，比长系列平均排水量偏多 22.37 亿 m^3，最大排水量 160.36 亿 m^3。

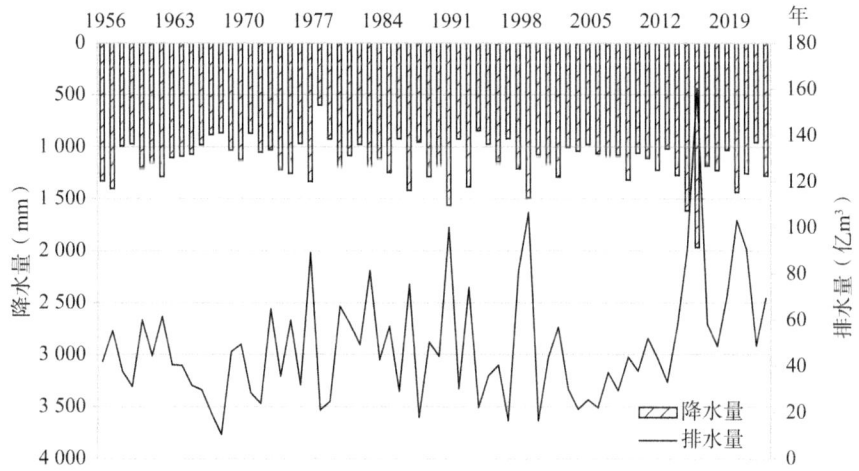

图 6.2-6　降水量与排水量变化关系图

图 6.2-7、图 6.2-8 绘制了两个水文周期（1956—1997 年、1998—2023 年）的降水量与排水量关系图。

在 1956—1997 年降水量呈下降趋势时，排水量呈微上升态势，但是趋势不明显（通不过显著性检验）；一般而言，排水量与降水量呈正相关关系，就单个年份而言，在该周期内排水量与降水量正相关关系则更为显著，如 1978 年流域发生特殊干旱，降水量为 598.3 mm，当年引排水量仅为 21.01 亿 m^3；1991 年流域发生洪水，降水量为 1 562.7 mm，当年排水量为 100.05 亿 m^3，两者极差比达 4.76。

在 1998—2023 年降水量呈上升趋势时，引水量也呈上升态势，这种趋势比

1956—1997 年这个周期更为显著,且两者的正相关关系更为明显。就单独年份而言,在该周期内引水量与降水量正相关关系明显,如 2022 年流域发生区域性干旱,降水量为 956.4 mm,当年排水量为 48.8 亿 m^3;2016 年流域发生洪水,降水量为 1 966.4 mm,当年排水量为 160.36 亿 m^3,两者极差比达 3.29。

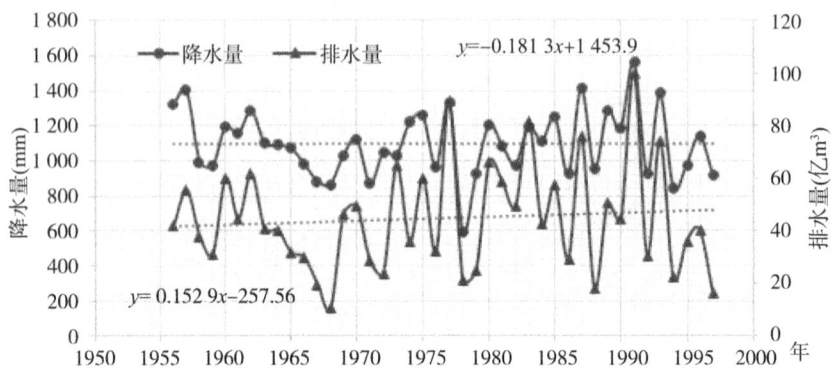

图 6.2-7　1956—1997 年降水量与排水量关系图

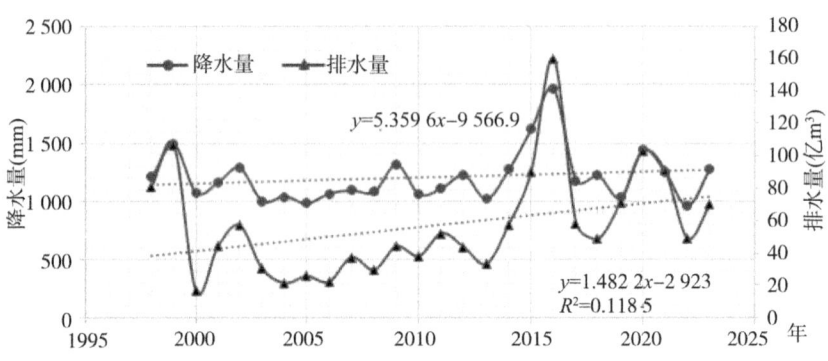

图 6.2-8　1998—2023 年降水量与排水量关系图

6.2.2　长江来水影响分析

一、长江来水量变化趋势分析

长江是太湖流域江苏地区的主要供水水源。根据统计资料,长江江苏段上游多年平均径流量为 8 895 亿 m^3(折合 28 200 m^3/s,长江干流大通站水文资料,下同)。其中 1998 年上游来水量最多,为 16 870 亿 m^3,2011 年最少,为 6 685 亿 m^3。考虑到三峡工程实施前后径流的变化,上游来水量分析按 1956—2002 年和 1950—2023 年两个系列进行。1956—2002 年和 1956—

2023年系列资料特征值见表6.2-1。

表6.2-1 长江大通站不同系列径流(流量)特征值对照表

项目	1956—2002		1956—2023	
	特征值	发生时间	特征值	发生时间
多年平均径流量	9 052 亿 m³		8 895 亿 m³	
多年平均流量	28 700 m³/s		28 200 m³/s	
历年最大洪峰流量	84 500 m³/s	1999	84 500 m³/s	1999
最小枯水流量	4 620 m³/s	1979	4 620 m³/s	1979

绘制历年长江上游来水量，如图6.2-9所示。从总体趋势来看，除1998年水量较大外，其余年份上游来水量变化趋势不明显。但是年际内变化仍较大：1956—2002年系列，最大流量与最小流量的极差比达18.3；1956—2023年最大流量与最小流量的极差比仍达18.3。

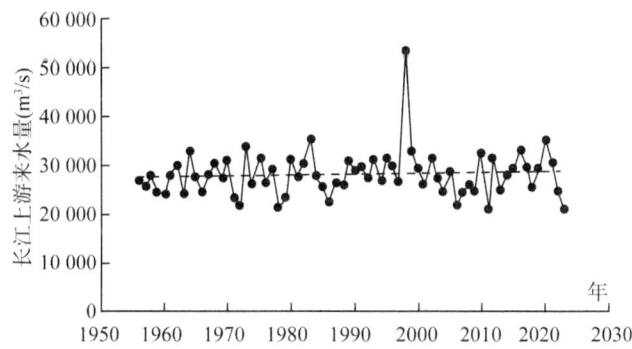

图6.2-9 1998—2023年长江上游来水量变化趋势图

二、对引排水量影响分析

绘制长江来水量与引排水量的关系图。由图6.2-10可知，来水量与引、排水量的关系不明显，这与皮尔逊相关关系分析结果一致。这主要是因为沿江口门引排水受闸门调度的影响，其来水的多少仅为引排水能力的增加提供了基础。如长江来水较多，造成沿江潮位相对较高，对引水就有利，而对排水就不利。当然，这种影响还主要受当时区域是否需要引、排水工况而言。一般而言，当流域发生洪水，上游来水少，则排水更为容易，排水量相对较大；而当流域发生干旱，上游来水多，则引水更为容易，引水量则相对较大。

除特丰年份外，流域区域本地地表径流不足，需要依靠大量的引江水量来

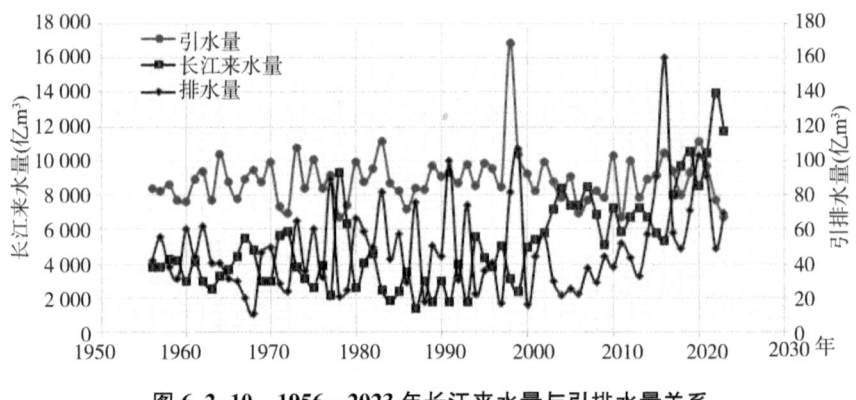

图 6.2-10　1956—2023 年长江来水量与引排水量关系

进行补充。为进一步分析长江来水对区域引江水量的影响,采用以下公式进行分析:

$$C_{长江} = \frac{W_{引江水量}}{W_{引江水量} + W_{地表径流量}}$$

式中,$C_{长江}$ 表示长江上游来水量对沿江口门引江水量的贡献率,$W_{引江水量}$ 表示湖西区沿江口门的引江水量,$W_{地表径流量}$ 表示流域相应时期的地表径流量。根据上述公式计算得到长江历年沿江口门引江水量影响的贡献率。计算结果详见图 6.2-11。由计算可知,长江历年对沿江口门引江水量的影响不一,但保持一个相对稳定的水平,综合贡献率约为 0.4,最大为 1.1,最小为 0.1。贡献率最大的年份为 1978 年,属流域性特殊干旱年份,依靠大量调引长江水补充本地水资源不足;贡献率最小年份为 1991 年,为流域性丰水年,本地水资源量丰富,无需大量调引长江水。

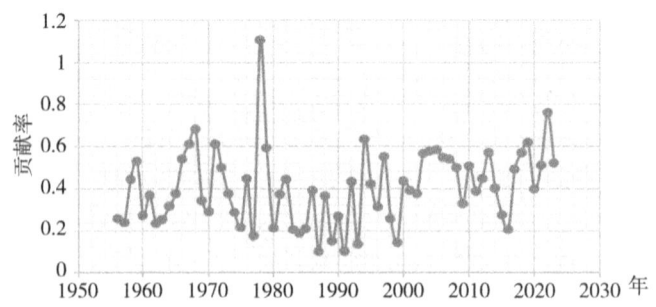

图 6.2-11　1956—2023 年长江来水对引水量的贡献率

6.2.3 上游潮位影响分析

一、上游潮位变化趋势分析

长江自安徽省芜湖以下江段受天文潮汐的影响,在天文大潮时均有回水壅高现象,潮位、流量变化有着明显的与潮汐运动相应的过程(又称"感潮流"),其水文特性是在 1 个天文日(平均约 20 小时 50 分)内,有两次涨落潮过程;涨潮流历时短于落潮流历时;涨潮流与落潮流的最大流速都出现在相应的高潮和低潮前;涨落潮转换之间有一段憩流期。

太湖流域沿江江苏段处于长江感潮流影响范围内,当长江回水壅高时,潮位往往高于太湖流域江苏段沿江口门内河水位,为太湖流域引长江水提供了天然的水力条件;而当长江落潮时,潮位往往又低于沿江口门内河水位,亦为太湖流域排出洪涝提供了天然的水力条件。

以魏村闸水文站为例,分析历年潮位的变化趋势(见图 6.2-12)。魏村闸站平均高潮位 4.42 m,平均低潮位 2.74 m。历年各月的高低潮位及潮差见表 6.2-2。

表 6.2-2　长江魏村闸站潮位特征表　　　　　　　　　　　　　单位:m

月份	1	2	3	4	5	6	7	8	9	10	11	12	全年
平均高潮位	3.61	3.65	3.91	4.20	4.53	4.89	5.40	5.23	5.01	4.64	4.18	3.75	4.42
平均低潮位	1.84	1.89	2.18	2.52	2.90	3.31	3.82	3.59	3.36	2.98	2.50	2.01	2.74
历年最高潮位	4.26	4.29	4.57	4.88	5.28	5.73	6.29	6.23	5.93	5.45	4.95	4.43	6.50
历年最低潮位	1.54	1.64	1.84	2.18	2.55	2.92	3.43	3.27	3.01	2.59	2.07	1.63	1.43

图 6.2-12 可知,魏村闸水文站高潮位呈下降趋势,低潮位趋势不明显。这表明,对于正常的工况而言,高潮位的下降对引水不利,对排水有利。

二、对引排水量影响

在正常情况下,沿江口门在长江涨潮、潮位高于内河水位时开启闸门,长江感潮流进入通江河道,在长江落潮、潮位低于内河水位时关闭闸门,防止内河水流失。当区域发生暴雨洪水时,通江河道内河水位相对较高,沿江口门可趁长江低潮、内河水位高于长江潮位时开启闸门,向长江排泄洪涝,在长江涨潮、内河水位低于长江潮位时关闭闸门,防止长江水倒灌。正常情况下,沿江口门

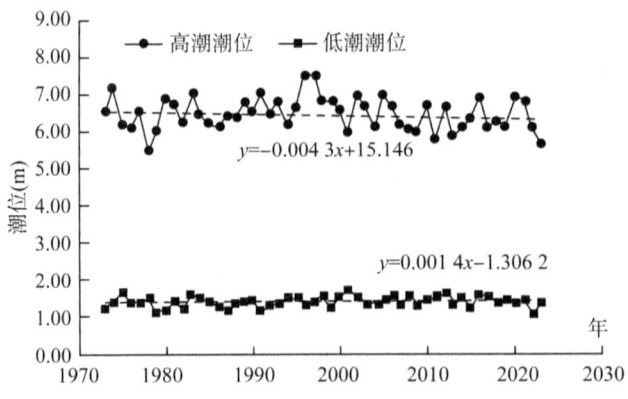

图 6.2-12　1974—2023 年魏村闸水位站潮位变化趋势

1 个天文日内有 2 个一潮引水期或一潮排水期。特殊情况下，如遇干旱年份或季节，通江河道内河水位低于长江低潮位，长江感潮流可直接通过沿江口门持续进入通江河道。如遇流域或区域性较大暴雨洪水，通江河道内河水位高于长江高潮位，内河洪涝可直接通过沿江口门持续排入长江。如遇沿江口门泵站翻引、排水时（节制闸可视长江潮位变化情况，同步引、排水），内河水位、流量变化则相对稳定，称为"泵站翻引"或"泵站翻排"。

因此，长江潮位对于引排水量的影响与长江来水一样，其潮位的高低仅为引排水能力的增加提供了基础，实际引排水量受水利工程调度影响，主要与本区域的代表站水位相关。如魏村闸站以常州（三）水位为基准进行调度，当京杭运河常州（三）站水位低于 3 m，且沿江口门引水不足，魏村水利枢纽泵站和澡港水利枢纽泵站开机进行翻水，直至常州（三）站水位稳定在 3.2 m。当常州（三）站日平均水位高于 3.2 m 且低于 4 m 时，沿江口门正常开闸引长江水。当常州（三）站日平均水位超过 4.3 m 时，沿江口门利用长江低潮排水。当常州（三）站水位大于 4.8 m 或滆湖坊前（二）站水位大于 4.6 m 时，魏村水利枢纽和澡港水利枢纽泵站开机翻排水。当常州（三）站日平均水位在 4～4.3 m 之间时，沿江口门关闸，不引不排。

以魏村闸为例，基于皮尔逊相关系数分析其高潮位、低潮位和引、排水量的相关关系。相关分析结果表明：平均高潮位与引水量、排水量的相关系数为 0.239、0.259，均属于弱正相关；低潮位与引水量、排水量的相关系数为 0.223、0.315，均属于弱正相关。高潮位与引排水相关关系见图 6.2-13、图 6.2-14，低潮位与引排水相关关系见图 6.2-15、图 6.2-16。

6 引排水量影响因素

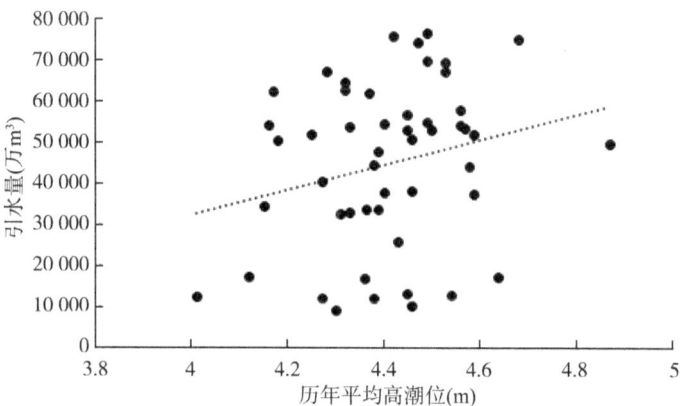

图 6.2-13 魏村闸站高潮位与引水量关系图

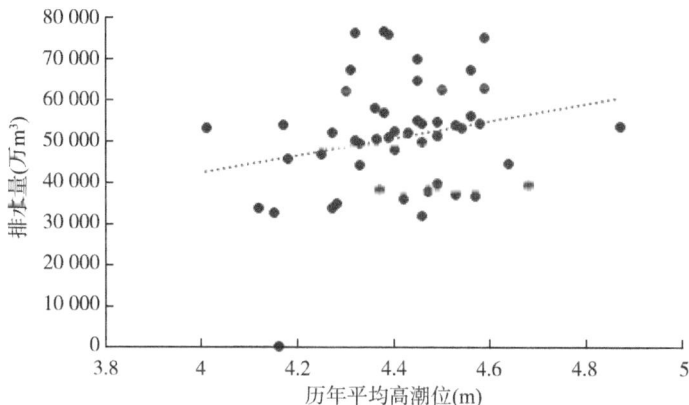

图 6.2-14 魏村闸站高潮位与排水量关系图

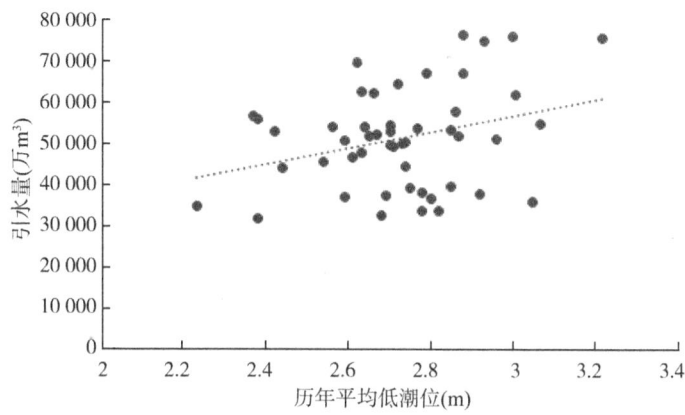

图 6.2-15 魏村闸站低潮位与引水量关系图

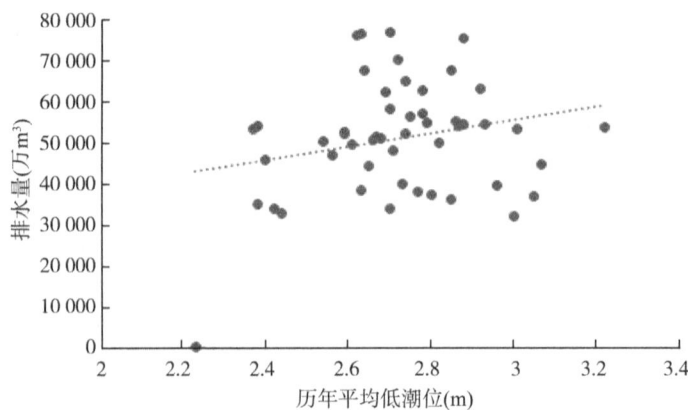

图 6.2-16　魏村闸站低潮位与排水量关系图

6.2.4　太湖水位影响分析

一、太湖水位变化趋势分析

基于1956—2023年太湖大浦口、望亭(太)、西山、小梅口、夹浦5站日均水位长系列资料计算太湖平均水位。太湖多年平均水位为3.16 m,最高水位为3.58 m,最低水位为2.57 m。

图6.2-17绘制了历年太湖平均水位变化过程。从整体上来看,太湖年平均水位、年最低水位和年最高水位呈上升趋势,年最高水位上升趋势较为显著。

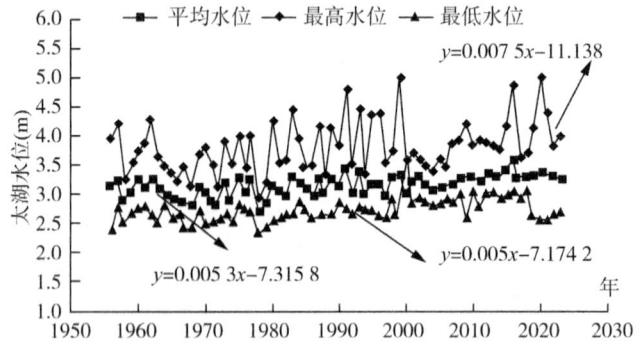

图 6.2-17　太湖水位变化趋势图

二、对引排水量影响分析

太湖为沿江口门调引水量的最终受纳水体,太湖水位的高低受沿江口门的引排水量及本地降水产流的共同影响。这种影响主要表现在当本地降水产流不足或者太湖水位偏低时,沿江口门将调引长江水,维持太湖和区域河网水位不致过低,但是随着太湖水位的抬升,将影响内河水位,进而影响沿江口门潮位与内河水位的水位差,导致引排水量的变化。因此,这种影响是相互的。在上游来水及降水量等相同情况下,太湖水位升高将导致沿江口门潮位与内河水位的水位差减小,同等情况下的引水能力变小;反之,引水能力变大。

图 6.2-18 绘制了历年太湖平均水位与引排水量的同步变化情况。从整体上来说,引排水量与太湖水位总体呈正相关关系,但引水关系不显著、排水关系较显著。

就引水而言,在不同保证率太湖水位情况下,引水量变化趋势不一致。在水位偏高年份(平均水位超 3.28 m,频率 25%),平均引水量为 60.81 亿 m^3,比长系列平均引水量 50.94 亿 m^3 偏多 9.87 亿 m^3;在水位偏低年份(平均水位低于 3.01 m,频率 75%),平均引水量为 48.75 亿 m^3,比长系列平均引水量偏少 2.18 亿 m^3。这也表明太湖水位对引水的影响是复杂的,其关系不明显。

就排水而言,在水位偏高年份(平均水位超 3.28 m,频率 25%),平均排水量为 71.99 亿 m^3,比长系列平均排水量 49.28 亿 m^3 偏多 22.71 亿 m^3;在水位偏低年份(平均水位低于 3.01 m,频率 75%),平均排水量为 27.12 亿 m^3,比长系列平均排水量偏少 22.16 亿 m^3。

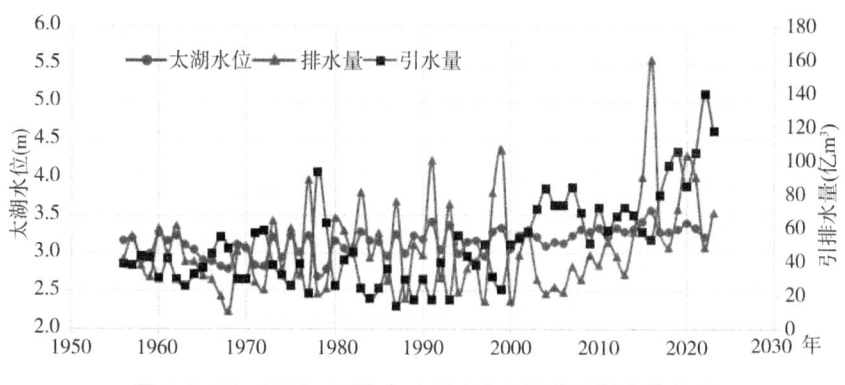

图 6.2-18　1956—2023 年太湖水位与引排水量变化关系

6.2.5　水环境影响分析

大量的研究和实践表明,调水过程会加速水体的流动,从而增加水中溶解氧含量,增强水体污染物的降解能力,有助于改善受水区的水环境质量。随着流域社会经济发展对河湖健康的要求不断提高,加上流域调度工作思路由汛期调度向全年调度、由水量调度向水量水质联合调度、由洪水调度向水资源调度、由局部调度向全局调度的转变需要，太湖流域及区域、城市开展了大量的调引水工程，以湖西区水量调度与水环境改善试验、常州运北主城区"畅流活水"工程为典型开展调引水对区域水环境的影响。

一、湖西区调水对水环境影响分析

2013年9月4日至16日，水利部太湖流域管理局、江苏省防办、常州市水利局、镇江市水利局、江苏省水文水资源勘测局镇江分局、常州分局联合开展了太湖流域湖西区调水试验，调水试验为期13天，调水的主要目的是：(1)研究在一定工况下，沿江口门引长江水的能力，引江水量与湖西区河网水量、入太水量的关系，以及京杭运河、丹金溧漕河、武宜运河、南河（南溪河）水量水质沿程变化情况，充分反映调水试验前后的效果，验证调水效益。其中，沿江口门引水包括节制闸自引和泵站翻引两种工况。(2)在水量、水质监测分析成果的基础上，根据不同区域的污染程度及河网水流情况，研究提出优化调度建议方案和对策措施，供防汛防旱部门水量调度决策参考。

（一）调水方案

调水分为三种工况：其一是在正常情况下，沿江口门可趁长江高潮时开启闸门自引长江水（工况一）。其二是沿江口门泵站翻水（工况二）；其三是工况一和工况二的组合，即自引＋翻引。具体原则：测验开始（农历十三、十四或农历二十八、二十九），第一、第二天，沿江口门高潮期关闭，利用低潮期开闸排水；第三到第十天，利用高潮全力引水，低潮期关闸（工况一）；第十一到第十二天，根据省防指以及常州、镇江两市市防办的调度，开启泵站引水（工况二）。第十三天，沿江口门恢复正常调度。

表6.2-3　湖西区调水试验调度工况及测验安排一览表

	方案
试验天数	13天
降水情况	—
潮汛情况	半月潮汛周期
调度计划	自排(2天)＋自引(9天)＋翻引(2天)

（二）测验方案

调水共布设水量水质监测断面15处，水量水质同步监测断面每天9:00～10:00、15:00～16:00各取水样、测流一次（沿江口门在引水期间每1小时1次）。其中，第一次取样作为背景值。监测断面分布情况见图6.2-19。

6 引排水量影响因素

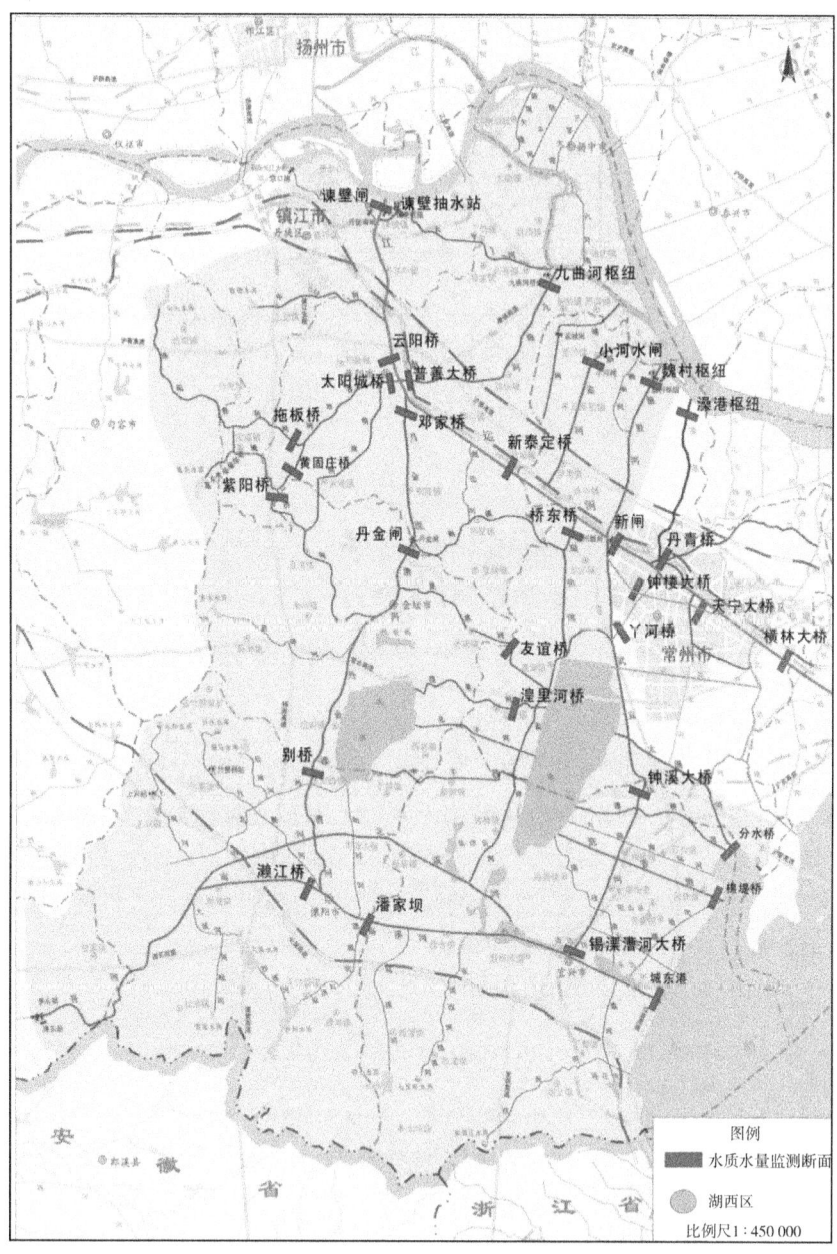

图 6.2-19 水量水质同步监测站点分布图(彩图详见书后)

(三) 水环境影响分析

沿江口门引江水时，对京杭运河等骨干河道的水环境产生了不同程度的影响（当然，也存在区域面源污染的影响、沿程点源污染的影响等）。为了便于比较这种影响，本书规定：测验期间，各监测断面平均综合污染指数、最小综合污染指数和本底污染指数分别为 $\bar{I}$、$I_{\min}$、I_0，而平均影响系数 $I_c = 100 \times \dfrac{(I_0 - \bar{I})}{I_0}$，最大影响系数 $I_m = 100 \times \dfrac{(I_0 - I_{\min})}{I_0}$。$I_c$ 和 I_m 越大，则表明河湖（断面）水环境改善的程度越大。I_c 和 I_m 为负值时，则表明河湖（断面）水环境呈恶化趋势。平均影响系数 I_c 反映调水期间长历时水环境总体综合情况变化（包括调水前期区域面源污染、沿程点源污染的汇入影响），I_m 反映调水期间原水汇入后水环境情况变化。

(1) 京杭运河

9月6—16日，京杭运河（云阳桥段）$\bar{I}$ 为 0.7，I_0 为 0.43，$I_{\min}$ 为 0.55，平均影响系数 I_c 为 −62.8，最大影响系数 I_m 为 −27.9；京杭运河（新泰定桥段）$\bar{I}$ 为 0.59，I_0 为 0.62，$I_{\min}$ 为 0.38，平均影响系数 I_c 为 4.8，最大影响系数 I_m 为 38.7；京杭运河（天宁大桥段）$\bar{I}$ 为 0.76，I_0 为 0.72，$I_{\min}$ 为 0.52，平均影响系数 I_c 为 −5.6，最大影响系数 I_m 为 27.8；京杭运河（横林大桥段）$\bar{I}$ 为 1.02，I_0 为 0.95，$I_{\min}$ 为 0.75，平均影响系数 I_c 为 −7.4，最大影响系数 I_m 为 21.1。

显然，京杭运河沿程平均影响系数和最大影响系数总体上均呈逐渐降低趋势。云阳桥本底水质状况较好，测验期间产生的沿程污染物汇入反而使其综合污染指数升高，因此影响系数为负值。

(2) 香草河、胜利河、通济河

9月6—16日，香草河（太阳城桥段）$\bar{I}$ 为 0.91，I_0 为 0.48，$I_{\min}$ 为 0.57，平均影响系数 I_c 为 −89.6，最大影响系数 I_m 为 −18.8。胜利河（拖板桥段）$\bar{I}$ 为 0.87，I_0 为 1.10，$I_{\min}$ 为 0.6，平均影响系数 I_c 为 20.9，最大影响系数 I_m 为 45.5。通济河（紫阳桥段）$\bar{I}$ 为 1.41，I_0 为 1.34，$I_{\min}$ 为 1.08，平均影响系数 I_c 为 −5.2，最大影响系数 I_m 为 19.4。

太阳城桥段受上游云阳桥来水影响明显，影响系数也为负。由于香草河、胜利河、通济河本底水质浓度均较高，从影响系数来看，本次调水，香草河、胜利河、通济河水环境均有所改善，且影响效果胜利河最大，通济河最小。

(3) 丹金溧漕河、扁担河、武宜运河

9月6—16日，丹金溧漕河（邓家桥段）$\bar{I}$ 为0.67，I_0 为0.51，I_{min} 为0.55，平均影响系数 I_c 为-31.4，最大影响系数 I_m 为-7.8。丹金闸段 $\bar{I}$ 为0.71，I_0 为0.77，I_{min} 为0.44，平均影响系数 I_c 为7.8，最大影响系数 I_m 为42.9。9月6—17日，别桥段 $\bar{I}$ 为0.69，I_0 为1.14，I_{min} 为0.44，平均影响系数 I_c 为39.5，最大影响系数 I_m 为61.4。

9月6—16日，扁担河（桥东桥段）$\bar{I}$ 为0.69，I_0 为0.7，I_{min} 为0.47，平均影响系数 I_c 为1.4，最大影响系数 I_m 为32.9。

9月6—17日，武宜运河（钟溪大桥段）$\bar{I}$ 为0.85，I_0 为0.74，I_{min} 为0.63，平均影响系数 I_c 为-14.9，最大影响系数 I_m 为14.9。9月7—19日，锡溧漕河（锡溧漕河大桥段）$\bar{I}$ 为0.94，I_0 为0.63，I_{min} 为0.8，平均影响系数 I_c 为-49.2，最大影响系数 I_m 为-27。

显然，测验期间，丹金溧漕河影响系数大，水环境改善明显，且由于丹金溧漕河本底水质浓度在邓家桥最小，别桥最大，调水后上下游水质浓度趋于一致，因此影响效果在邓家桥最小，别桥最大，表现为影响系数沿程增大。

(4) 夏溪河、湟里河

9月6—16日，夏溪河几乎不受沿江口门引江水量的影响。$\bar{I}$ 为0.88，I_0 为1.2，I_{min} 为0.61，平均影响系数 I_c 为26.7，最大影响系数 I_m 为49.2。湟里河（湟里河桥段）$\bar{I}$ 为0.72，I_0 为0.66，I_{min} 为0.52，平均影响系数 I_c 为-9.1，最大影响系数 I_m 为21.2。

(5) 太滆运河、烧香港、南河

9月7—19日，太滆运河（分水桥段）$\bar{I}$ 为0.81，I_0 为0.8，I_{min} 为0.67，平均影响系数 I_c 为-1.3，最大影响系数 I_m 为16.3。烧香港（棉堤桥段）$\bar{I}$ 为0.83，I_0 为0.75，I_{min} 为0.6，平均影响系数 I_c 为-10.7，最大影响系数 I_m 为20。

9月7—19日，南河（潘家坝段）$\bar{I}$ 为0.73，I_0 为0.95，I_{min} 为0.42，平均影响系数 I_c 为23.2，最大影响系数 I_m 为55.8。南河（城东港段）$\bar{I}$ 为1.01，I_0 为0.9，I_{min} 为0.85，平均影响系数 I_c 为-12.2，最大影响系数 I_m 为5.6。

显然，测验期间，南河影响系数较大，水环境改善明显，且表现为沿程降低

趋势。

(6) 综合分析

根据以上分析，可以发现，对于京杭运河等骨干河道来说：

①河湖（断面）相对于沿江口门的距离决定影响系数：与水文情势影响相一致，距离沿江口门越近，受影响程度越大，京杭运河以北区域水环境明显改善，京杭运河以南的洮滆间及滆东区域影响较小。

②河湖（断面）的本底水质浓度也决定影响系数：部分河道本底水质浓度较高，引进清水后浓度显著下降，影响系数也相应较大。如香草河、胜利河、南河、丹金溧漕河等。

③河湖（断面）的引水量与历时也决定影响系数：相对而言，沿江口门引江水量越大，河湖（断面）受影响程度越大，以京杭运河以南地区较为明显，如南河。

测验期间，京杭运河等骨干河道影响系数情况详见表6.2-4、图6.2-20、图6.2-21。

表6.2-4　调水期间京杭运河等骨干河道水质影响系数统计表

河流	断面	本底污染指数 I_0	平均综合污染指数 $\overline{I}$	最小综合污染指数 I_{min}	平均影响系数 I_c	最大影响系数 I_m
京杭运河	谏壁闸	0.84	0.63	0.34	25.0	59.5
九曲河	九曲河闸	0.46	0.44	0.25	4.3	45.7
	普善大桥	0.45	0.60	0.41	−33.3	8.9
新孟河	小河水闸	0.79	0.42	0.28	46.8	64.6
德胜河	魏村闸	0.46	0.36	0.25	21.7	45.7
澡港河	青松桥	0.77	0.41	0.25	46.8	67.5
京杭运河	云阳桥	0.43	0.70	0.55	−62.8	−27.9
	新泰定桥	0.62	0.59	0.38	4.8	38.7
	天宁大桥	0.72	0.76	0.52	−5.6	27.8
	横林大桥	0.95	1.02	0.75	−7.4	21.1
香草河	太阳城桥	0.48	0.91	0.57	−89.6	−18.8
	黄固庄	0.95	0.89	0.67	6.3	29.5
胜利河	拖板桥	1.10	0.87	0.60	20.9	45.5
通济河	紫阳桥	1.34	1.41	1.08	−5.2	19.4

续表

河流	断面	本底污染指数 I_0	平均综合污染指数 $\bar{I}$	最小综合污染指数 I_{min}	平均影响系数 I_c	最大影响系数 I_m
丹金溧漕河	邓家桥	0.51	0.67	0.55	−31.4	−7.8
	丹金闸	0.77	0.71	0.44	7.8	42.9
	别桥	1.14	0.69	0.44	39.5	61.4
扁担河	桥东桥	0.70	0.69	0.47	1.4	32.9
武宜运河（锡溧漕河）	钟溪大桥	0.74	0.85	0.63	−14.9	14.9
	锡溧漕河大桥	0.63	0.94	0.80	−49.2	−27.0
夏溪河	友谊桥	1.20	0.88	0.61	26.7	49.2
湟里河	湟里河桥	0.66	0.72	0.52	−9.1	21.2
太滆运河	分水桥	0.80	0.81	0.67	−1.3	16.3
烧香港	棉堤桥	0.75	0.83	0.60	−10.7	20.0
南河（南溪河）	濑江桥	1.02	0.78	0.48	23.5	52.9
	潘家坝	0.95	0.73	0.42	23.2	55.8
	城东港	0.90	1.01	0.85	−12.2	5.6
关河	丹青桥	0.93	0.92	0.65	1.1	30.1

二、常州运北主城区"畅流活水"对水环境影响分析

2017年1月23日至25日（试调水）、5月9—15日（正式调水），常州市水利局、常州分局联合开展了常州运北主城区"畅流活水"调水试验，调水试验为期10天，调水的主要目的是：(1)"清水引进来"。通过沿江水利工程调度，引入优质的长江水源进入常州市主城区（以澡港河澡港水利枢纽引长江水为主，德胜河魏村水利枢纽、新孟河小河水闸引长江水、京杭运河上游来水为辅）。(2)"河水活起来"。通过主城区水利工程（包括一些临时增加的配水工程布局）调度（全区与分片区进行闸泵工程调控）加大运北片整体与局部河道流量，提高内部河网水体流动性，使骨干河流保持一定流速，实现"由西向东、由北向南"的有序流动。(3)"指标降下来"。以长江为主的清水水源进入主城区后，由骨干河流引流（或泵站翻引）到支系水网，主要控制断面水质主要污染物指标下降。(4)"应急有对策"。当主城区发生突发性水污染事故时，做到"一河一策""一片一策"，应对有力，为应急处置提供迅捷有效的调度措施。

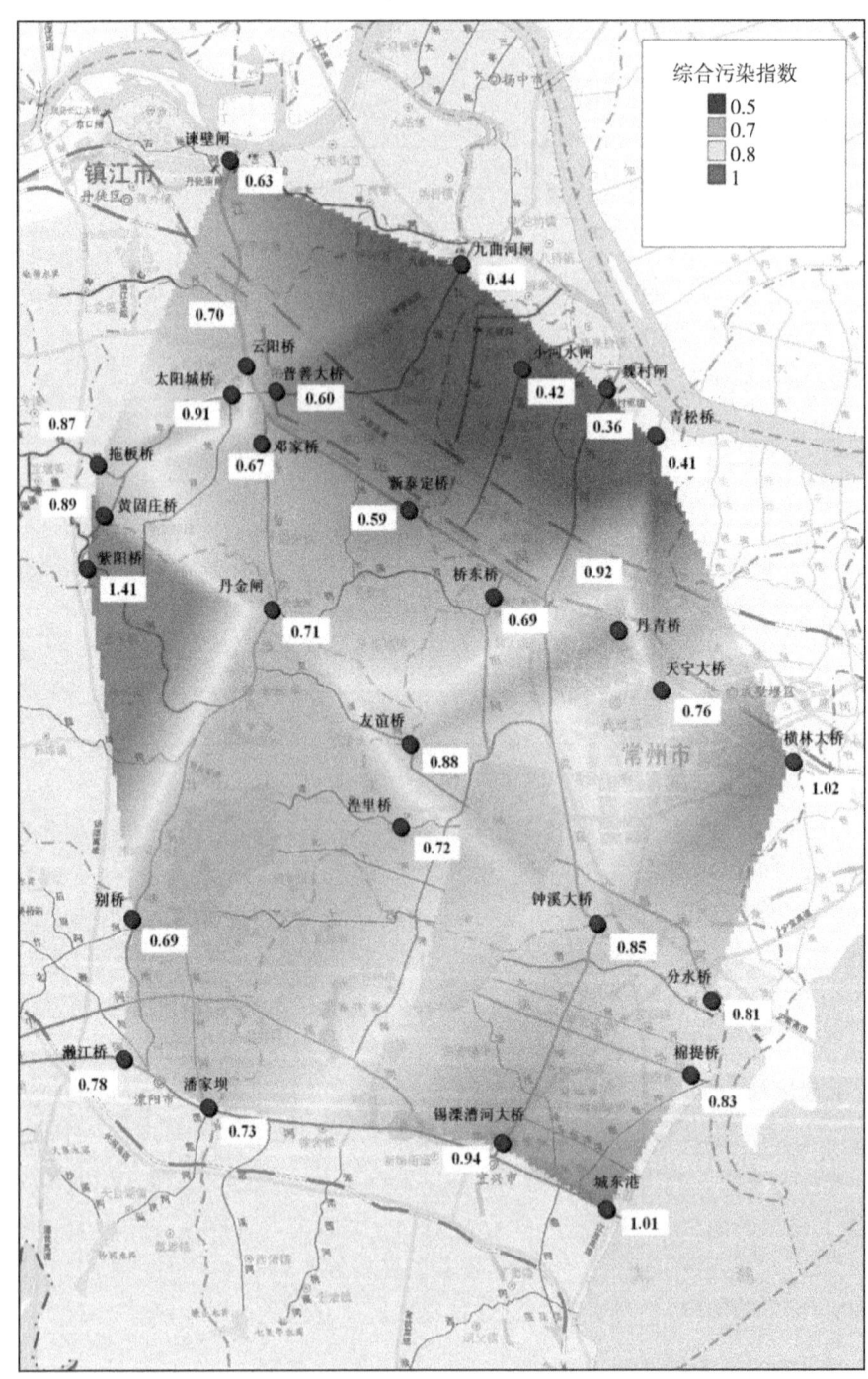

图 6.2-20　测验期间京杭运河等骨干河道综合污染指数分布图

6 引排水量影响因素

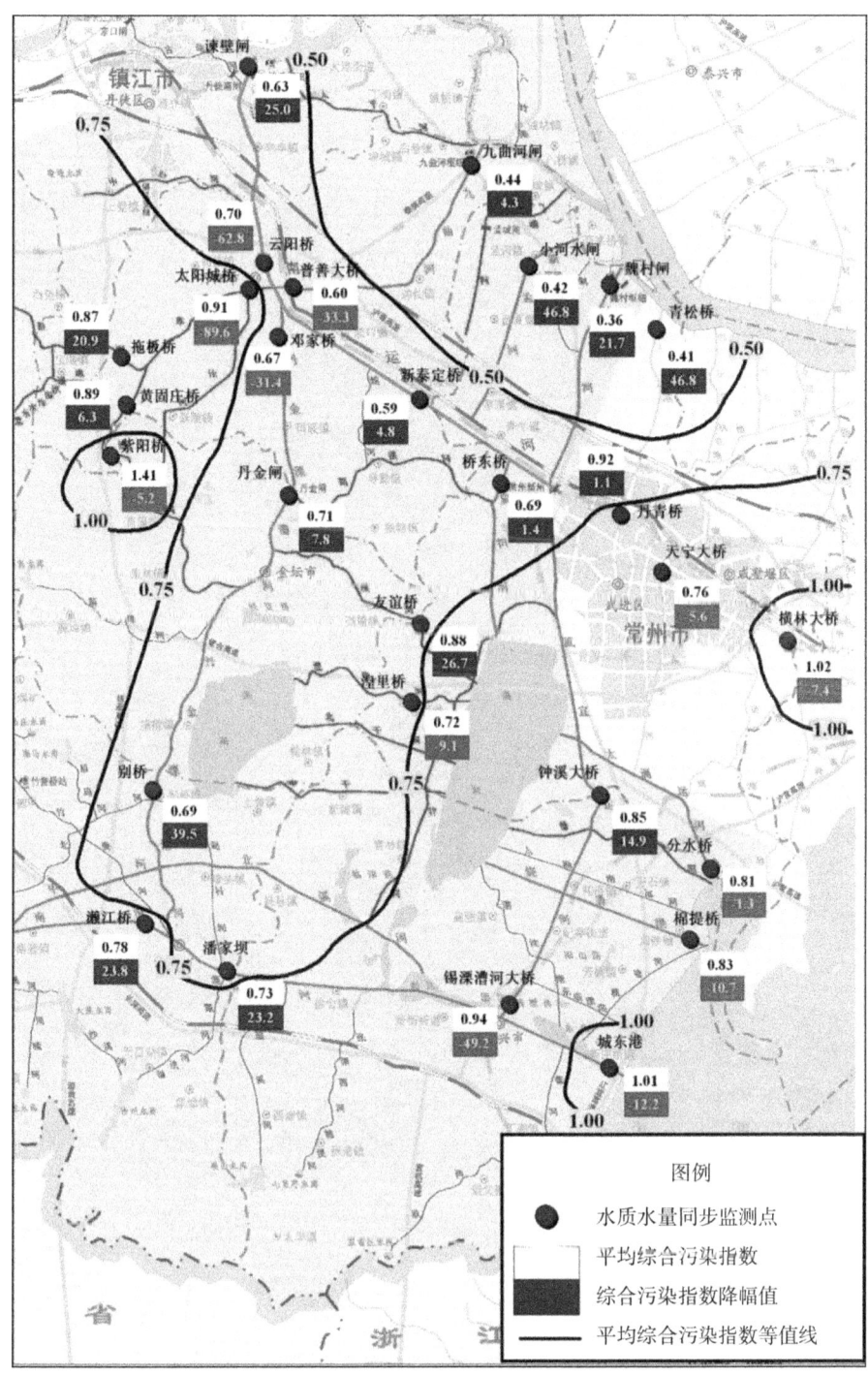

图 6.2-21 测验期间京杭运河等骨干河道综合污染指数等值线图(彩图详见书后)

江苏省太湖流域沿江引排水量研究

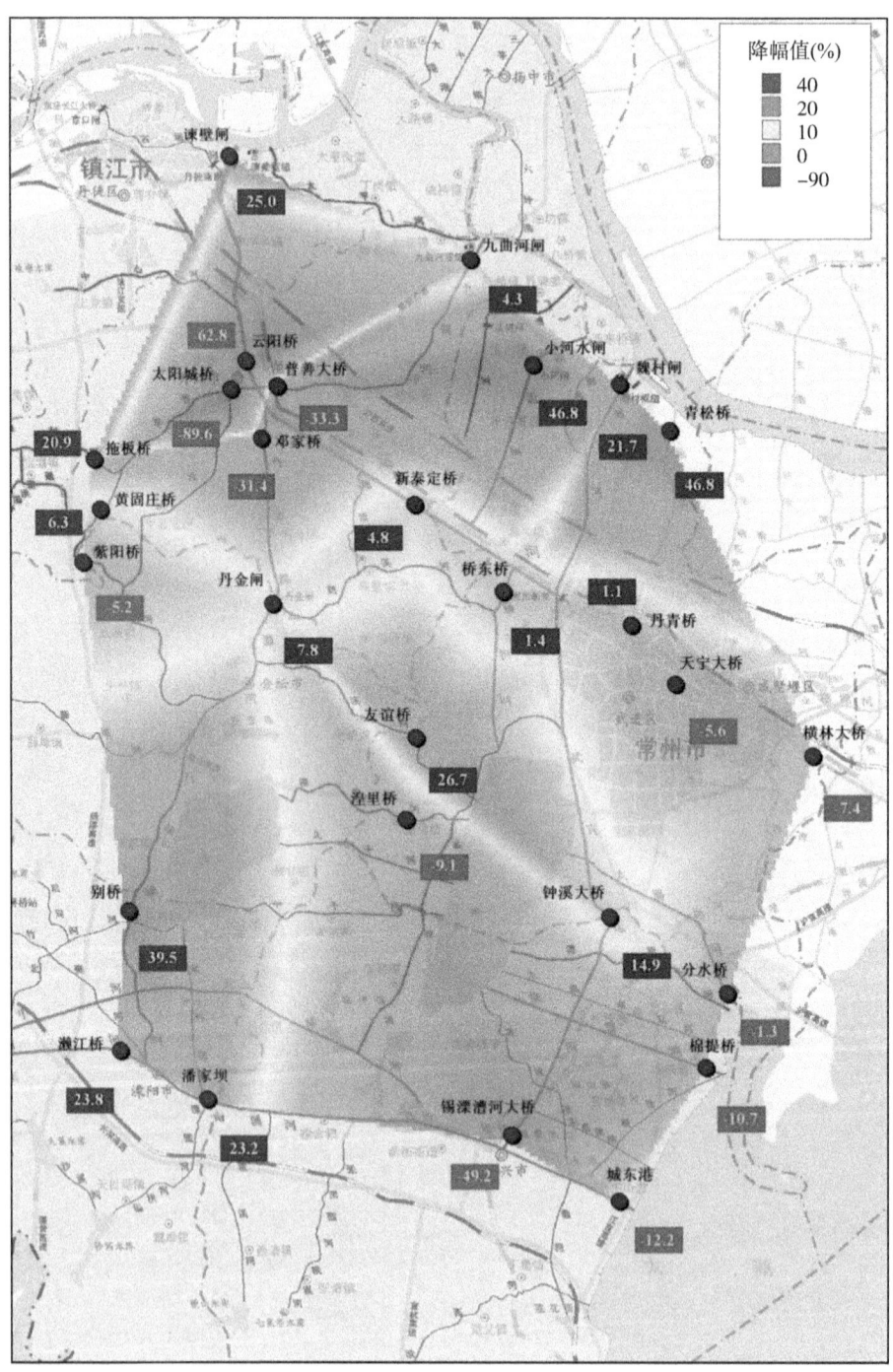

图 6.2-22　测验期间京杭运河等骨干河道水质影响分布图

（一）调水方案

试调水阶段方案为对沿江控制性水利工程魏村枢纽、澡港枢纽主要实施引排调度，采菱港枢纽实施关闸控制，对调水引流影响河道开展水量水质监测，为保障市区水环境及下一步开展主城区"畅流活水"调水试验提供支撑。正式调水阶段方案为通过沿江控制性水利工程魏村枢纽、澡港枢纽主要实施引排调度，并配合活动堰进行联合调度。

（二）测验方案

调水试验在常州市区主要河道上（Ⅰ区、Ⅱ区、Ⅲ区）布设水量、水质监测站点共48处，其中水量、水质同步监测站点6处；布设水体表观监测站点6处。监测断面分布情况见图6.2-23。

（三）水环境影响分析

调水对常州市主城区内河道水质改善起到了一定作用。就片区而言，调水对Ⅰ区的市区河道水质改善效果最为明显，Ⅱ区、Ⅲ区的运河以南片在调水初期改善不明显，到试验5天后水质才能得到一定程度的改善。就河道而言，常州市区河道的水质改善效果最为明显，而对横塘河水质改善效果并不显著。大运河以南片区，在试验初期受上游污染物汇入影响，各污染物浓度均有不同程度上升，但随着持续引水，试验5天后河道水质仍能得到一定程度的改善。同时可以看出，常州市主城区内河道氮污染较为突出，通过调水，对于城区河道氨氮、总氮的削减效果较为明显。

各分区河道污染物浓度降幅比较见图6.2-24。

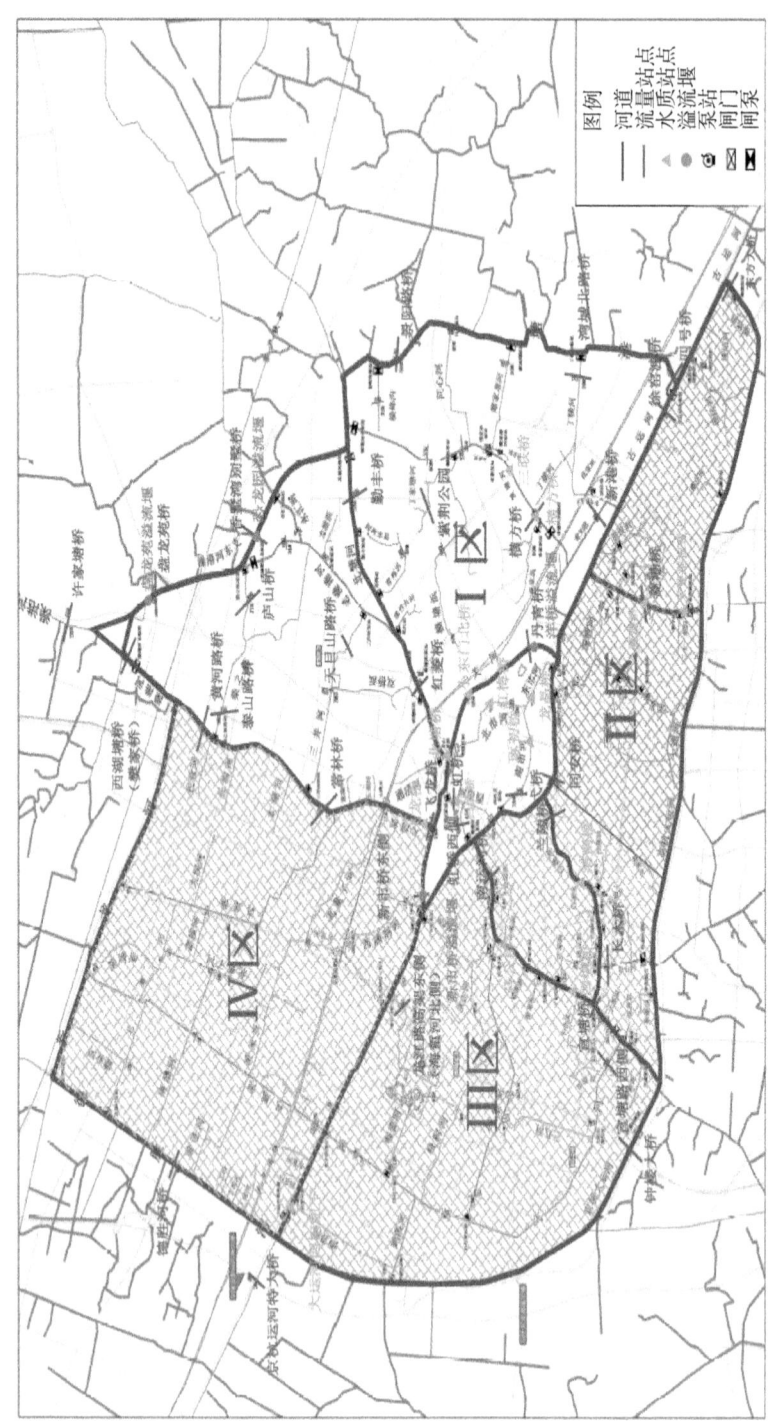

图 6.2-23 常州主城区"畅流活水"水量水质监测站点分布图

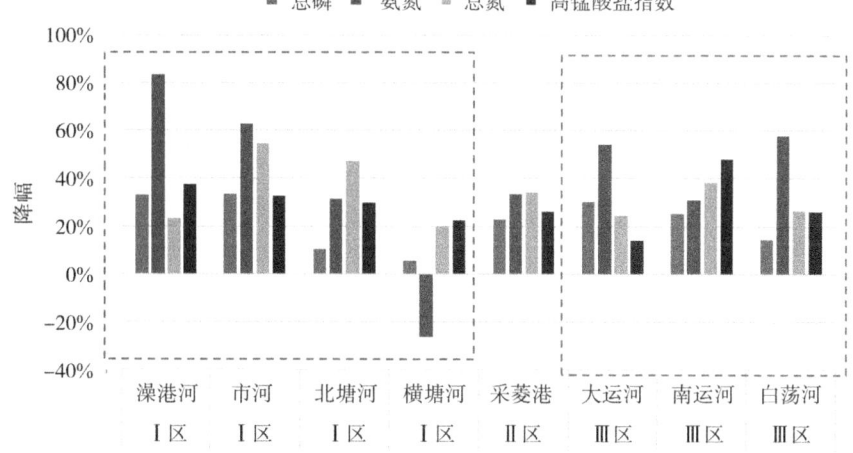

图 6.2-24 各分区河道污染物浓度变化比较图

6.2.6 综合分析

经对降水量、长江上游来水量、沿江潮位及太湖水位对引排水量的分析,结果表明:降水量对于引排水量的影响是最为显著的。其中:对于引水而言,降水量的影响最为显著,即表现为降水量大,引水量小,反之则引水量大;长江上游来水及太湖水位与引水量的关系不明显,只是在偏旱、偏丰等特殊年份表现出较为显著的负相关关系。对于排水而言,降水量的影响最为显著,太湖水位次之,长江上游来水量的影响不显著。降水量大则排水量大,反之则排水量小;太湖水位高则排水量大,反之则低。

6.3 水利工程影响分析

一、主要水利工程

太湖流域作为中国经济最为发达的地区之一,新中国成立以来,发生了多次洪涝灾害,损失严重。1991年以来,国家在太湖流域逐步建成了湖西引排工程、新孟河工程、武澄锡引排工程及望虞河工程等流域骨干工程等。

（一）湖西引排工程

湖西引排工程是江苏省湖西地区的主要防洪引水工程,位于江苏省常州、无锡和镇江市境内,是湖西地区从长江引水和向长江、太湖排水的工程。工程主要包括魏村枢纽、九曲河枢纽等江边枢纽、河道工程以及新闸工程。工程主要任务为排涝、供水,具有承泄地区涝水和干旱年份引供水的功能。

（二）新孟河工程

新孟河北起长江，南至百渎口入太湖，全部在江苏省境内，全长约116.47 km。新孟河工程是《总体方案》《防洪规划》和《水资源综合规划》等规划的流域骨干工程之一，具有改善水环境、防洪排涝、水资源配置、航运等综合利用功能。工程主要包括界牌水利枢纽、奔牛水利枢纽、沿线堤防等。

（三）武澄锡引排工程

武澄锡引排工程位于无锡和常州市境内，是武澄锡地区防洪除涝和从长江引水的工程。工程主要包括白屈港、新夏港、新沟河、澡港等沿江枢纽工程，以及河道工程、西控制线工程等。工程主要任务为防洪、除涝、供水，可有效减轻太湖洪水压力，并减少入望虞河涝水量，为望虞河承泄太湖洪水腾出通道。

（四）望虞河工程

望虞河南起太湖边沙墩口，北至耿泾口入长江，全部在江苏省境内，全长60.3 km。望虞河工程是排泄太湖洪水、流域引水的关键性工程，具有防洪、供水、除涝和改善水环境等综合效益。工程主要包括望亭水利枢纽、常熟水利枢纽、沿线堤防等。

二、水利工程引排能力分析

从20世纪60年代开始，太湖流域沿江口门陆续开始修建枢纽和闸站，实现沿江水量实施控制调度。根据统计，截至目前，沿江口门总设计引水能力为9 853.1 m³/s，总设计排水能力为8 784.94 m³/s。为分析水利工程对引排量的影响，以20年为单元，划分为1956—1980年、1981—2000年、2001—2023年三个阶段，统计各市枢纽闸站的引排能力变化情况。由表6.3-1可知，从引水设计能力来说，三个阶段的引水能力不断增加，从2 566.1 m³/s增至9 853.1 m³/s（折合引水量3 107亿 m³），增长率达284%；三个阶段的排水设计能力也不断增加，从2 804 m³/s增加至8 784.94 m³/s（折合排水量2 770亿 m³），增长率达213%。这与太湖流域不断加强流域性水利工程建设相关。

表6.3-1　太湖流域沿江口门不同阶段水利工程引排设计能力表

引排能力(m³/s)	行政区	1956—1980年	1981—2000年	2001—2023年	合计
引水	镇江市	535	0	860	1 395
	常州市	500	360	140	1 000
	无锡市	369	276.1	523	1 168.1
	苏州市	1 162.1	2 504.8	2 623.1	6 290
	小计	2 566.1	3 140.9	4 146.1	9 853.1

续表

引排能力(m^3/s)	行政区	1956—1980 年	1981—2000 年	2001—2023 年	合计
引水	镇江市	1 140	0	210	1 350
	常州市	185	310	140	635
排水	无锡市	385	450.1	640	1 475.1
	苏州市	1 094	2 263.4	1 967.44	5 324.84
	小计	2 804	3 023.5	2 957.44	8 784.94

三、影响分析

绘制引水量、排水量与水利工程引排能力的关系曲线。由图 6.3-1、图 6.3-2 可以看出，随着沿江水利工程建设的力度增加，引排水设计能力的增加，引水量和排水量也总体呈增加趋势，但这种趋势不明显。

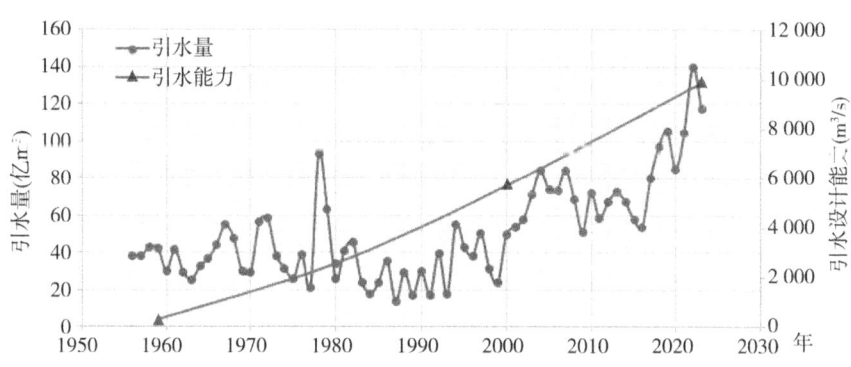

图 6.3-1 引水量与引水能力变化趋势对比图

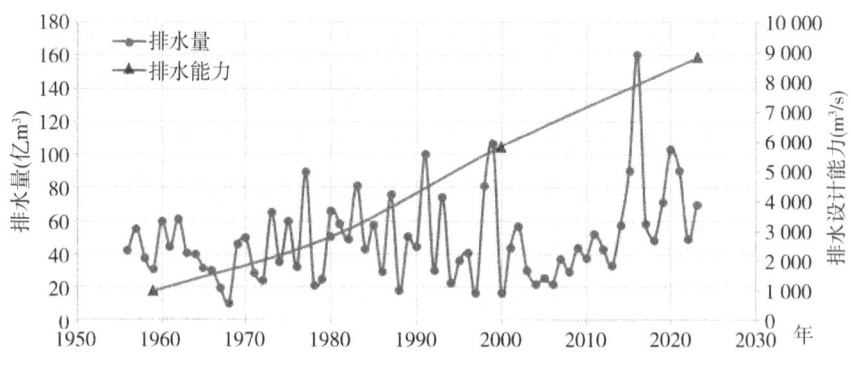

图 6.3-2 排水量与排水能力变化趋势对比图

分析太湖流域江苏段镇江谏壁闸、常州魏村闸、无锡定波闸及苏州望虞闸四个重要口门建成投运后对引排水量的影响。其中,镇江谏壁闸水利枢纽(含谏壁抽水站)于1959年建成投运,设计引排能力为460 m³/s、1 140 m³/s;常州魏村水利枢纽于1996年建成投运,设计引排能力为360 m³/s、310 m³/s;无锡定波闸水利枢纽于1967年建成投运,并于2009年进行改造,设计引排能力为180 m³/s、260 m³/s;苏州望虞闸水利枢纽于1998年建成投运,并于2009年进行改造,设计引排能力为555 m³/s、555 m³/s。

表6.3-2计算了镇江谏壁闸、常州魏村闸、无锡定波闸及苏州望虞闸站水利枢纽建设投运以来口门引排水量占全市引排水量的比例。其中,谏壁闸、魏村闸、定波闸、望虞闸引水量占镇江市、常州市、无锡市、苏州市总引水量平均比例分别为53%、36%、75%、45%,排水量占全市总排水量比例分别为25%、43%、79%、33%。从引水量占比来看,定波闸占比最高,其次是谏壁闸、望虞闸、魏村闸;从排水量占比来看,定波闸最高,其次是魏村闸、望虞闸、谏壁闸。这表明,水利工程的建设导致引排设计能力的提升,为工程调度扩大引排长江水提供了基础。

表6.3-2 重点工程建成后的引排水量占比情况

占比(%)	镇江谏壁闸 (1959年)		常州魏村闸 (1996年)		无锡定波闸 (1967年)		苏州望虞闸 (1998年)	
	引水量	排水量	引水量	排水量	引水量	排水量	引水量	排水量
平均	0.53	0.25	0.36	0.43	0.75	0.79	0.45	0.33
最大	1.00	1.00	0.49	0.59	1.00	1.00	0.78	0.45
最小	0.01	0.00	0.27	0.28	0.00	0.01	0.18	0.10

7 典型年引排水量

7.1 确定典型年

7.1.1 典型年确定

选用1956—2023年太湖流域江苏片布局均匀、资料质量好、系列完整的雨量站,采用面积加权法计算研究区逐年面平均雨量。根据68年逐年面平均雨量,进行降水量频率计算。太湖流域江苏片降水量特征值及降水量频率分析结果见表7.1-1、表7.1-2。

表7.1-1 太湖流域江苏片年降水量特征值　　　　单位:mm

太湖流域	多年平均 (1956—2023)	历史最大		历史最小	
		降水量	年份	降水量	年份
降水量	1 138.9	1 966.4	2016	598.3	1978

表7.1-2 太湖流域江苏片年降水量频率分析　　　　单位:mm

参数	全年	频率	降水量
EX	1 138.9	$P_{25\%}$	1 253.0
C_v	0.18	$P_{50\%}$	1 102.0
C_s/C_v	5.5	$P_{75\%}$	988.9
		$P_{95\%}$	868.2

根据频率分析结果,结合历史事件调查统计,选取2020年作为丰水年、2010年作为平水年、2011年作为一般枯水年、1994年作为特枯水年。结果见表7.1-3。

表 7.1-3　太湖流域江苏片典型年选取统计表　　　　　单位：mm

年型	丰水年	平水年	一般枯水年	特枯水年
年份	2020 年	2010 年	2011 年	1994 年
降水量	1 437.6	1 060.6	1 110.0	843.9

注：2011 年太湖流域全年降水量虽然接近平水年，但全年水资源总量相对匮乏。1—5 月严重偏旱，太湖水位持续下降，遭遇了 60 年以来最严重的旱情，自 6 月 3 日起流域内持续强降水，发生旱涝急转。综合考虑选定 2011 年作为一般枯水年。

7.1.2　丰水年分析

2020 年江苏省太湖流域强降水多发频发，太湖年最高水位达 4.79 m，发生流域性大洪水，地区河网水位全面超警超保，部分站点水位创有实测资料以来新高。

雨情：2020 年江苏省太湖流域全年降水量为 1 437.6 mm，较常年同期偏多近三成。汛期(5—9 月)降雨量为 1 055.8 mm，较常年同期偏多近五成。入梅早，出梅迟，梅雨期为 42 天，较常年偏多 17 天；梅雨期降雨异常偏多，降水较为集中，梅雨量为 613 mm，较常年偏多 154%，位列 1954 年以来第 3 位。

水情：2020 年入梅后，受上游来水和下游潮汐顶托影响，长江干流江苏段潮位全线超警，超警幅度 0.41~1.82 m，镇江站全年超警 69 天，其中高潮位连续超警 57 天，期间超保 6 天。受持续降水影响，太湖水位快速上涨，6 月 28 日涨至警戒水位 3.8 m，太湖 1 号洪水形成；7 月 20 日涨至年最高水位 4.79 m，与 1991 年并列 1954 年以来第 3 位。其后，受高温少雨影响，太湖水位持续下降，8 月 14 日水位降至 3.8 m 以下，持续超警 48 天，超保 9 天。涨水期，太湖水位最大单日涨幅达 0.16 m，超过 2016 年洪水最大单日涨幅。洪水期间，地区河网水位全面超警超保，沿江镇江(二)站潮位超历史最高水位长达 5 天。

出入湖水量：2020 年，环太湖总入湖水量为 139.4 亿 m^3，主要来自湖西区和浙西区，分别占总入湖水量的 65% 和 29%，合计比例达到 94%；总出湖水量为 135.8 亿 m^3，主要为太浦闸、阳澄淀泖区，分别占总出湖水量的 37% 和 21%，合计比例达到 58%。时程上，除汛后入湖水量小于出湖水量，其他时段均为入湖水量大于出湖水量；入湖水量、出湖水量均主要集中在汛期，分别为 77.65 亿 m^3 和 73.53 亿 m^3。

沿江引排水量：沿长江主要口门是指沿长江江苏段谏壁闸(含抽水站)、九曲河闸(含抽水站)、魏村闸、澡港闸、定波闸、新沟河闸(包括节制闸和泵站)、白屈港枢纽(包括套闸、节制闸、抽水站)、张家港闸、十一圩港闸、浒浦闸、白茆闸、

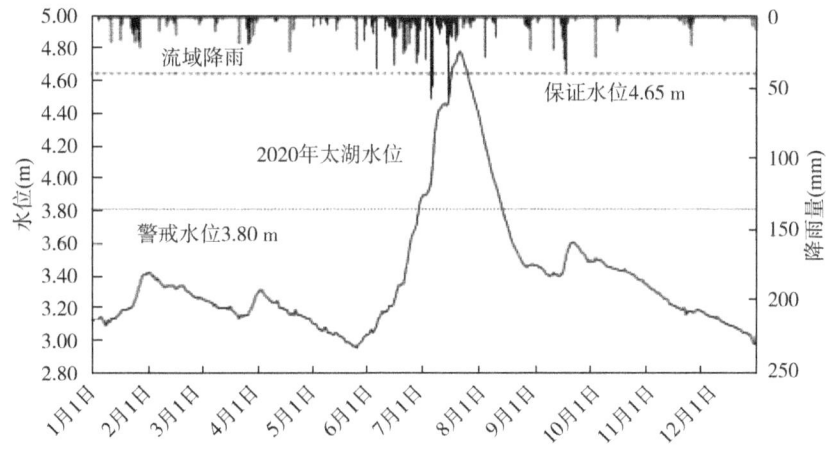

图 7.1-1　2020 年太湖水位过程线

七浦闸、杨林闸、浏河闸等 14 个口门和常熟水利枢纽。全年沿长江总引水量为 62.73 亿 m^3，总排水量为 81.66 亿 m^3，排水量大于引水量。时程上，汛前和汛后引水量大于排水量，汛期排水量大于引水量；沿长江口门汛期引水量为 22.85 亿 m^3，占全年的比例为 36%；沿长江口门汛期排水量为 67.14 亿 m^3，占全年的 82%。

7.1.3　平水年分析

2010 年江苏省太湖流域全年降水量为 1 060.6 mm，较多年平均基本持平，属正常年份。汛期，太湖流域降雨总量偏少，但梅雨期偏长、梅雨量偏多；太湖及河网水位正常略偏高，流域汛情总体平稳。

雨情：2010 年梅雨量为 247.2 mm，较多年平均偏少一成，入梅正常，出梅偏迟，降水分布不均，苏南东南部梅雨量偏少，其他地区偏多，降水呈间歇性，短时降水强度大。

水情：2010 年汛期江苏省总体水情平稳，未发生大的流域性洪水。受降雨影响，太湖 6 月底至 7 月中旬水位一直处于上升过程，汛期湖平均最高水位为 3.75 m，超警戒水位 0.25 m，共超警戒 21 天。受 7 月上中旬的强降雨影响，江苏省太湖流域主要河道 7 月 11 日左右开始上涨，苏南大运河主要代表站丹阳、常州、无锡、苏州均出现超警戒水情。

出入湖水量：2010 年，环太湖总入湖水量为 118.8 亿 m^3，主要来自湖西区，占总入湖水量的 68%；总出湖水量为 110.1 亿 m^3，主要为阳澄淀泖区，占总出湖水量的55%。时程上,汛前、汛期和汛后均为入湖水量大于出湖水量;入湖水量、出湖水量均主要集中在汛期,分别为53.98亿 m³ 和46.82亿 m³。

沿江引排水量:2010年,沿长江总引水量为56.36亿 m³,总排水量为26.45亿 m³,引水量大于排水量。时程上,汛前引水量略小于排水量,汛期和汛后引水量大于排水量;沿长江口门汛期引水量为31.58亿 m³,占全年的比例为56%;沿长江口门汛期排水量为15.96亿 m³,占全年的61%。

7.1.4 一般枯水年分析

2011年江苏省太湖流域全年降水量为1110 mm,总量较常年持平,但降水时空分布明显不均。2010年10月开始降水异常偏少,发生了近60年来最严重的秋冬春连旱。由于少雨程度重、持续时间长,加之长江来水普遍减少,导致江河、湖泊水位异常偏低,太湖处于历史最低水位。

雨情:2010年10月1日至2011年6月30日,江苏全省降雨明显偏少,平均无有效降水日达249天,蒸发量为405 mm。2011年1—5月,太湖地区降雨严重偏少,累计降雨仅163 mm,约占年平均雨量的15%,较常年偏少六成,为1951年(解放前无完整记录)以来同期最少值。沿江苏南地区2010年10月1日至2011年5月31日累计面雨量239.1 mm,比常年同期少55%,为历年同期最小值;2011年1月至6月8日面雨量仅152 mm,为近60年来同期最少。

水情:2011年年初至5月,受流域持续干旱少雨和上游来水偏少影响,太湖水位缓慢下降,5月18日,太湖水位最低降至2.74 m,低于多年平均水位0.34 m,为1954年来同期第三低水位;河网水位也随之持续下降;与常年同期相比,汛初至6月14日,太湖水位偏低0.02~0.34 m;其余时段较常年同期基本偏高,偏高最大幅度达0.69 m(6月23日)。汛前地区河网水位普遍偏低,整体呈逐步下降趋势;汛期,前期地区河网水位持续偏低,入梅后受梅雨期降雨影响,流域地区河网水位普遍大幅上涨,大部分站点出现超警戒水位,局部超保证水位。

出入湖水量:2011年,环太湖总入湖水量为108.8亿 m³,主要来自湖西区,占总入湖水量的58%;总出湖水量为95亿 m³,主要为阳澄淀泖区,占总出湖水量的44%。时程上,汛前和汛后均为入湖水量小于出湖水量,汛期入湖水量大于出湖水量;入湖水量、出湖水量均主要集中在汛期,分别为66.78亿 m³ 和51.25亿 m³。

沿江引排水量:实施引江济太,2010年10月1日便开启常熟枢纽泵站抽引江水,补水入太湖,截至2011年6月9日累计抽引江水31.6亿 m³。组织沿江地区全力抢潮引水、开机翻水，保证沿江地区的农业和社会用水，其中 5 月 13 日调度镇江谏壁闸开机抽引长江水，实施湖西地区应急调水，通过湖西地区河网向太湖和周边地区补水，增加太湖湖西地区抗旱水源。2011 年全年沿长江总引水量为 47.95 亿 m³，总排水量为 27.82 亿 m³，引水量大于排水量。时程上，汛期引水量小于排水量，汛前和汛后引水量远大于排水量；沿长江口门汛期引水量为 17.47 亿 m³，占全年的比例为 36%；沿长江口门汛期排水量为 26.83 亿 m³，占全年的 96%。

7.1.5 特枯水年分析

1994 年江苏省遭遇了 60 年来罕见的干旱，太湖地区又是旱情最为严重的地区之一。1994 年江苏省太湖流域全年降水量为 843.9 mm，较常年偏少近三成。晴热少雨、持续高温，主要江河湖库蓄水几近枯竭、水位急剧下降，太湖水位跌至历史最低点 2.82 m。

雨情：1994 年，江苏省发生了春、夏、秋连续干旱。4 月下旬至 8 月 25 日，江苏省降雨量较常年同期少近五成，特别是 6 月下旬的梅雨期间，梅期短，梅雨量仅 39 mm，比正常年景梅雨量少近九成，几近"空梅"。

水情：在降雨少、高温持续时间长的情况下，江苏省主要江河上中游来水也异常偏少。久旱无雨，山丘区塘坝、水库几近枯竭，从河道取水量增加，使得河、湖水位迅速下降。7 月初至 9 月下旬，长江干流大通站流量维持在 30 000 m³/s 左右，比常年同期少 10 000 m³/s，沿江潮位较常年同期低 0.5~0.8 m，沿江涵闸引水量不足。

沿江引排水量：为解决太湖湖西地区抗旱水源问题，省防指调度谏壁抽水站全力翻引江水，沿大运河、丹金溧河向湖西地区补水，并于 8 月中旬现场协调，采取在高淳杨家湾临时架设机泵 50 台套计 20 m³/s 抽水，通过开启茅东闸向南河放水，解决溧阳南渡以西和高淳部分地区的抗旱水源问题。沿江各类涵闸抓住时机，多引江水，补充内河及河网地区水源。据统计，抗旱期间，江苏省沿江各类水利工程抽引江水 160 亿 m³，太湖流域沿江引江水量为 55.36 亿 m³。

7.2 特殊洪涝年

经前述频率分析及历史调查统计分析，近 30 年太湖流域共发生四次较大规模的超强降雨及超标洪水，分别发生在 1991 年、1999 年、2016 年的梅雨期间，太湖最高水位均接近或达到 4.8 m，均超过保证水位 4.65 m。

表 7.2-1 太湖流域性洪水降水量及太湖最高水位统计表

洪水年份	梅雨期(d)	最大 30 天降水量(mm)	太湖最高水位(m)
1991	55	489.1	4.79
1999	43	621.1	4.97
2016	31	446.0	4.88

7.2.1 1991 年大洪水

雨情：1991 年洪水为梅雨型洪水，入梅早，梅雨期长，降水量集中，强度大，暴雨中心主要位于北部的湖西区和武澄锡虞区，降水量集中在 6 月中下旬及 7 月上旬。太湖流域 5 月 19 日入梅，7 月 13 日出梅，梅雨期达 55 d。

水情：太湖水位从 6 月 4 日开始起涨，至 7 月 16 日太湖最高水位达到 4.79 m，涨幅 1.45 m，造峰历时 42 天，比当时历史最高水位（1954 年）高 0.14 m，太湖水位有 62 天超过 4 m。至 8 月 25 日，即达到最高水位 40 天后太湖水位退至警戒水位 3.5 m 以下。

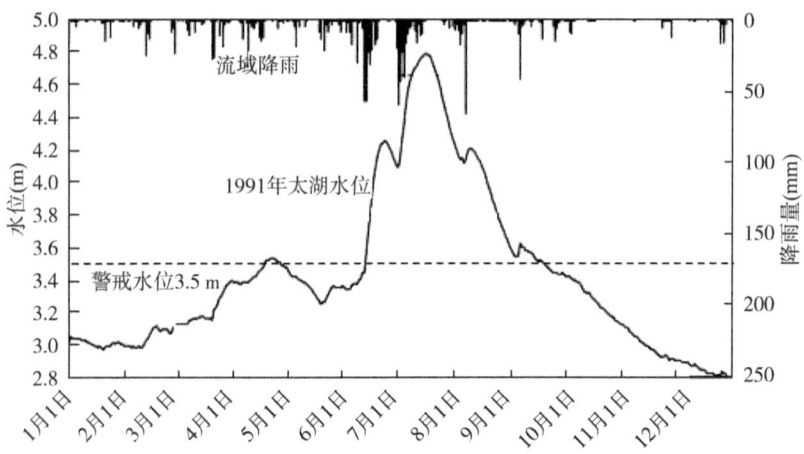

图 7.2-1 1991 年太湖水位过程线

出入湖水量：6 月 11 日至 7 月 15 日，进入太湖的洪水入流总量达 32 亿 m³。同期湖面产流 12 亿 m³，出湖水量为 11.4 亿 m³（其中已含太浦闸泄水量 2 亿 m³）。因此可以认为，在这 35 天中，太湖的出流只排出了相当于同期湖面降水所产生的径流，大量入湖洪水滞蓄于湖中，结果造成历史上罕见的高水位。

沿江引排水量:1991年涨水期为6月11日至7月15日,流域平均降水为535 mm,洪水总量为124.5亿 m³(不含浦东、浦西区),太湖调蓄为31.7亿 m³。洪水运动趋势为向南、向东和向北三个方向分流,其中58%外排水量向北排入长江,42%外排水量向南、向东分别排入杭州湾和黄浦江。排入长江水量为43.6亿 m³。

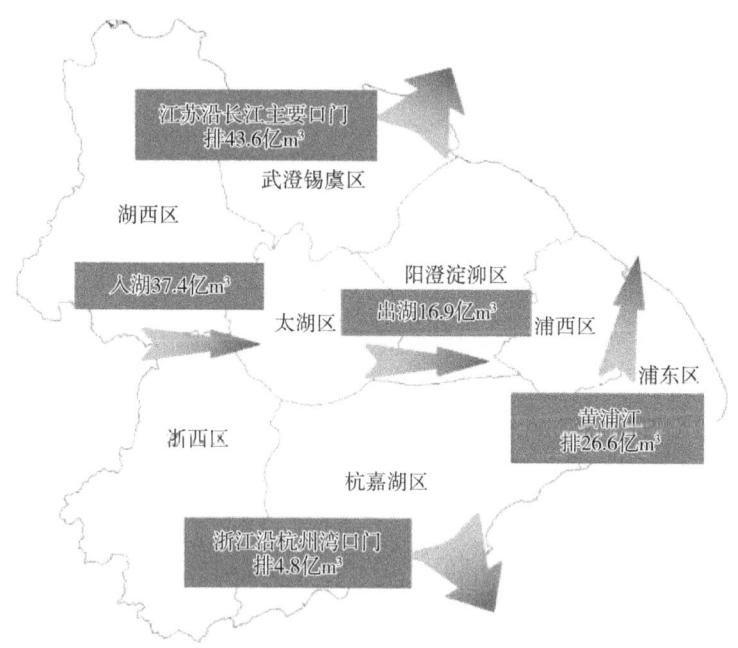

图 7.2-2　1991年涨水期洪水水量情况

7.2.2　1999年大洪水

1999年洪水是有历史记录以来最大的梅雨型洪水,暴雨集中、总量大、强度大,暴雨中心分布在太湖区、浙西区。

雨情:江苏省淮河以南地区6月6日入梅,7月20日出梅,梅雨期长达45天,较常年多20余天;江苏省太湖地区面平均梅雨量为663 mm,为常年梅雨量的2.9倍,其中西山、平望降雨量超过800 mm。主雨期发生在6月7日至7月1日,形成1999年太湖最高水位的主要降水时段约为25天。其30日、90日降水量分别达621.1 mm、1044.1 mm,重现期超过200年;最大15天降雨量为394.6 mm,重现期为60～100年。

水情:由于本地降雨集中,上游来水和雨锋叠加,又恰逢下游高潮顶托,致使下游河网地区水位不断抬高,各地水位持续升高,太湖水位创历史新高,达 4.97 m。太湖平均水位自 6 月 10 日超过警戒水位,7 月 8 日最高达 4.97 m,比 1991 年的历史最高水位高 0.18 m,4.79 m 以上的高水位一直持续到 7 月 15 日,维持 13 天之久。

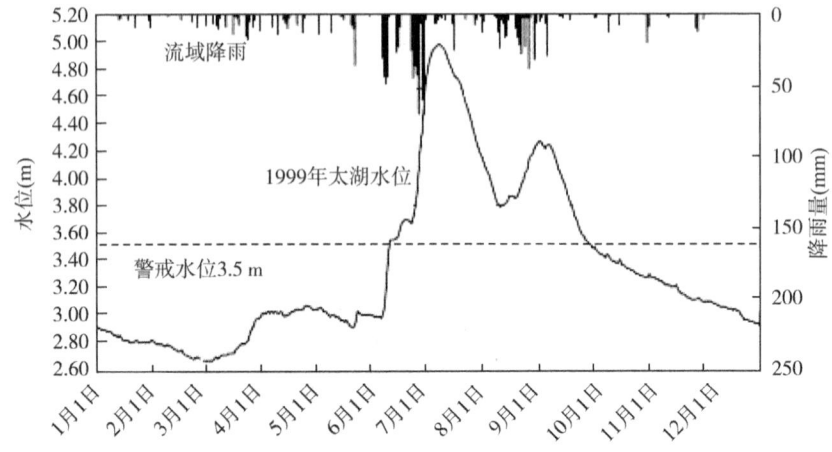

图 7.2-3　1999 年太湖水位过程线

出入湖水量:1999 年太湖涨水期为 6 月 7 日至 7 月 8 日,流域洪水总量为 181.2 亿 m³。其间,入湖水量为 42.7 亿 m³,出湖水量为 17.3 亿 m³,出湖占入湖水量的 41%。排入长江 33.6 亿 m³,其中江苏沿江口门入长江为 31.6 亿 m³。

沿江引排水量:4 月 12 日,太湖主要泄洪口门太浦闸、望亭水利枢纽开闸预泄太湖洪水,入梅前将太湖水位控制在 3.1 m 以下。6 月 20 日入梅后,太湖水位猛涨。太浦闸、望亭水利枢纽全力排水。省防指部署沿江各涵闸抢潮排水,并调度谏壁、魏村等泵站开机排水,调度望虞河常熟枢纽泵站于 6 月 25 日提前开机,6 月 26 日所有机组全部投入抽排涝水,加大望虞河泄水量。6 月 30 日,还调度尚未竣工的常熟枢纽船闸投入应急排水。7 月 4 日,无锡等地内河水位很高、受涝严重,根据国家防总调度指令,对望虞河水利枢纽开闸泄洪主动配合。望亭水利枢纽 7 月 10 日—24 日均超其设计流量泄洪,日最大泄洪流量达 496 m³/s;太浦闸日最大泄洪流量为 746 m³/s,同样超其设计流量。汛期太浦闸泄洪 28.4 亿 m³,望亭立交泄洪 27.6 亿 m³。6—9 月,江苏省太湖地区沿江闸站总排水量达 56 亿 m³,全年总排水量达 106.5 亿 m³。

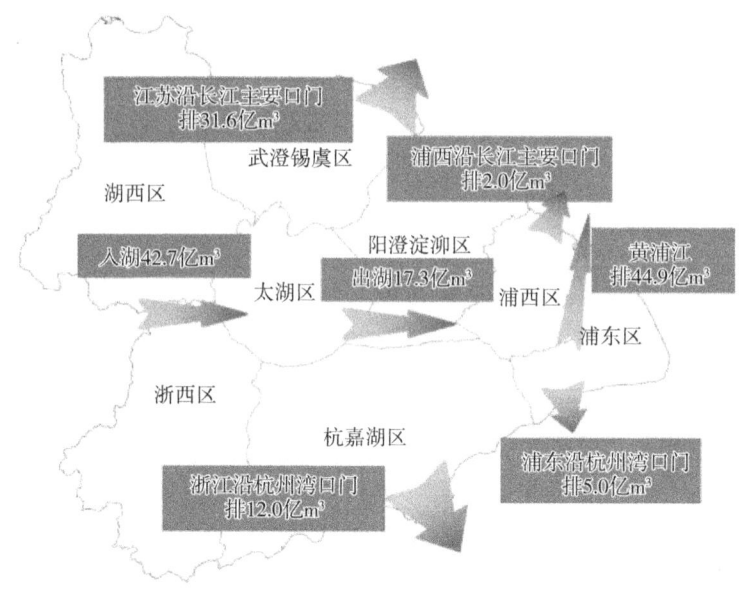

图 7.2-4　1999 年涨水期洪水水量情况

7.2.3　2016 年大洪水

2016 年,受超强厄尔尼诺现象影响,太湖流域片先后遭受春汛、梅汛、秋汛及多次台风暴雨影响,流域发生特大洪水,地区河网水位全面超警戒,河网代表站普遍超保证,部分站点水位创历史新高,主要江河控制站汛期最高水位大多超过警戒(或保证)水位,部分站点出现最大流量。

雨情:2016 年江苏省太湖地区降雨量为 1 966.4 mm,比常年偏多七成左右。汛期 5—9 月,江苏省太湖地区降雨量为 1 164.2 mm,超过 1999 年汛期降雨量,居历史第 1 位,比常年偏多超七成;汛后 10—12 月,江苏省太湖地区降雨量为 412.3 mm,比常年偏多 185%。2016 年太湖流域主要场次降水量统计表见表 7.2-2。降雨特点是降雨总量大,降雨强度较大、雨量极值多,降雨历时长、汛后降雨偏多。

表 7.2-2　2016 年太湖流域主要场次降水量统计表

场次	日　期	沿江苏南	全省
1	5月26日—28日	44.5	44.3

续表

场次	日期	沿江苏南	全省
2	6月19日—28日	211.0	154.8
3	6月30日—7月7日	274.3	183.5
4	7月11日—15日	57.3	50.3
5	9月14日—16日	137.6	90.9
6	9月27日—10月2日	121.8	94.1
7	10月19日—28日	203.6	155.2

水情：受汛前强降水影响，河湖底水偏高，长江来水较历史同期也总体偏多，大通站来水偏多近四成，前后期洪水叠加，江湖高水（潮）位顶托严重，洪水位屡登新高。5月1日水位上涨至3.52 m，位列1954年以来同期第一位，太湖高水位入汛。入梅日（6月19日）太湖水位为3.77 m，为1954年以来入梅日第二高水位，太湖高水位入梅。7月8日涨至全年最高水位4.88 m，仅低于1999年历史最高水位（4.97 m）0.19 m，为1954年以来第2高水位。太湖水位自6月3日年内首次超警，至8月4日退至警戒水位以下，超警历时长达60天，为1999年以来超警历时最长的一年。入梅后，受强降水影响，地区河网水位快速上涨，水位全面超警戒，最高水位普遍超保证，部分站点水位创历史新高。

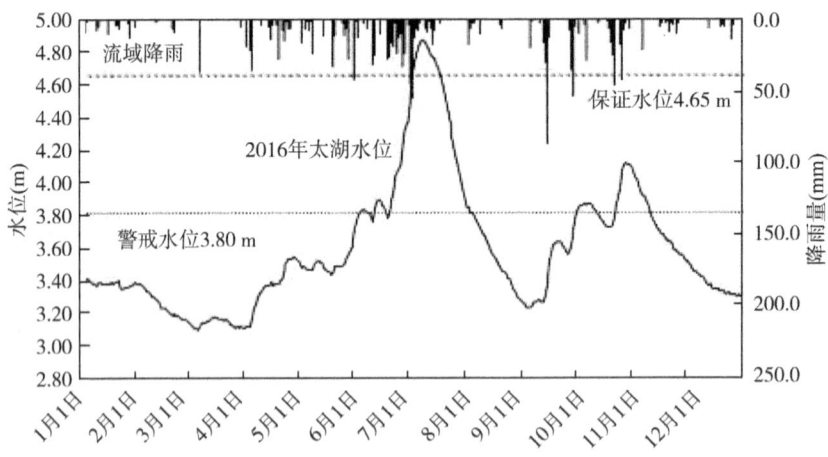

图 7.2-5　2016年太湖水位过程线

出入湖水量：2016年，环太湖入湖总水量为159.8亿 m³，主要来自湖西区和浙西区,分别占总入湖水量的66%和28%,合计比例达到94%;总出湖水量为167.3亿 m³,主要为太浦闸、阳澄淀泖区和望亭水利枢纽,分别占总出湖水量的41%、21%和21%,合计比例达到83%。时程上,除汛前入湖水量大于出湖水量,其他时段均为入湖水量小于出湖水量;入湖水量、出湖水量均主要集中在汛期,分别为87.52亿 m³、92.04亿 m³。

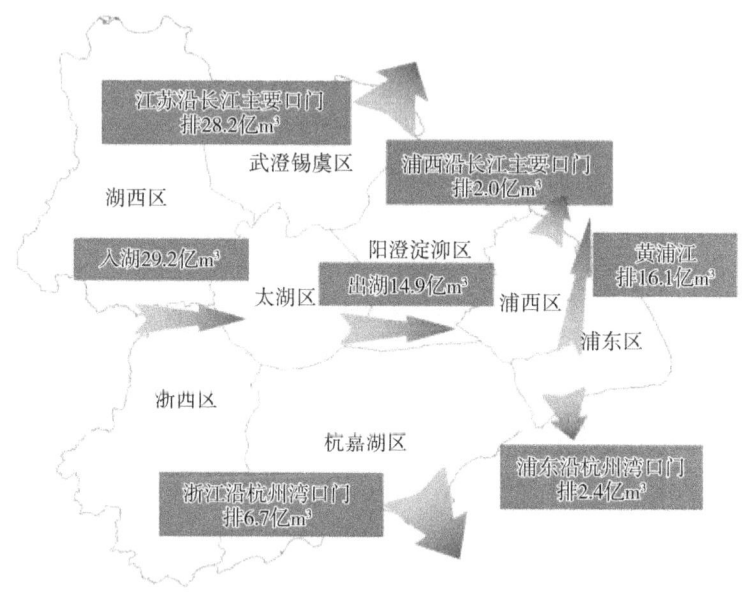

图 7.2-6　2016年涨水期洪水水量情况

沿江引排水量:2016年,沿长江总引水量为39.5亿 m³,总排水量为110亿 m³,排水量远大于引水量。汛期沿长江口门引水量为18.25亿 m³,占全年的比例为46%;汛期排水量为72.07亿 m³,占全年的66%。

7.3　特殊台风年

7.3.1　2009年"莫拉克"

2009年7月下旬开始,太湖流域相继遭受持续性强降雨和台风"莫拉克"影响,发生了流域性洪水,太湖出现1999年以来的最高水位。流域降雨持续时间之长、降雨之大、范围之广、叠加台风之险,是历史上少见的。

雨情:2009年,太湖流域年降水量为1 323.9 mm,较常年偏多一成以上。汛期(5—9月)降水量为776.1 mm,较常年偏多一成。7月21日开始,流域持续降雨,叠加 2009 年第 8 号台风"莫拉克"影响,9 日和 10 日太湖流域降大到暴雨,局部大暴雨到特大暴雨,至 8 月 11 日的 22 天中,雨日 20 天,累计降雨 345 mm,是常年同期的 4.1 倍,创历史同期新高。

水情:7 月 21 日以来,太湖流域持续降雨,受其影响,太湖水位于 7 月 29 日 8 时达到 3.52 m,汛期首次超警戒,至"莫拉克"台风影响前,8 月 8 日 8 时太湖水位已涨至 3.89 m,超警戒 0.39 m,高于常年同期水位 0.58 m。受"莫拉克"台风影响,太湖水位快速上涨,11 日 8 时,太湖水位突破 4 m,涨至 4.05 m。12 日 8 时,太湖水位为 4.11 m,较 8 日 8 时上涨 0.22 m,超过警戒水位 0.61 m,高于常年同期水位 0.83 m,位列历史同期第三位。7 月下旬至 8 月上旬,地区河网水位普遍大幅上涨,流域大部分站点超警戒水位,部分站点超保证水位,年最高水位基本出现在"莫拉克"台风影响期间。

出入湖水量:2009 年,环太湖总入湖水量为 107.7 亿 m^3,主要来自湖西区和武澄锡虞区,占总入湖水量的 73%;总出湖水量 99.48 亿 m^3,主要为阳澄淀泖区,占总出湖水量的 44%。时程上,除汛期入湖水量大于出湖水量,其他时段均为入湖水量小于出湖水量;入湖水量、出湖水量均主要集中在汛期,分别为 63.35 亿 m^3、54.18 亿 m^3。

沿江引排水量:2009 年 8 月 8 日至 11 日,沿江总排水量为 3.03 亿 m^3。其中阳澄淀泖区排 1.33 亿 m^3,占总排水量的 43.7%;常熟枢纽排 1.08 亿 m^3,占总排水量的 35.4%;湖西区和澄锡虞区合计排水 0.63 亿 m^3,占总排水量的 20%。全年沿长江总引水量为 39.32 亿 m^3,总排水量为 29.24 亿 m^3,引水量大于排水量。汛期沿长江口门引水量为 24.65 亿 m^3,占全年的比例为 63%;汛期排水量为 26.74 亿 m^3,占全年的 91%。

7.3.2　2019 年"利奇马"

2019 年共有 6 个台风对太湖流域造成风雨影响,台风强度大历时长,太湖旱涝急转。据国家气候中心评估,超强台风"利奇马"是 2019 年登陆我国的最强台风,陆上滞留时间为 1949 年以来第六长,风雨综合强度指数为 1961 年以来最大,10 多个省(市)受影响,直接经济损失为 2000 年以来第二多。

雨情:2019 年,太湖流域年降水量为 1 270.7 mm,与常年基本持平。汛期(5—9 月)降水量为 794.5 mm,较常年偏多一成。6 月 17 日入梅后,太湖流域连续降水,梅雨量为 310.7 mm,较常年偏多三成;6 月 17—20 日,太湖流域累计降水量达 109.5 mm,占梅雨总量的三成。8 月上中旬,受超强台风"利奇马"影响,9—10 日,太湖流域累计降水量达 160.7 mm。

水情：入梅后受降水影响，太湖水位持续上涨，太湖水位从入梅日的 3.06 m 涨至梅雨期最高水位 3.75 m(7 月 16 日)，累计涨幅 0.69 m，最大日涨幅 0.12 m(6 月 20 日)。8 月上中旬，受超强台风"利奇马"影响，太湖水位由 8 月 9 日的 3.41 m 快速上涨至 14 日的 3.79 m，累计涨幅 0.38 m，最大日涨幅为 0.12 m(8 月 9—10 日)；9—12 日，地区河网水位快速上涨，普遍出现年最高水位，且普遍超警戒，部分站点超保证，个别站点超历史纪录。

出入湖水量：2019 年，环太湖总入湖水量为 126.1 亿 m³，主要来自湖西区，占总入湖水量的 58%；总出湖水量为 114 亿 m³，主要为太浦闸和阳澄淀泖区，分别占总出湖水量的 38% 和 20%，合计比例达到 58%。时程上，除汛前入湖水量小于出湖水量，其他时段均为入湖水量大于出湖水量；入湖水量、出湖水量均主要集中在汛期，分别为 63.57 亿 m³、47.83 亿 m³。

沿江引排水量：台风"利奇马"对江苏沿江地区的引排水工作带来了严峻挑战。针对苏南运河部分站点超警、沿江潮位顶托自排受限的情况，江苏省水利厅调度沿江常熟枢纽、新沟河江边枢纽、白屈港枢纽闸泵联合运行，全力排水入江；同时开启蠡河枢纽，排运河涝水入望虞河，加快涝水北排入江。全年沿长江总引水量为 75.05 亿 m³，总排水量为 44.52 亿 m³，引水量大于排水量。汛期沿长江口门引水量为 28.24 亿 m³，占全年的比例为 38%；汛期排水量为 29.15 亿 m³，占全年的 65%。

7.3.3　2021 年"烟花"

第 6 号台风"烟花"移速异常慢，且横穿太湖流域，影响太湖流域的时间长达 6 天，在流域内滞留时间超过 24 小时，属历史少见。"烟花"登陆时又恰逢天文大潮，在风、雨、潮、洪"四碰头"影响下，太湖水位迅速上涨，太湖发生 2021 年第 1 号洪水，影响期间流域河网多站水位超历史实测最高纪录。

雨情：2021 年，太湖流域年降水量为 1 413.1 mm，较常年偏多 12%。汛期(5—9 月)，太湖流域雨日 106 天，降水量为 1 013.3 mm，较常年同期偏多 34%。7—8 月，太湖流域接连遭遇 6 号台风"烟花"和盛夏连阴雨天气影响，降水量占汛期降水量的六成以上，其中 7 月降水量达 379.5 mm，位列 1951 年以来同期第 1 位。

水情：2021 年，太湖年平均水位为 3.33 m，较常年(3.25 m)偏高 0.08 m；年最高水位为 4.21 m(8 月 3 日)，超过警戒水位(3.8 m)0.41 m，较多年平均年最高水位(3.93 m)偏高 0.28 m。受"烟花"台风影响，7 月 23—27 日，太湖流域累计降水量 224.5 mm，太湖水位迅速上涨，7 月 27 日 23 时达 3.82 m，太湖发生2021年第1号洪水,8月3日涨至年最高水位4.21 m,超过警戒水位0.41 m,累计涨幅0.74 m,位列台风暴雨引起太湖水位涨幅的第2位。全年太湖水位超警40天,均位于汛期。7月末至8月初,地区河网水位有一次明显上涨过程,地区河网多站水位超历史实测最高水位,各分区代表站普遍超警。

出入湖水量:2021年,环太湖总入湖水量为130.2亿 m³,主要来自湖西区和浙西区,分别占总入湖水量的67%和23%,合计比例达到90%;总出湖水量为115.7亿 m³,主要为太浦闸和阳澄淀泖区,分别占总出湖水量的28%和24%,合计比例达到52%。时程上,除汛后入湖水量小于出湖水量,其他时段均为入湖水量大于出湖水量;入湖水量、出湖水量均主要集中在汛期,分别为74.92亿 m³、65.19亿 m³。

沿江引排水量:在台风"烟花"影响太湖流域期间,太湖局和相关水利枢纽采取了积极的排水措施以降低太湖和区域河网水位。在台风到来前的关键时间,在7月22日至23日,望亭水利枢纽按150 m³/s的流量排水。之后,也根据雨情和水情进行了相应的调整。无锡市沿江泵站也全力开机排水,新沟河、新夏港、定波枢纽等6个泵站开机17台,流量达到435 m³/s,连日来沿江动力排涝约6 000万 m³。全年沿长江总引水量为79.19亿 m³,总排水量为65.5亿 m³,引水量大于排水量。汛期沿长江口门引水量为28.1亿 m³,占全年的比例为35%;汛期排水量为55.16亿 m³,占全年的84%。

7.4 特殊干旱年

7.4.1 2019年干旱

2019年,受降雨严重偏少,气温偏高及江河来水偏枯等因素影响,江苏省遭遇了罕见的春、夏、秋、冬四季连旱。全年太湖流域降雨总量与常年基本持平。汛后,太湖片降雨量明显偏少,其中太湖流域降雨量较常年偏少近六成,部分地区发生明显旱情。

雨情:2019年太湖流域总降水量为1 270.7 mm,较常年基本持平,但汛后降水量明显偏少。9—12月,流域内持续少雨,9月7日至11月23日,流域累计降水量为42.0 mm,较常年同期偏少七成以上。其中10月17日至11月23日,降水量仅为5.4 mm,12月1日—16日,降水量仅为0.2 mm。

水情:受降雨偏少影响,上游来水也相应减少,9月、10月长江大通来水较历史同期均偏少近四成,太湖水位持续下降,由9月8日8时的3.38 m降至10月17日的3.18 m,低于调水限制水位0.12 m,为2022年引江济太以来同期最低;至 11 月 18 日降至年最低水位 3 m,累计降幅 0.83 m。

出入湖水量:2019 年,环太湖总入湖水量为 126.1 亿 m³,主要来自湖西区,占总入湖水量的 58%;总出湖水量 114 亿 m³,主要为太浦闸和阳澄淀泖区,分别占总出湖水量的 38%和 20%,合计比例达到 58%。时程上,除汛前入湖水量小于出湖水量,其他时段均为入湖水量大于出湖水量;入湖水量、出湖水量均主要集中在汛期,分别为 63.57 亿 m³、47.83 亿 m³。

沿江引排水量:2016 年,沿长江总引水量为 75.05 亿 m³,总排水量为 44.52 亿 m³,引水量大于排水量。汛期沿长江口门引水量为 28.24 亿 m³,占全年的比例为 38%;汛期排水量为 29.15 亿 m³,占全年的 65%。

7.4.2　2022 年干旱

2022 年,太湖流域降水时空多寡交替明显。入汛后先后遭遇空梅和严重气象干旱,太湖流域河网湖库蓄水量总体持续减少,发生夏秋连旱,部分地区出现不同程度旱情。

雨情:2022 年太湖流域年降水量为 1 113.6 mm,较常年偏少一成以上;汛期出现严重气象干旱,7—8 月降水量仅 157.4 mm,较常年同期偏少五成以上。梅雨不典型,6 月 12 日入梅,较常年早 1 天;7 月 1 日出梅,较常年早 7 天;梅雨期 19 天,较常年少 6 天,梅雨量仅 75.4 mm,较常年梅雨量偏少七成,小于空梅梅雨量标准 80 mm,流域出现空梅现象。

水情:2022 年,太湖平均水位为 3.22 m,较常年偏低 0.03 m;年最高水位为 3.66 m(3 月 27 日),较常年偏低 0.27 m;太湖流域汛情总体平稳。太湖水位持续下降,7 月 16 日降至 3.16 m,低于调水限制水位(3.26 m)0.10 m,为近二十年历史同期较低水位。受空梅、夏季高温和持续少雨影响,太湖流域河网湖库蓄水量总体持续减少,发生夏秋连旱,部分地区出现不同程度旱情。

出入湖水量:2022 年,环太湖总入湖水量为 120.9 亿 m³,主要来自湖西区和浙西区,分别占总入湖水量的 72%和 14%,合计比例达到 86%;总出湖水量为 100.3 亿 m³,主要为太浦闸和阳澄淀泖区,分别占总出湖水量的 35%和 20%,合计比例达到 55%。时程上,汛前、汛期和汛后入湖水量均大于出湖水量;汛期入湖水量为 50.38 亿 m³,汛期出湖水量为 36.92 亿 m³。

沿江引排水量:出梅后,太湖流域遭遇高温少雨天气,太湖局近十余年来首次主汛期启动引江济太调水,全年共引水 179 天,期间常熟水利枢纽共引水 22.71 亿 m³,其中汛期引水 8.868 亿 m³,望亭水利枢纽引水入湖 11.92 亿 m³,其中汛期引水 4.352 亿 m³。10 月 20 日起首次组织实施新孟河抗旱调水试运行,至12月16日停止,累计通过界牌水利枢纽引长江水4.244亿 m^3,通过奔牛水利枢纽向湖西区京杭大运河南部区域补水3.949亿 m^3,有效补充了湖西区水资源量。全年沿长江江苏段主要口门总引水量为112.4亿 m^3,其中汛期引水57.52亿 m^3,总排水量为33.78亿 m^3,其中汛期排水15.27亿 m^3,引水量远大于排水量。

7.5 典型水污染年

7.5.1 2007年无锡蓝藻暴发事件

1. 蓝藻暴发背景

2007年4月下旬至5月下旬,江苏省太湖地区高温少雨,无锡太湖的贡湖、梅梁湖域总磷超标、总氮含量持续偏高,导致太湖梅梁湖湾、贡湖湾内蓝藻大规模暴发,直接影响无锡市城市饮用水源安全,给无锡部分水厂供水带来严重困难。这严重影响了供水质量,给当地居民生活带来严重影响。太湖蓝藻暴发的主要原因包括以下几个方面:

(1) 水体富营养化:太湖周边地区种植业中农药、化肥的不合理使用,以及生活废水、工业废水的任意排放,导致太湖水体中氮、磷等营养元素含量过高,为蓝藻的繁殖提供了充足的营养。

(2) 水体流动性差:太湖的水体流动性相对较差,导致蓝藻一旦在水中繁殖,便容易迅速堆积并扩散。

(3) 高温天气:2007年太湖地区遭遇了持续的高温天气,这种气候条件有利于蓝藻的快速繁殖和堆积。

2. 事件后果

太湖蓝藻暴发事件造成了严重的后果,主要包括以下几个方面:

(1) 自来水污染:蓝藻大量堆积并厌氧分解,产生了大量的异味物质,导致无锡全城自来水污染。居民生活用水和饮用水出现严重短缺,超市、商店里的桶装水被抢购一空。

(2) 经济损失:蓝藻暴发事件对太湖周边的旅游业也造成了巨大损失。苏州等城市的旅游业受到严重影响,游客接待量和效益下降了50%以上。据测算,2007年太湖蓝藻暴发所造成的直接经济损失达28.77亿元,间接经济损失达520亿元。

(3) 社会影响:蓝藻暴发事件引发了社会的广泛关注和讨论。公众对环境保护和水资源安全的关注度显著提高,同时也对政府的环境治理能力和政策提出了质疑。

3. 治理措施与成效

针对太湖蓝藻暴发事件,政府采取了一系列治理措施,并取得了一定的成效:

(1) 控源截污:在流域上中游建设污水处理厂及配套污水收集管网,提高工业废水排放标准,治理规模集中的畜禽养殖废水等。

(2) 打捞蓝藻:投入大量人力物力进行蓝藻打捞,并进行无害化处置或资源化利用。

(3) 生态调水:通过"引江济太"等调水工程,增加太湖的水体流动性,带走大量氮、磷和蓝藻。

(4) 生态清淤:对太湖进行生态清淤,清除底泥中大量氮、磷和蓝藻种源。

(5) 生态修复:实施多个生态修复试验示范工程,如湿地修复、水域生态修复等。

近年来,江苏深入推进太湖流域水环境综合治理。实施"引江济太"工程、"畅流活水"工程等系列举措,科学利用长江优质水源,优化水利工程调度,增加城区河道水动力条件,引清入城,提高城区河道水环境容量。同时采取控源截污、水系连通、畅流活水、生态修复、长效管护等工程及非工程措施,多部门、各地区形成合力治水,共同推进水环境提升。

"引江济太"工程自2007年应急实施以来,已常态化运行。该工程通过沿江口门调引长江水,改善了水资源供给条件,增加了地区的水资源量,促进了河湖有序流动,改善了太湖及河网水质。十六年来,"引江济太"有效增加了流域水资源供给,增加了湖体环境容量,改善了太湖水质,有效保障了太湖生态(环境)安全。多年的望虞河"引江济太"调度实践表明,引长江水入太湖对促进水体有序流动、改善太湖和河网水体水质、保障水源地供水安全具有重要作用。以2022年为例,2022年夏季引江济太调水期间,望虞河干流沿线各断面主要水质指标均稳定在Ⅰ～Ⅲ类,太湖9个饮用水水源地主要水质指标持续保持稳定。

新孟河抗旱调水试运行期间,新孟河干流及引水影响区域水质普遍好转,新孟河干流京杭大运河以北各断面各项水质指标平均类别维持在Ⅰ～Ⅱ类。此外,望虞河、新孟河引水入湖后,直接受调水影响的北部湖区没有出现大范围蓝藻水华聚集。可见,引江济太调水加快了望虞河、新孟河沿线及太湖的水体流动,强化了水体自净能力,提高了太湖的水环境承载能力,环太湖及望虞河、太浦河两岸口门亦广泛受益。

7.5.2 "畅流活水"工程

近几年,我国长三角地区部分城市开展了"畅流活水"工程,取得了较好效果。城市"畅流活水"工程是在做好截污、治污、清淤的同时,利用城市闸泵工程,构建布局合理、引排通畅、丰枯调剂、多源互补的城市层面水循环体系,实现城市水体的高效置换,满足城市水生态、水景观需求。

江苏省苏州古城区河道"自流活水"就是一个成功案例。该工程采取北进南出方式,将城区以北西塘河及外塘河水源引入城区河道,合理配水,通过新建两座活动溢流堰,形成环城河南北水头差,激活全城水系,实现自流及有序流动,从而改善了城区水质,并促进了阳澄西湖及城西、吴中、相城等片区的水质改善。

实施城市"畅流活水"工程,需要首先确保有清水可引。城市换水需结合生态环境需水量进行确定,包括生物生态与环境需水、水文循环需水、蒸发蒸腾需水、景观需水等。实际调度中还需根据河道直接感官、水位、水质情况以及天气变化等因素综合判断。江苏省发达的水利工程体系,特别是跨流域调水工程,为城市"畅流活水"提供了水源工程保障。

综上所述,"引江济太"工程和"畅流活水"工程在改善太湖流域水质、保障水源地供水安全方面发挥了重要作用。未来,随着这些工程的不断完善和深化调查研究,将进一步调活太湖流域水体,不断扩大引江济太效益。

8 调水专线分析

8.1 引江济太工程概况

8.1.1 工程背景

江苏省太湖地区面临水质型缺水严重、本地水资源不足和水生态环境恶化等问题。太湖流域人均水资源量约 450 m³，本地水资源难以满足用水需求。同时，太湖流域水体污染严重，湖泊富营养化长期存在，水污染形势日趋严峻。

引江济太工程是一项至关重要的流域水资源调控工程体系，是实现太湖流域"静态河网、动态水体、科学调度、合理配置"战略目标的重大举措。该工程通过调引长江水补给太湖及周边地区，改善水资源状况和水生态环境，对于解决江苏省太湖地区水质型缺水严重、本地水资源不足和水生态环境恶化等问题以及实现太湖流域战略目标意义重大。

8.1.2 调水路线与范围

一、主要调水专线：骨干工程构筑输水通道

引江济太工程在调水路线的规划上，充分发挥骨干工程的关键作用。其中，望虞河和新孟河成为适时调引长江水补给太湖的主要通道。

常熟水利枢纽是长江之水流入太湖流域的重要门户。江水沿着望虞河输送至太湖。经过望虞河的输送，水流通过望亭水利枢纽，平稳地注入太湖，为太湖带来源源不断的生机与活力。

新孟河延伸拓浚工程完工后，也迅速成为重要的调水通道。这条新的输水通道进一步增强了引江济太工程的调水能力，为太湖及周边地区的水资源补给提供了更加坚实的保障。

二、供水范围广泛：多省市受益的水资源调配工程

引江济太工程的供水范围极为广泛，涵盖了望虞河沿线以及上海、浙江等下游地区。在这片广袤的区域内，涉及江苏省的无锡、常州、苏州三市，浙江省的嘉兴、湖州两市以及上海市，共计六个城市。

江苏省太湖流域境内，除了沿江自备水源和自来水厂供水的部分区域，其余地区全部处于引江济太的供水范围内。这片供水区域面积约为 1.8 万 km^2，为众多地区的生产生活和生态环境提供着不可或缺的水资源支持。

引江济太工程的实施，使得长江之水得以跨越地域的限制，流向太湖及周边地区，为这些地区带来了水资源的福音。它不仅缓解了当地的水资源短缺问题，还为经济社会的可持续发展和生态环境的保护奠定了坚实的基础。

8.1.3 调水过程与调度

一、多种方式结合：灵活高效的水资源补给

太湖流域地处平原河网地区，拥有得天独厚的水系连通优势。这里的水系如同一张紧密交织的水网，连通性极佳。大部分地区能够直接通过通江河道或者间接通过太湖获取长江水的补给。

在引江济太的过程中，以自引为主，充分发挥自然水流的作用。当长江潮位较低时，则采取抽引的方式进行补充，确保水资源的稳定供应。江苏省积极实施望虞河工程、湖西引排工程、武澄锡引排工程等，这些工程兼具灌溉和排水的双重功能，实现了自引与抽引相结合。

这种多种方式结合的水资源补给模式，既充分利用了自然条件，又通过人工干预确保了供水的稳定性和可靠性。在不同的水位和水流条件下，能够灵活调整补给方式，最大限度地满足流域内的用水需求。

二、科学调度决策：精准把控的水资源调配

引江济太工程的调度决策是基于对流域水雨情、供水形势、水质状况等多方面因素的科学分析。在确定调水流量和时机时，综合考虑长江的水情、太湖的水位需求以及沿线地区的用水需求等诸多因素。

长江作为引江济太的水源地，其水情的变化直接影响着调水的可行性和水量大小。太湖的水位需求则是根据湖泊的生态功能、供水任务以及防洪要求等进行动态评估。同时，沿线地区的用水需求也是调度决策中不可忽视的重要因素，要确保调水能够满足工业、农业、生活等各方面的用水需求。

在调水过程中，对望虞河等河道的水量、水质进行实时监测。通过先进的监测设备和技术手段，及时掌握河道的水流情况和水质变化。根据监测数据，

能够迅速做出反应,及时调整调度方案。如果发现水量不足,可以适当增加调水流量;如果水质出现问题,则可以采取相应的措施进行处理,确保调入的水符合水质要求。

科学的调度决策和实时监测调整,使得引江济太工程能够高效、精准地进行水资源调配,为太湖流域的可持续发展提供有力保障。

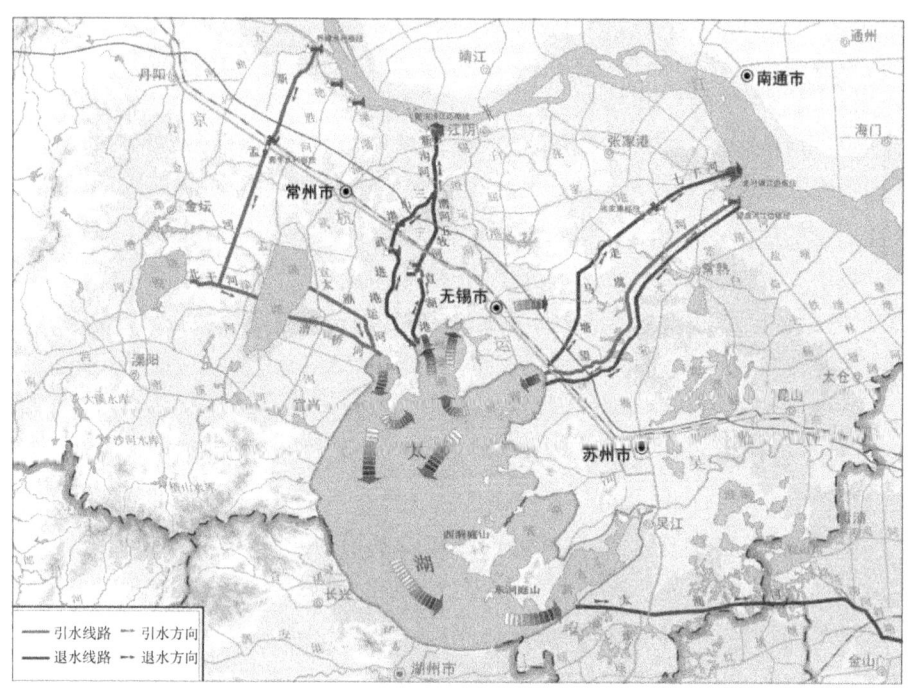

图 8.1-1　太湖地区调水工程示意图(彩图详见书后)

8.2　主要调水专线分析——望虞河

在 20 世纪末期,因不合理的经济发展模式,太湖流域的水问题愈发显著。具体体现为本地水资源量匮乏、水污染严重、水质型缺水状况突出等,这些问题对经济社会的可持续发展形成了极大的制约。根据 2000 年的监测数据,该流域河网中有 80% 的水体水质低于地表水Ⅲ类标准,太湖中 83% 的水体达到了富营养化水平,夏季还时常出现蓝藻暴发的情况,严重危及流域内城市的供水安全。

到了 21 世纪初期,依照国务院和水利部的相关安排,水利部太湖流域管理局组织流域内江苏、浙江、上海的水利(水务)部门开展引江济太工作。其充分借助已建成的治理太湖骨干水利工程，通过望虞河将长江水引入太湖及周边河网，同时结合雨洪资源的利用，经由太浦河等环湖口门向太湖周边城市及下游地区供水，以此推动河湖水体的流动，增加流域的水资源量，优化水环境。

8.2.1 工程简介

望虞河工程是太湖流域综合治理中的一项重要工程，具有重要的防洪、排涝、引水、航运等综合功能。

望虞河工程的主要目的是解决太湖流域的洪水问题和提高流域的水资源管理效率。该工程通过修建两岸堤防及护岸、望亭水利枢纽和常熟水利枢纽，以及配套的建筑物，实现了对太湖洪水的有效承泄和部分澄锡虞高片涝水的排泄。在干旱年份，还能引长江水入太湖，补充流域水资源。此外，望虞河工程的完成，不仅提高了防洪标准，减少了洪涝灾害，还改善了流域的水环境，促进了地区的经济发展。

望虞河工程的效益主要体现在以下几个方面：

防洪：设计年型承泄太湖洪水，占太湖外排水量的51%，有效减轻了流域的洪涝压力。

排涝：兼排望虞河以西、白屈港控制线以东的部分涝水，提高了地区的排水能力。

供水：在枯水年份，可以向长江引水，满足沿岸及太湖下游地区工农业和城镇生活用水需求，同时改善流域水环境。

航运：河道全线开通后，成为北通长江、南连太湖并沟通苏南运河等水运网络的Ⅴ级航道，促进了区域内的水上交通。

望虞河工程的成功实施，不仅提升了太湖流域的防洪排涝能力，还优化了水资源配置，促进了地区经济的发展，是太湖流域综合治理中的一项具有重要意义和影响的工程。

8.2.2 调水路线

望虞河引江济太调水的主要路线是通过望虞河等骨干水利工程将长江水引入太湖及周边河网。引水线路是利用入江口处的常熟水利枢纽闸泵联合引水，日均引长江水流量为110~160 m³/s。之后待望虞河全线水质稳定，符合入太湖水质要求后，再调度开启望亭水利枢纽，按50~80 m³/s引水入太湖。望虞河在与京杭运河交汇处，在运河底部以立交方式穿越而过，因此，可避免大运河污水随望虞河引入的长江清水进入太湖,并通过环太湖其他口门向流域内的城市及下游地区供水。

望虞河周边水系及开发利用情况见图 8.2-7。望虞河引江济太工程调水路线图见图 8.2-1。

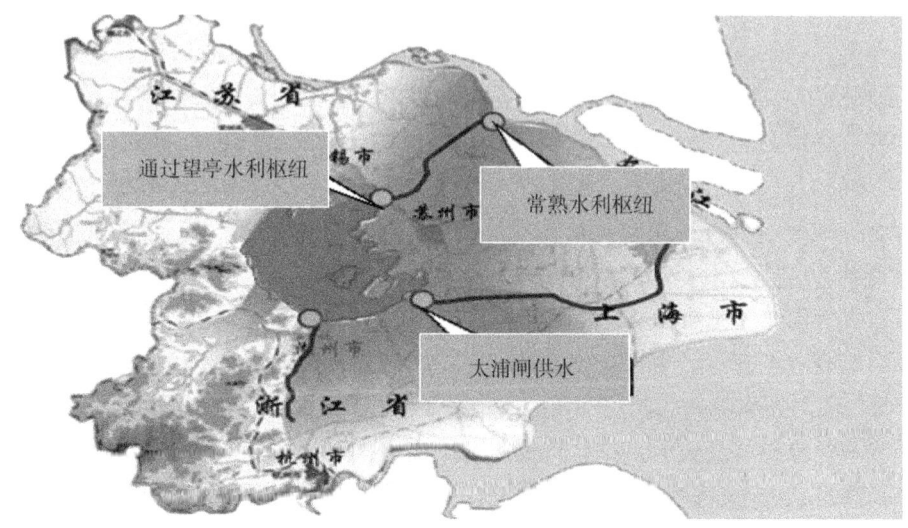

图 8.2-1　望虞河引江济太工程调水路线图(彩图详见书后)

8.2.3　调水运行实践

引江济太经历了试验摸索、实践拓展以及深化延伸的过程,已成为太湖流域治理管理的关键举措之一,并且在实际操作中不断充实内涵、增强保障能力,成为让全流域受益的重要调度方式。

一、试验探索阶段(2002—2006 年)

党中央、国务院历来高度重视太湖治理工作,针对太湖流域水污染严重的突出问题,2001 年时任国务院副总理温家宝在"太湖水污染防治第三次工作会议"上提出"以动治静、以清释污、以丰补枯、改善水质"的生态调水指示。同年,国务院批复《太湖水污染防治"十五"计划》,确定实施引江济太调水,改善流域水环境。2002—2004 年,引江济太主要围绕批复的调水试验方案组织推进,积极探索引江济太调水的可行性、时效性等,并对涉及的调水与防洪、调水与改善环境效果、工程运行调控方式等关键科学技术问题进行研究。通过引江济太调水试验和及时应对 2003 年流域罕见高温干旱,有效抑制了太湖蓝藻暴发,保障了流域内居民生活用水和重要城市工农业用水,满足了航运要求,减轻了经济

183

损失。2005—2006年探索引江济太长效运行,重点对引江济太运行体制和机制进行探索,在工程联合运行、水量水质联合调度、汛期与非汛期统筹等方面积累了宝贵经验,为拓展、深化提供了坚实的实践基础。

二、拓展实践阶段(2007—2011年)

2007—2011年,太湖局立足长远,不断夯实引江济太工作制度性基础和保障性措施。2008年国务院批复由国家发展改革委会同有关部门和地方编制《太湖流域水环境综合治理总体方案》,引江济太被列为实现太湖流域治理目标的重要举措之一;完善引江济太调度方案,相继组织完成2009年水利部批复的《太湖流域引江济太调度方案》,2011年国家防总批复的《太湖流域洪水与水量调度方案》,引江济太调度被列为2011年国务院颁布的《太湖流域管理条例》重要条款。这些为引江济太规范运行提供了制度保障。

三、延伸深化阶段(2012年至今)

2012年以来,践行习近平总书记"节水优先、空间均衡、系统治理、两手发力"的治水思路,进一步丰富引江济太调度目标,统筹做好流域水灾害防治,增加水资源供给,改善河湖水环境,促进水生态保护修复。

2015年国家防总批复了《太湖抗旱水量应急调度预案》。望虞河西岸控制工程建成后,2021年首度确立并实现Ⅱ类水引江入太目标,助力太湖连续14年实现"两个确保"目标(确保饮用水安全、确保不发生大面积水质黑臭)。目前,主要依据《太湖流域洪水与水量调度方案》(国汛〔2011〕17号)开展实时调度。

8.2.4　引江济太水量分析

据统计,2002—2023年,常熟枢纽年平均引江水量为16.77亿 m^3,占太湖流域沿长江江苏段沿江口门年平均总引江水量(79.3亿 m^3)的21.1%。其中,2011年引江水量最大,达到29.89亿 m^3(已超过其设计值),占当年同期沿江口门总引江水量(68.27亿 m^3)的43.8%;2016年为丰水年,引江水量最小,仅为4.577亿 m^3,占当年同期沿江口门总引江水量(49.35亿 m^3)的9.3%。

据统计,2002年至2023年,常熟水利枢纽引江济太期间共计引水369亿 m^3,其中通过望亭立交入湖水量为169.5亿 m^3,即常熟水利枢纽引水量有169.5亿 m^3 能进太湖,入湖率为45.9%。2011年望亭立交入湖水量最大,达到16.22亿 m^3,入湖率为54.3%,占当年同期环太湖总入湖水量(108.8亿 m^3)的14.9%;2016年为丰水年,引江水量最小,入湖水量也最小,仅为1.445亿 m^3,入湖率31.6%,占当年同期环太湖总入湖水量(159.9亿 m^3)的0.9%。

8 调水专线分析

通过对2012—2023年的引江济太调水日数与年降水量进行对比分析,降水量少的年份可能由于气候干旱,蒸发量大,导致太湖及周边水域水量减少,从而需要增加调水日数以补充水量。反之,降水量多的年份,太湖的水量相对充足,对引江济太调水的需求就会降低。

望虞闸引江济太历年引水量统计表详见表8.2-1。望虞闸工程历年引水量对比图、常熟水利枢纽历年引水量对比图、望亭立交历年入湖水量对比图详见图8.2-2～图8.2-4。引江济太调水日数与年降水量对比图及关系图详见图8.2-5、图8.2-6。

表8.2-1 2002—2023年望虞闸引江济太历年引水量统计表

项目	常熟枢纽引江水量(m³)	望亭立交入湖水量(m³)	所占比重	降水量(mm)
总量	369.0	169.5	45.9%	
均值	16.77	7.710	46.0%	1 204
最大	29.89	16.22	54.3%	1 110
年份	2011	2011	—	2011
最小	4.577	1.445	31.6%	1 966.4
年份	2016	2016	—	2016

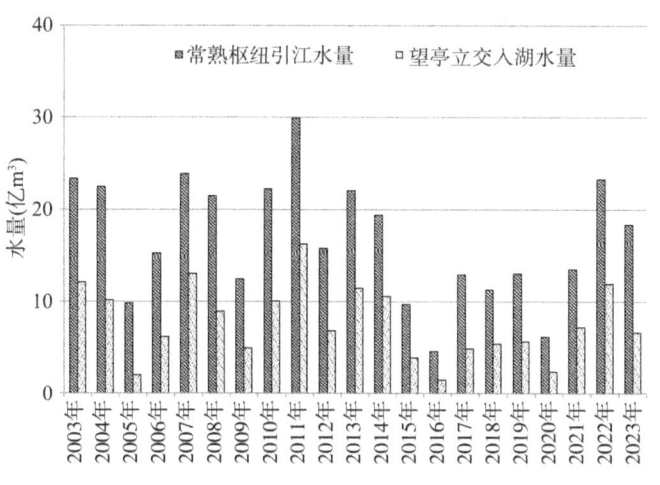

图8.2-2 望虞河工程历年引水量对比图

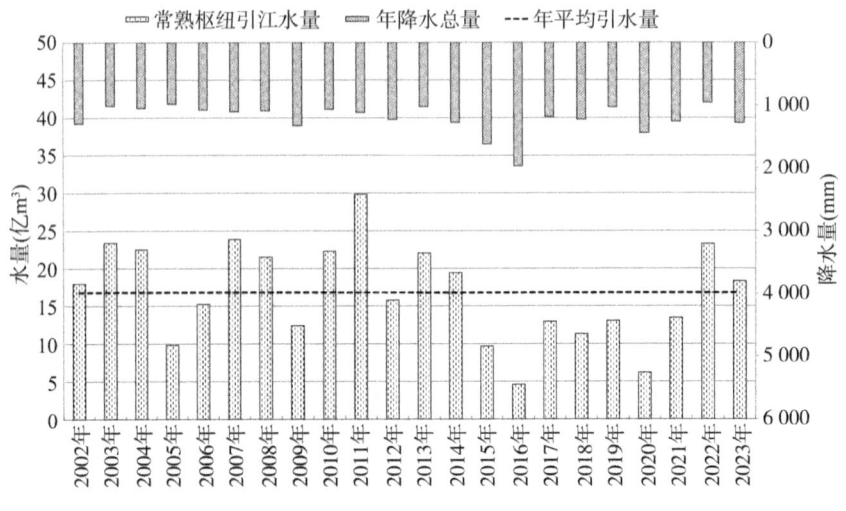

图 8.2-3 常熟水利枢纽历年引水量对比图

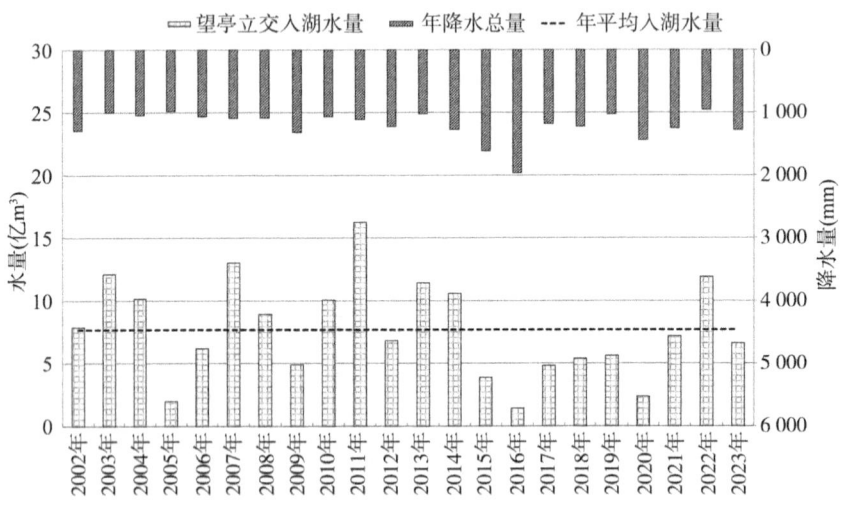

图 8.2-4 望亭立交历年入湖水量对比图

8 调水专线分析

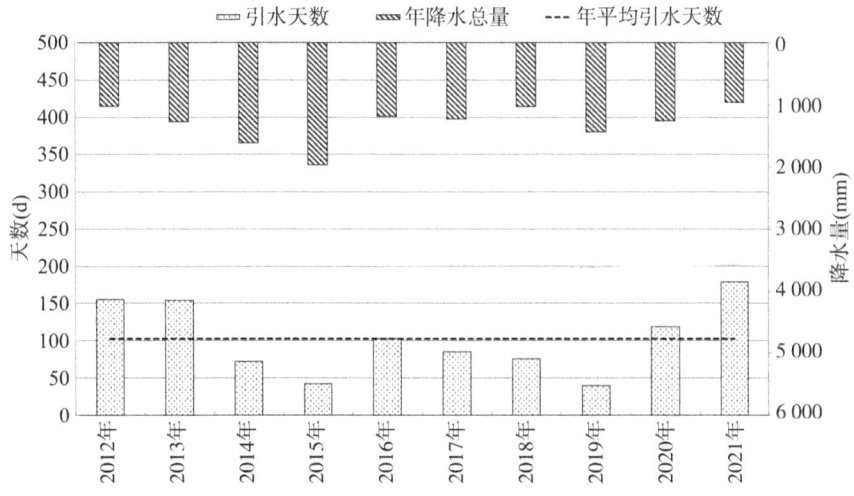

图 8.2-5 引江济太调水日数与年降水量对比图

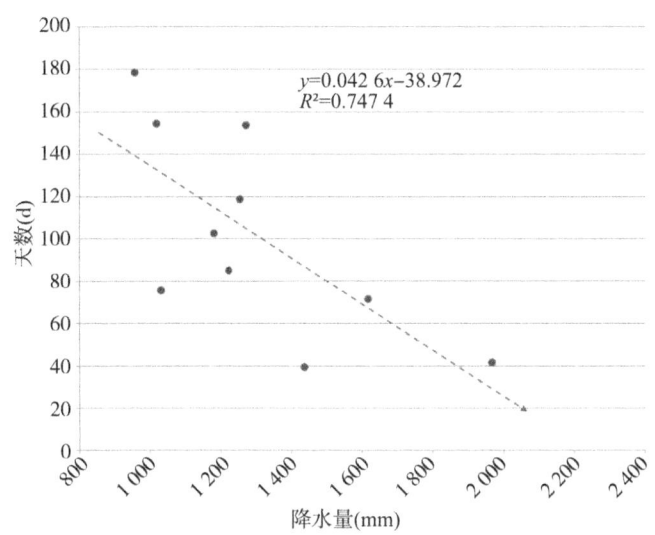

$y=0.042\,6x-38.972$
$R^2=0.747\,4$

图 8.2-6 引江济太调水日数与年降水量关系图

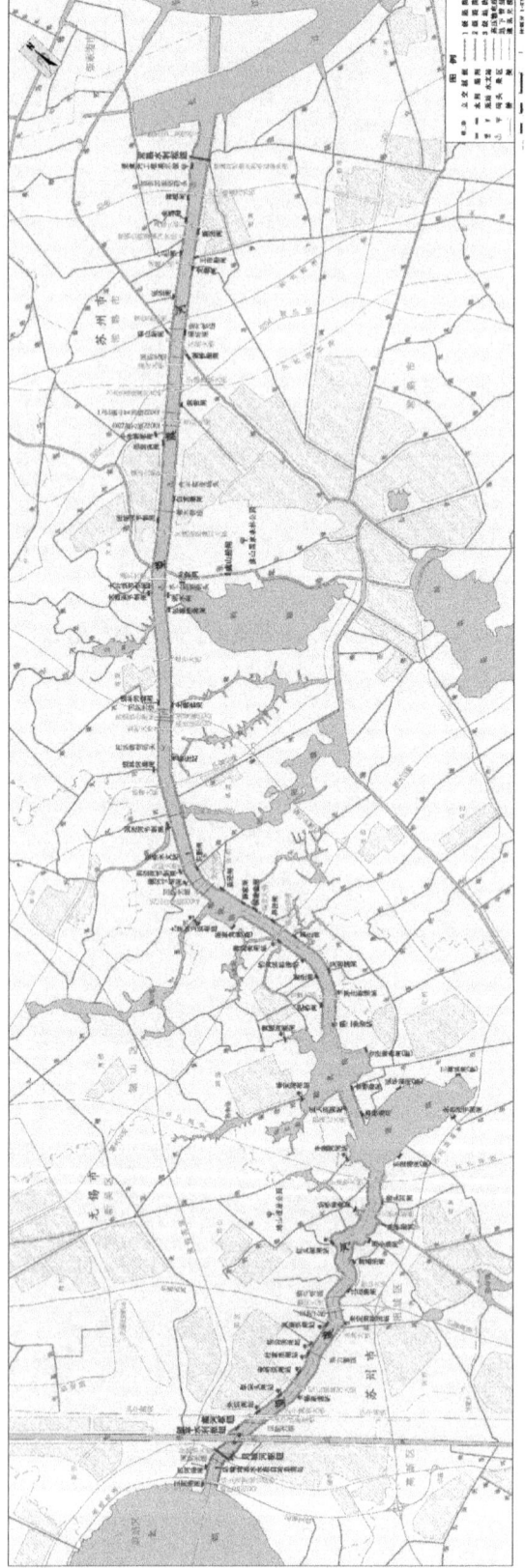

图 8.2-7 望虞河周围边水系开发利用情况（彩图详见书后）

8.2.5 调水运行成效

一、探索实践,丰富和完善流域调水理念

引江济太实施前,太湖流域调度工作主要以防洪安全为目标,指导思想是蓄泄兼筹、以泄为主。引江济太试验阶段,主要在人类活动影响强烈的复杂大型平原河网地区,以现有工程为基础,探索了引江济太可行性和调水效果,积极践行国务院提出的"以动治静、以清释污、以丰补枯、改善水质"调水方针。引江济太拓展阶段,主要围绕增加水资源、改善水环境、保护水生态,逐步实现流域调度工作"四个转变",即从洪水调度向洪水调度与水资源调度并重转变,从汛期调度向全年调度转变,从水量调度向水量水质统一调度转变,从区域调度向流域与区域相结合调度转变,积极推动流域调度工作迈上新台阶。引江济太深化阶段,太湖流域调度工作深入贯彻落实习近平总书记提出的"两个坚持、三个转变"防灾减灾救灾新理念和"十六字"治水思路,更加注重以防为主,强化风险管控,努力实施保障流域"四水安全"统筹协调调度。

二、以丰补枯,增供太湖及流域河网优质水资源

2002 年以来,共通过望虞河常熟水利枢纽引长江清水 369 亿 m^3,通过望亭水利枢纽引水入太湖 169.5 亿 m^3,相当于 3.8 倍太湖多年平均蓄水量。

2011 年上半年,太湖流域发生近 60 年来(截至当时)同期最严重的气象干旱,太湖局第一次实施了引江济太跨年度调水,累计通过常熟水利枢纽调引长江水 22.7 亿 m^3,通过望亭水利枢纽引水入太湖 12.4 亿 m^3,相当于增加太湖 0.53 m 蓄水深度,有效减缓了太湖及地区河网水位下降趋势,极大地减少了太湖水位在 2.8 m(旱限水位)以下运行时间,满足了太湖周边地区用水需求。

2013 年太湖流域出梅后持续高温少雨,7 月 22 日起,望虞河常熟水利枢纽连续 76 天全力引水,累计调引长江水 12.72 亿 m^3,通过望亭水利枢纽引水入太湖 8.55 亿 m^3。受益于调水影响,出梅后至汛期最低水位期间(7 月 7 日—8 月 25 日),太湖水位降幅仅 0.4 m,远低于同时段降雨量接近的 1971 年同期的 0.75 m 的降幅。当年 8 月份,旱情最严峻时期,太湖水位始终维持在 3.05 m 以上,为周边地区用水创造了有利条件。

2018 年汛后流域降水偏少,太湖水位从 10 月 1 日的 3.48 m 下降至 10 月 22 日的 3.23 m,低于调水限制水位 0.07 m。通过望虞河常熟水利枢纽全力引水,引水入湖 2.25 亿 m^3,太湖水位基本维持在 3.2 m 左右,改善了太湖及周边河网水环境,太湖周边地区河网也基本维持在合理水位以上,满足了流域供水需求。

2019年,太湖流域汛后期降水偏少,太湖水位从10月1日的3.33 m持续下降,7日降至调水限制水位3.3 m以下,最大日降幅0.03 m,16日降至3.19 m,日均降幅0.01 m;17日开始实施引江济太调度,10月17日—12月31日引水入湖5.62亿 m³,相当于0.24 m的蓄水量,其间太湖最低水位3 m,水位下降速度由引水入湖前的0.81 cm每天降至入湖后的0.22 cm每天。通过引江济太,有效增加了枯水期进入太湖及河网的优质水资源量,为太湖及太浦河水源地正常供水创造了条件,满足了航运等用水需求,有效保障了秋冬季期间供水安全。

2022年流域出现罕见"空梅"后又紧接高温少雨天气,通过望虞河常熟水利枢纽全力引水共计154天,累计引长江水22.8亿 m³,通过望亭水利枢纽引水入太湖11.91亿 m³,有效补充了太湖优质水资源量,太湖水位保持在3~3.3 m。

三、以动治静,改善河网水环境,保障流域供水安全

优美水生态、宜居水环境是人民所追求美好生活的重要部分,引江济太维持了太湖合理水位,促进了太湖及周边河网水体流动,复苏了河湖水生态环境,成为保障流域水源地供水安全的利器。

2007年5月,蓝藻引发无锡市供水危机,通过引江济太,直接受水的太湖贡湖水域水质明显好转,承担着无锡市20%居民供水的锡东水厂水质稳定。

2020年5月,太湖梅梁湖、贡湖等湖区出现较大面积蓝藻水华,为保障太湖安全度夏,太湖局于5月下旬到6月初实施了引江济太调水,太湖贡湖3个水厂水源地蓝藻密度大幅度下降,其中无锡市锡东水厂水源地改善效果最为明显。

通过太浦河泵站应急调度,有效处置了2014—2017年7次太浦河锑浓度异常事件。2018年以来太湖局持续前移"防"的关口,多次提前启用太浦河泵站应急供水,太浦河水源地锑浓度再未出现异常。

2022年入夏以来,受长江流域干旱影响,长江上游来水持续减少,加之受台风"轩岚诺""梅花""南玛都"对东海咸潮顶托,9月初开始,上海市长江口持续遭遇咸潮入侵,位于长江口水源地的水库引水补库出现困难,上海市供水安全受到严重威胁。在上海市长江口水源地受到咸潮影响期间,通过太浦河—黄浦江补水9.47亿 m³,通过望虞河—阳澄湖—浏河补水2.461亿 m³,以及通过太湖—吴淞江—苏州河补水3.286亿 m³,为下游地区连续提供充足优质水源,保障了太浦河金泽水源地、黄浦江上游松浦大桥水源地供水安全。

四、夯实基础，提高流域综合调度决策分析能力

引江济太是流域调度工作的创新之举，经过 20 年实践，引江济太依托于关键技术研究，积累了大量原型实测资料，开展了多场景物理试验和数值模拟计算，促进了流域治水问题研究，如通过调水试验，研究了引水与防洪排涝、引水与望虞河西岸劣质水出路、流域引水与区域用水等关键技术，提高了流域水资源综合调控能力。针对引江济太运行中关注或发现的问题，深入开展了杭嘉湖区降雨与太浦河锑浓度关系、引江济太与流域水环境改善关系等研究。优化完善了太湖流域水量水质一体化模型，开发引供河道突发水污染模拟模型、蓝藻 AI 识别模型、基于机器学习算法的蓝藻预测模型、流域风暴潮模型等，形成了集水量、水质、淹涝、蓝藻等多个模型高度耦合的太湖流域模型群，构建了预报调度一体化平台，实现了多维度、多时空尺度的仿真模拟。目前正在联合开展不同时段太湖调度预期目标水位优化研究、太湖蓝藻水华预测预报技术研究及抑制贡湖水源地蓝藻水华调度需求分析等重要技术工作，科学指导调水工作。

8.3 主要调水专线分析——新孟河

8.3.1 工程简介

新孟河延伸拓浚工程是国务院确定的 172 项节水供水重大水利工程之一，旨在改善太湖和湖西地区的水环境，提高流域和区域的防洪排涝标准，增强流域和区域的水资源配置能力，同时兼顾地区航运。该工程北起长江，沿原新孟河拓浚至京杭运河，立交过京杭运河后，新开河道向南延伸至北干河，拓浚北干河连接洮湖、滆湖，拓浚太滆运河和漕桥河入太湖，河道延伸拓浚总长 116.47 km。工程途经镇江、常州、无锡宜兴市，引江口处兴建的界牌水利枢纽设计最大引排流量为 745 m^3/s，泵站引、排设计流量均为 300 m^3/s，工程设计年引长江水量为 39.8 亿 m^3。

工程的成功实施带来了显著的社会经济效益。通过提高流域和区域的防洪排涝标准，增强了水资源配置能力，不仅保障了当地居民的生命财产安全，也为当地的经济发展提供了坚实的基础。同时，该工程还兼顾了地区航运需求，促进了区域内的交通流通，为当地的经济发展注入了新的活力。工程的顺利投入使用，标志着太湖流域水环境综合治理取得了重要进展，为类似地区的治理提供了宝贵的经验和借鉴。

工程投入使用后，将发挥引江济太第二通道作用，在 2022 年开展了抗旱调水试运行，在 2024 年开展了第一次引江济太调水。

8.3.2　调水路线

新孟河工程沿线途经镇江丹阳,常州新北、钟楼、武进和金坛区,无锡宜兴等地。引江济太的调水路线为:北引长江水,沿新孟河至京杭运河,立交过京杭运河后新开河道,向南延伸至北干河,北干河连接洮湖、滆湖,再从太滆运河和漕桥河入太湖。

8.3.3　抗旱调水试运行

一、开展情况

2022年,受江苏省气象年景异常偏枯的波及,太湖流域持续干旱少雨,湖西区河湖库水位明显偏低,部分区域呈现出一定程度的旱情。鉴于此,江苏省向水利部递交申请,拟利用新建的新孟河工程开展抗旱调水试运行,以增添太湖地区的抗旱水源,缓解该区域的旱情。

2022年10月20日至12月16日,江苏省启动实施新孟河工程抗旱调水试运行,界牌枢纽引江流量为70～100 m^3/s。本次调水为新孟河工程建成后首次正式运用,持续运行58天,共抽引长江水4.3亿 m^3,进入京杭运河以南4亿 m^3,有效支持了太湖湖西地区抗旱。

二、运行成效

(一)旱情有效缓解。新孟河抗旱调水有效增加了地区水资源供给,稳定了河湖水位,改善了区域水生态环境,缓解了湖西地区供用水紧张形势,化解太湖地区生活及工农业生产用水矛盾。新孟河抗旱调水实施前,太湖湖西地区滆湖、洮湖水位呈持续下降趋势,两湖水位一周分别降低约0.1 m、0.17 m;新孟河抗旱调水试运行后,两湖水位逐步抬升,期间最大涨幅分别为0.2 m、0.28 m,至调水结束时,滆湖水位3.44 m、洮湖水位3.49 m,较调水前水位分别抬升0.06 m、0.1 m。

(二)水质明显改善。调水期间,界牌枢纽长江侧水源水质总体优于Ⅱ类,其中总磷平均浓度0.067 mg/L,为新孟河调水提供了优质水源,促使调水影响区水质稳中趋好。一是新孟河输水干线水质优良。新孟河运北段、运南段水质为Ⅱ类,总磷平均浓度分别为0.077 mg/L、0.088 mg/L;太滆运河及漕桥河水质为Ⅲ类,总磷平均浓度分别为0.124 mg/L、0.132 mg/L。二是入太湖河道水质改善明显。调水前,太湖湖西区主要入太湖河道水质为Ⅲ～Ⅳ类,调水后水质稳定为Ⅲ类。三是相关湖区水质指标浓度下降。调水实施后,洮湖、滆湖和竺山湖水质指标浓度呈明显下降趋势。其中,滆湖北部、中部、南部湖区总磷

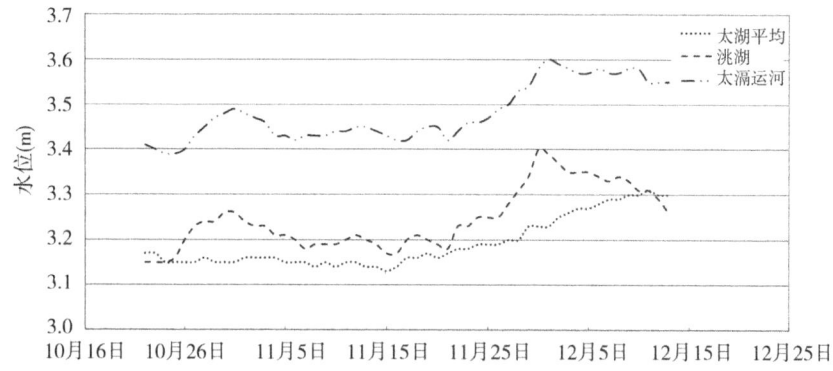

图 8.3-1　新孟河抗旱调水试运行期间水位过程线

浓度分别由调水前的 0.109 mg/L、0.162 mg/L、0.183 mg/L 下降至调水结束时的 0.055 mg/L、0.065 mg/L、0.112 mg/L；太湖竺山湖总磷浓度由调水前的 0.099 mg/L 下降至 0.080 mg/L。

（三）积累运行经验。新孟河工程首次抗旱调水试运行实施期间，各地各部门协调联动，水利、生态环境及交通等部门取得了大量工程运行管理及水文水质监测数据，为今后进一步优化调水方案、提高运行管理能力、发挥新孟河工程效益积累了经验。

8.3.4　第一次引江济太

一、开展情况

2023 年 10 月份以来，江苏太湖湖西地区降雨量偏少近五成，这一气象条件直接导致了太湖及区域水位的下降。为了保障冬春季太湖及湖西地区的供水安全，江苏省水利厅决定实施新孟河引江济太调水。这次调水的目的是通过引入长江水来补充太湖及湖西地区的水量，以提高水位，确保当地居民和工农业用水的需求得到满足。

2024 年 1 月 11 日至 31 日，江苏省启动实施新孟河工程抗旱调水试运行。1 月 11 日 20 时起，新孟河界牌水利枢纽闸泵联合引水，日均引江流量 70～100 m^3/s。待水质达标后，即开启奔牛水利枢纽立交地涵向南输水，流量控制为 50～80 m^3/s。本次调水持续运行 21 天。

二、运行成效

本次调水有效保障了湖西地区的供水需求，并增加了入太湖水量。新孟河抗旱调水试运行后，区域内河湖水位逐步抬升，新孟河闸闸上（内河）水位上涨

0.08 m,北干河新孟河西、北干河新孟河东水位分别上涨 0.14 m、0.13 m,黄埝桥、漕桥水位分别上涨 0.08 m、0.09 m。长荡湖(岸头水位站)水位上涨 0.16 m,滆湖坊前(二)水位站水位上涨 0.12 m。本次调水共抽引长江水 1.332 m³,使得入湖水量增加 1.229 m³,有效支持了太湖湖西地区抗旱。

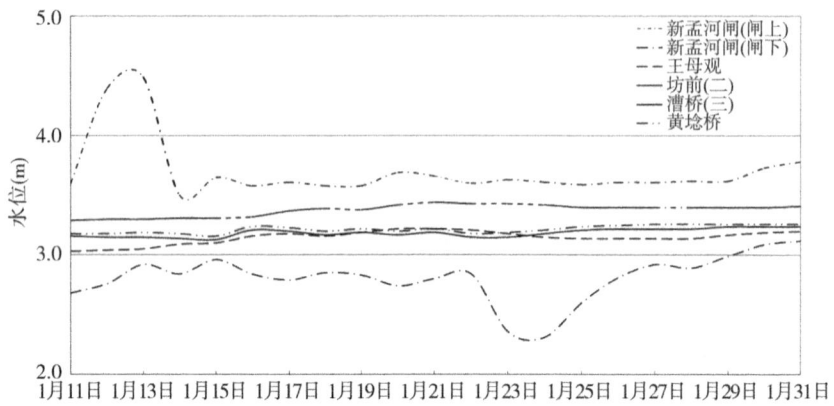

图 8.3-2　新孟河引江济太期间水位过程线

调水期间,江苏省水利厅密切关注水情及天气变化趋势,科学调配水源。江苏省太湖地区水利工程管理处强化工程运行管理,积累运行经验,沿线各市均保障了调水水量水质,确保了冬春季太湖及湖西地区供水安全。

新孟河周边水系及开发利用情况见图 8.3-3。

8.4　调水成效

引江济太工程作为一项重大的流域水资源调控工程,在多个方面发挥着至关重要的作用,为太湖地区及周边区域带来了显著的效益。

一、增加水资源供给,缓解用水压力

2002 年至 2023 年,望虞河这条重要的调水通道共调引 369 亿 m³ 长江水入流域。其中,通过望亭立交引入太湖的水量达 169.5 亿 m³。这一庞大的水量输入,极大地增加了流域水环境容量。

太湖流域虽地处江南水乡,但随着经济的快速发展和人口的不断增长,用水矛盾日益突出。在干旱年份或降雨偏少时期,本地水资源量更是难以满足需求,用水紧张局面时常出现。引江济太工程的实施,及时为流域内的工业、农业、生活用水提供了坚实的保障。工业生产得以持续稳定进行,不需担忧农业灌溉水源短缺,居民的日常生活用水也得到了可靠保障。

8 调水专线分析

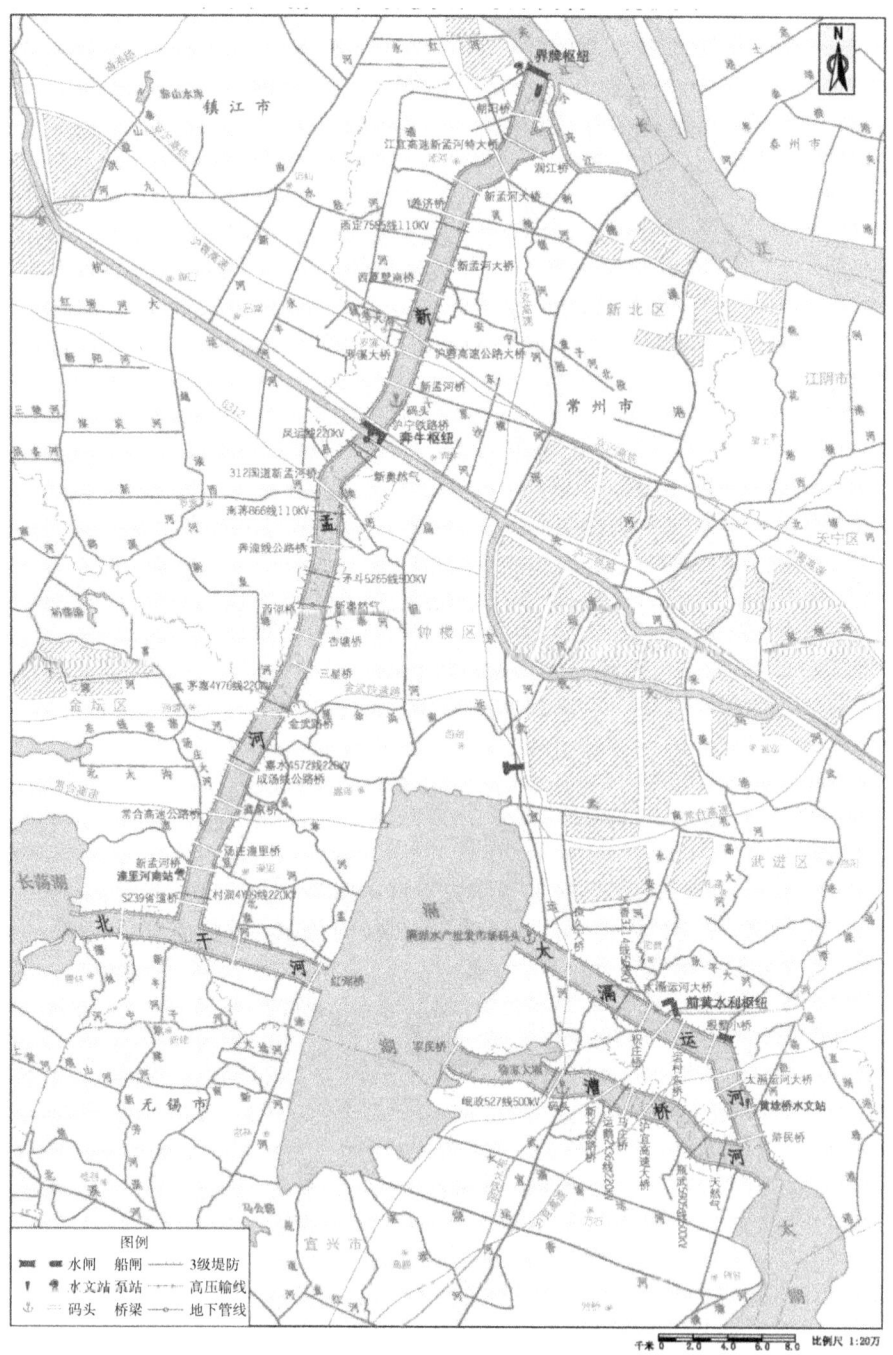

图 8.3-3 新孟河周边水系及开发利用情况（彩图详见书后）

二、改善水环境,守护生态平衡

引入的长江水水质相对较好,为太湖及流域水体带来了新的生机,加快了流域水体流动。曾经,太湖流域水体污染严重,湖泊富营养化问题长期困扰着人们。而引江济太工程将"调水引流"作为控制蓝藻、引清释污的直接有效手段,通过实施常年引江济太,缩短了太湖换水周期。

水体的快速流动,提高了水体自净能力,实现了"以动治静,以清释污,以丰补枯,改善水质"的目标。蓝藻暴发的频率得到有效控制,湖泊生态逐渐恢复平衡。清澈的湖水、游动的鱼虾,成为太湖流域生态环境改善的生动写照。

三、保障供水安全,稳定社会发展

引江济太工程为太湖周边城市及下游地区的供水提供了有力保障,极大地提高了供水的稳定性和可靠性。水是生命之源,稳定的供水对于城市的发展和居民的生活至关重要。

有了引江济太工程,城市的工业生产不再因缺水而停滞,居民不再担忧生活用水水质问题。学校、医院、商场等公共设施得以正常运转,社会秩序稳定和谐。这一工程不仅是水资源的调配者,更是社会稳定发展的守护者。

总之,引江济太工程在增加水资源供给、改善水环境、保障供水安全等方面发挥着不可替代的作用。它是太湖地区及周边区域可持续发展的重要支撑,为子孙后代留下了宝贵的水资源财富。

8.5 面临的挑战与应对措施

引江济太工程作为一项具有重大战略意义的水资源调控工程,在发挥诸多积极作用的同时,也面临着一系列挑战,需要我们采取有效措施加以应对。

一、水质风险及应对

在调水过程中,确实可能面临沿线污染源的影响,存在水质污染的风险。

一方面,随着经济的发展和人类活动的增加,沿线地区的工业废水、生活污水以及农业面源污染等都可能对调水水质造成威胁。例如,一些工厂可能存在违规排放污水的情况,生活污水若未经有效处理直接排放,也会携带大量污染物进入河道。此外,农业生产中使用的化肥、农药等,在雨水冲刷下也可能流入调水通道,影响水质。

另一方面,由于调水工程涉及的河道较长,污染源的排查和管控难度较大。不同地区的环保标准和监管力度可能存在差异,这也给水质保护带来了挑战。

为确保入太湖的水质安全,我们必须加强对沿线地区的污染源管控。首先,要严格执行环保法律法规,加大对工业企业的监管力度,确保其废水达标排放。对于违规排放的企业,要依法予以严厉处罚,提高其违法成本。其次,要加快推进城镇污水处理设施建设和升级改造,提高生活污水的处理率和处理标准。同时,要加强对农业面源污染的治理,推广生态农业,减少化肥、农药的使用量。

此外,还应加大水质监测力度。建立完善的水质监测体系,对调水通道的水质进行实时监测和预警。增加监测站点的数量,提高监测的频率和精度,及时掌握水质变化情况。一旦发现水质异常,要迅速采取应急措施,防止污染扩散。

二、工程运行管理挑战与应对

调水专线涉及多个水利枢纽和河道,工程运行管理难度较大。

首先,不同的水利枢纽和河道在功能、结构和运行要求上存在差异,需要进行统一协调和管理。例如,常熟水利枢纽、望亭水利枢纽等在引水、排水和水量调节方面都有各自的特点和要求,如何实现它们之间的高效配合是一个难题。

其次,工程设施的维护和管理也面临诸多挑战。由于调水工程长期运行,水利设施容易出现老化、损坏等问题。例如,河道的淤积、堤坝的渗漏、闸门的故障等都可能影响工程的正常运行。此外,自然灾害如洪水、台风等也可能对工程设施造成破坏。

为加强工程运行管理,确保水利设施的正常运行,提高调水的效率和稳定性,我们需要采取以下措施。一是建立健全工程运行管理制度,明确各部门、各岗位的职责和工作流程,加强对工程运行的规范管理。二是加大工程设施的维护和管理力度,定期对水利设施进行检查、维修和保养,及时排除安全隐患。三是加强对工程运行人员的培训和管理,增强他们的业务水平和责任意识,确保工程运行安全可靠。四是利用现代信息技术,建立工程运行管理信息系统,实现对工程运行的实时监控和智能化管理。

三、协调配合的重要性与措施

引江济太调水涉及江苏、浙江、上海等省市,需要各地区、各部门之间加强协调配合,共同做好调水工作。

在水量分配方面,由于不同地区的用水需求和水资源状况存在差异,需要进行科学合理的水量分配。例如,在干旱年份,如何在保证太湖水位和水质的前提下,满足各地区的用水需求,是一个需要各方共同协商解决的问题。

在水质保护方面,上下游地区之间存在着密切的联系。上游地区的水质状况直接影响下游地区的用水安全,因此需要上下游地区共同努力,加强水质保护。例如,建立跨区域的水质监测和信息共享机制,共同打击违法排污行为。

在工程管理方面,各省市的水利部门需要加强沟通协调,共同制定工程运行管理方案,确保工程的安全稳定运行。例如,在调水流量、时机等方面进行统一协调,提高调水的效率和效果。

为建立有效的协调机制,我们可以从以下几个方面入手。一是建立跨区域的协调组织机构,负责协调引江济太调水工作中的重大问题。二是制定跨区域的调水管理办法,明确各方的权利和义务,规范调水行为。三是加强信息交流与共享,建立信息平台,及时发布水情、水质、工程运行等信息,为各方决策提供依据。四是开展联合执法行动,共同打击违法排污、破坏水利设施等行为,维护调水秩序。

总之,引江济太工程面临的挑战是多方面的,但只要我们采取有效的应对措施,加强水质风险管控,提高工程运行管理水平,加强协调配合,就一定能够确保工程的顺利运行,为太湖地区及周边省市的经济社会发展和生态环境保护做出更大的贡献。

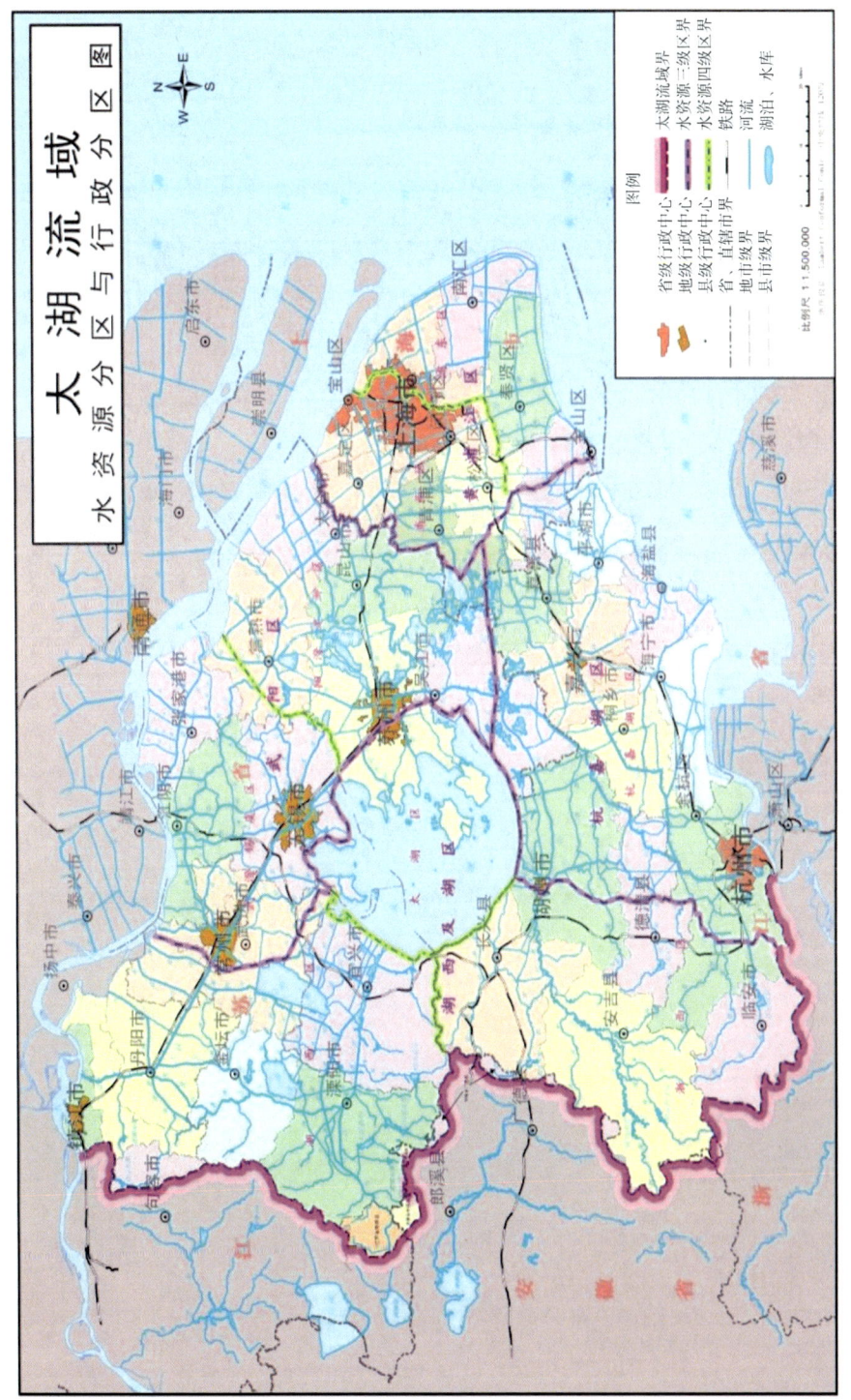

图 1.1-1 太湖流域水资源分区与行政分区图

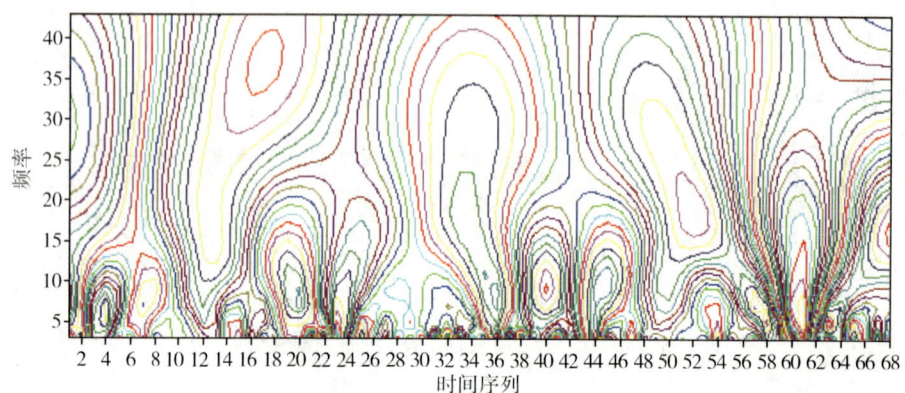

图 6.2-2 降水量小波分析图

图 6.2-19 水量水质同步监测站点分布图

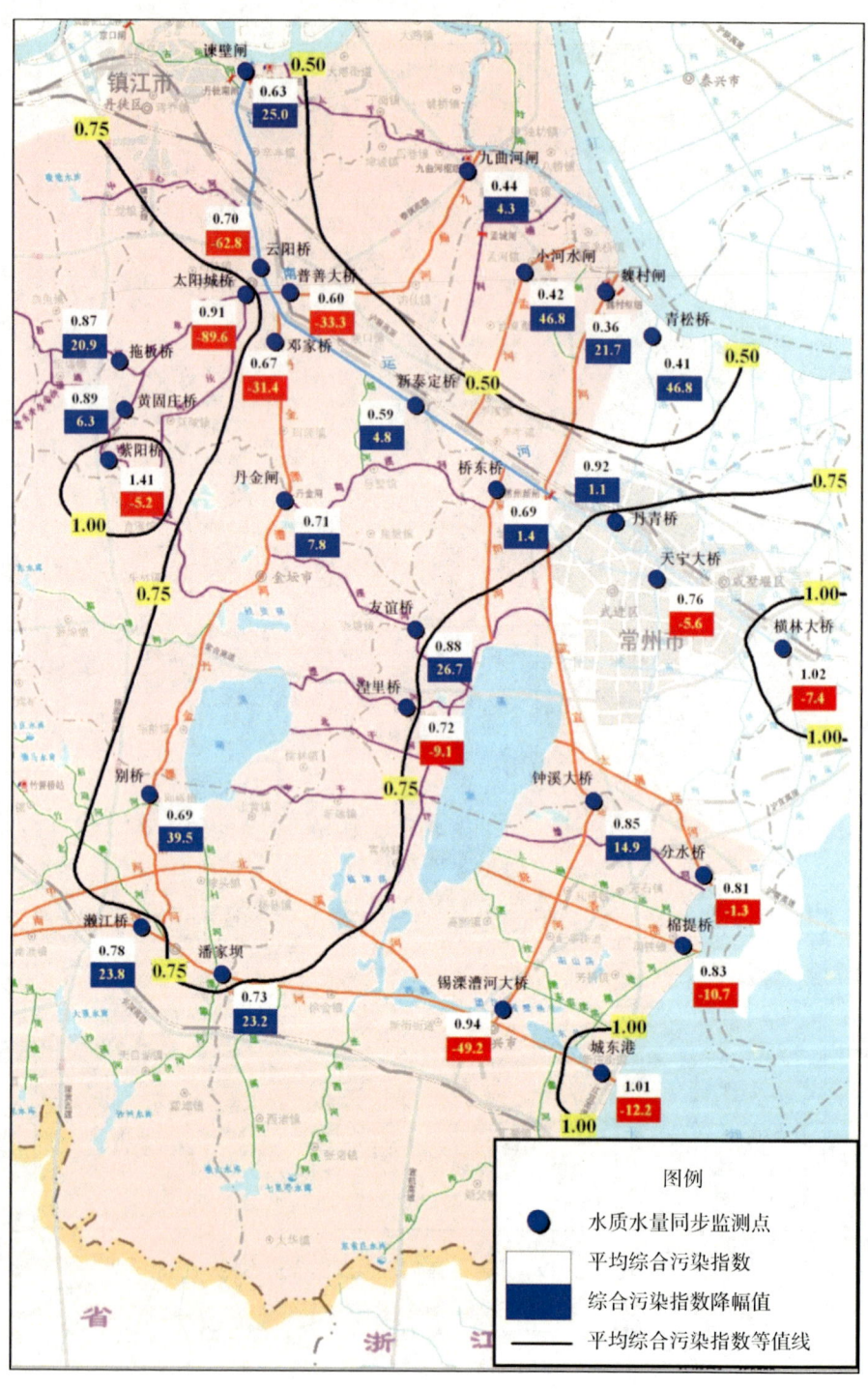

图 6.2-21 测验期间京杭运河等骨干河道综合污染指数等值线图

图 8.1-1 太湖地区调水工程示意图

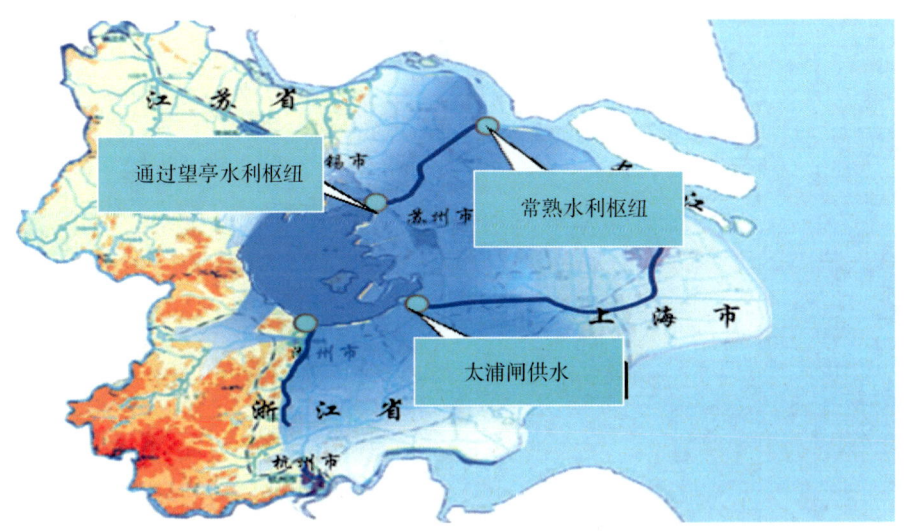

图 8.2-1 望虞河引江济太工程调水路线图

203

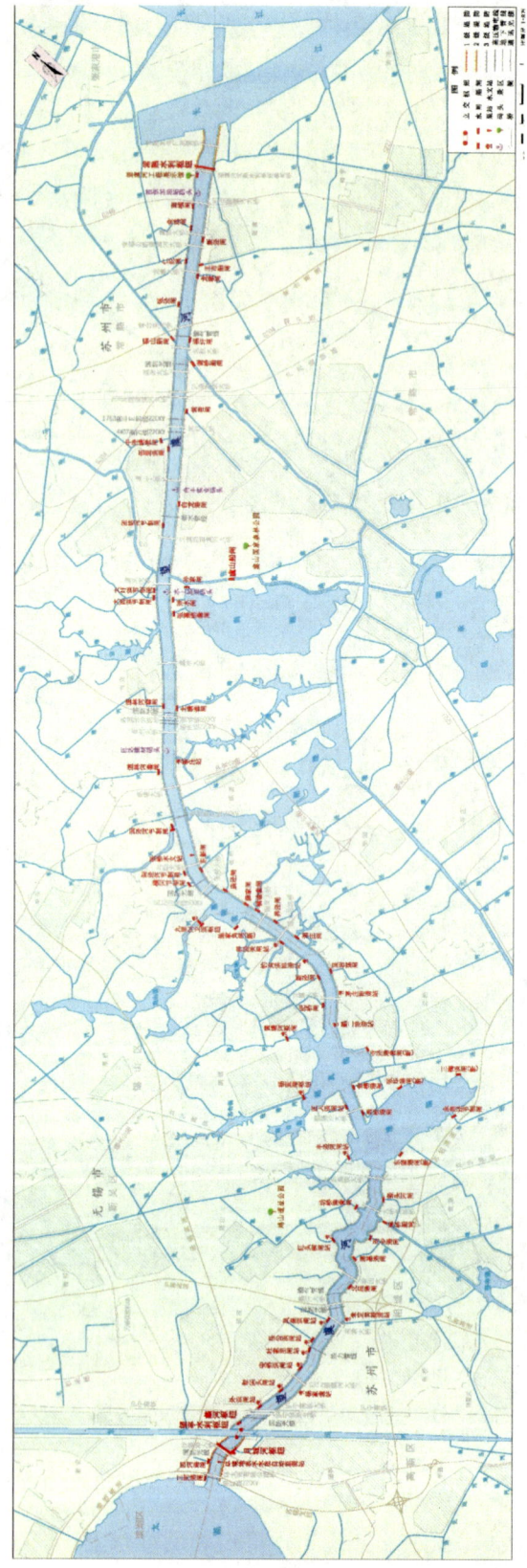

图 8.2-7 望虞河周边水系及开发利用情况

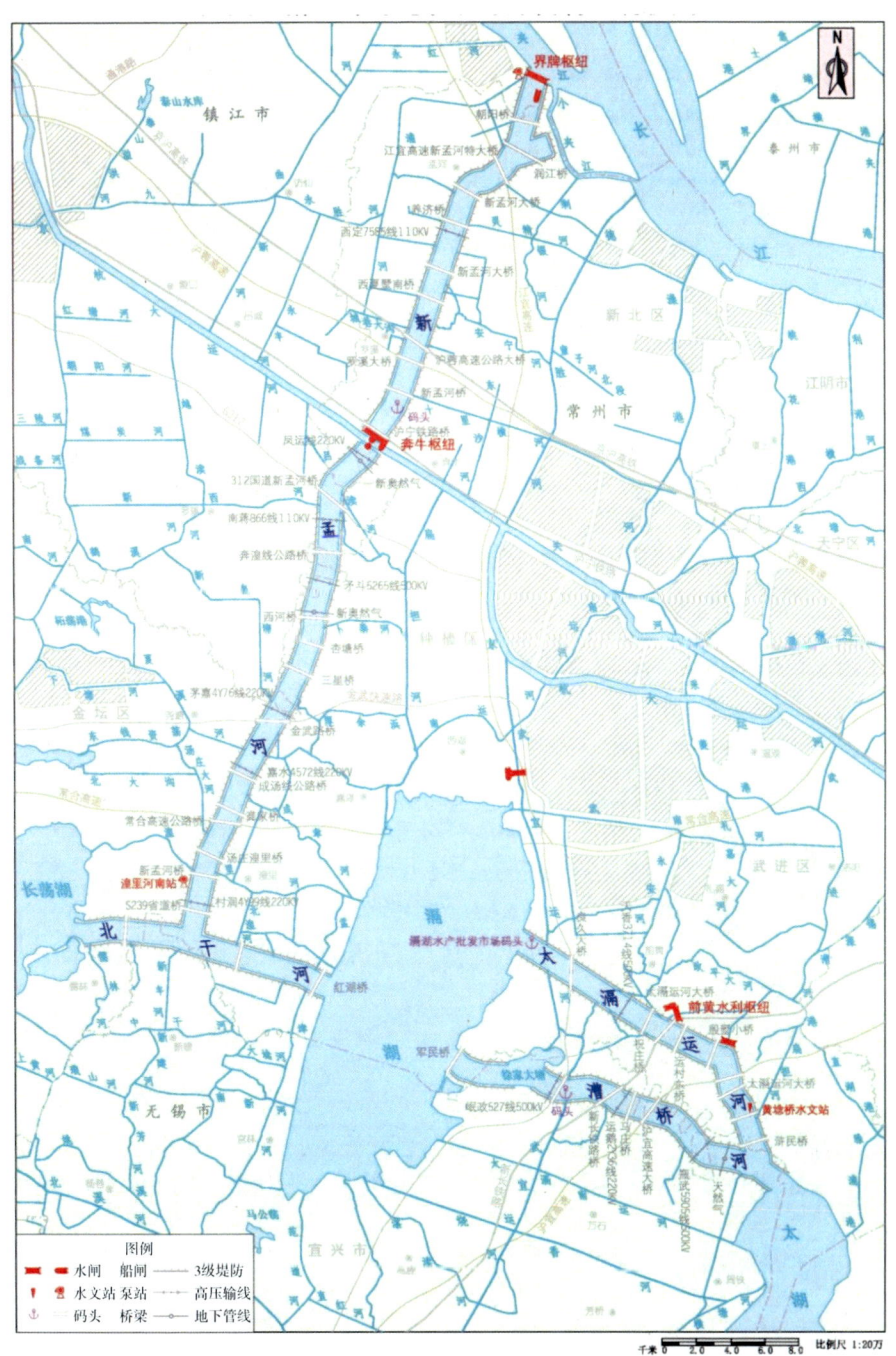

图 8.3-3 新孟河周边水系及开发利用情况